专业户健康高效养殖技术丛书

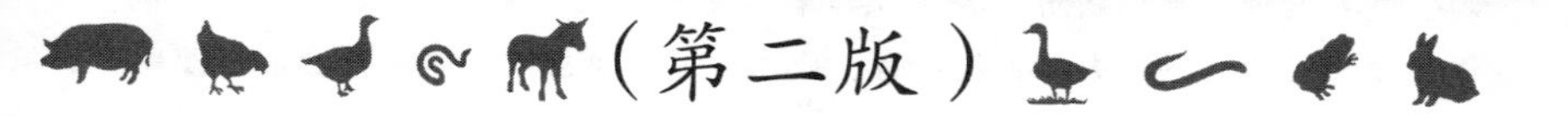

（第二版）

现代养羊关键技术精解

陶利文　杨菲菲　主编

化学工业出版社
北京

本书全面系统地介绍了高效养羊生产中的主要环节及关键技术。其内容主要包括羊的生物学特性、养羊场的设计与建造、繁育技术、营养需要及饲料、饲养管理、常见病防治等，内容丰富翔实，力求做到使广大养羊户读得懂、用得上。可供广大养羊生产者、技术人员以及畜牧兽医工作者参考使用。

图书在版编目（CIP）数据

现代养羊关键技术精解/陶利文，杨菲菲主编. —2版. —北京：化学工业出版社，2020.2
（专业户健康高效养殖技术丛书）
ISBN 978-7-122-35591-1

Ⅰ.①现… Ⅱ.①陶…②杨… Ⅲ.①养-饲养管理
Ⅳ.①S826

中国版本图书馆CIP数据核字（2020）第014903号

责任编辑：刘亚军　　文字编辑：焦欣渝
责任校对：张雨彤　　装帧设计：张　辉

出版发行：化学工业出版社（北京市东城区青年湖南街13号　邮政编码100011）
印　　装：三河市延风印装有限公司
850mm×1168mm　1/32　印张9　字数244千字
2020年5月北京第2版第1次印刷

购书咨询：010-64518888　　售后服务：010-64518899
网　　址：http://www.cip.com.cn
凡购买本书，如有缺损质量问题，本社销售中心负责调换。

定　　价：38.00元

本书编写人员名单

主　编　陶利文　杨菲菲

副主编　熊家军　徐为民

参　编　张鹤山　李少良　黄　浩　陈　橙

前言

我国是养羊大国，绵羊、山羊品种资源丰富，养羊数量和羊产品（肉、奶、皮、绒、毛等）产量均占世界首位。养羊业的发展不仅满足了人们对羊产品的消费需求，而且为农民增收就业、秸秆利用、推动经济发展等做出了贡献。

2016 年，《关于落实发展新理念加快农业现代化实现全面小康目标的若干意见》指出，要深入推进农业结构调整，加大对生猪、奶牛、肉牛、肉羊标准化规模养殖场（小区）建设支持力度，实施畜禽良种工程，加快推进规模化、集约化、标准化畜禽养殖，增强畜牧业竞争力。

我国草原辽阔，草山草坡面积大，秸秆等农副产品资源丰富，在广大农区和牧区发展养羊业是建设现代畜牧业的重要方面，对于加快农业转方式调结构，构建经饲兼顾、农牧业结合、生态循环发展的种养业体系，推进农业供给侧结构性改革，具有重要的战略意义和现实意义。《全国草食畜牧业发展规划（2016—2020 年）》指出，草食畜产品是我国城乡居民重要的“菜篮子”产品，羊肉更是部分少数民族群众的生活必需品。近年来，在市场拉动和政策引导下，草食畜牧业综合生产力持续提升，生产方式加快转变，产业发展势头整体向好。

由于养羊业的饲料成本低、饲养管理方便，羊只抗病力强，因此发展养羊业是脱贫致富奔小康的好项目。同时，养羊业可推动毛纺、制毯、制革和制裘、肉食、肠衣及乳品加工业的发展，丰富人们的食物结构，促进市场经济的发展，从而推动国民经济持续、稳定、健康地发展。

目前，全国养羊业发展迅速，但大部分地区的饲养场（户）还缺乏科学饲养管理技术，生产效率不高。加上新环保法的出台，对畜禽养殖提出了更高的要求。21世纪是一个知识经济时代，谁拥有知识，谁就拥有了财富，养羊业也不例外。面对新的机遇和挑战，我国养羊业如何保持可持续发展，在提高生产效益、降低生产成本、改进产品质量、减少疾病损失、资源循环利用等方面，有待大家共同研究、探讨和努力。

为了普及科学养羊知识，改变传统落后的养羊方式和方法，提高群众科学养羊技术水平，加快我国养羊业发展的步伐，我们在查阅大量国内外养羊科学文献的基础上，结合多年科学研究与生产实践经验，组织编写了本书。本书共分十章，第一章主要介绍最近国内养羊现状和发展方向，第二章主要介绍羊的生物学特性，第三章到第七章从羊的生产角度详细介绍了绵羊与山羊品种、羊的营养与饲料、羊的繁育技术、羊的饲养管理、羊场的建造，第八章主要介绍羊的疾病防治，第九章主要介绍羊场废弃物处理及资源化利用，第十章主要介绍羊场经营管理。

在编写本书时，结合我国养羊生产条件和特点，遵循内容系统、语言通俗、注重实用的原则，汇集了国内外现代养羊业的新理论、新技术、新方法和新经验，深入浅出地介绍了养羊相关理论与方法，力求做到使广大养羊户读得懂、用得上，同时满足畜牧兽医工作者，特别是养羊专业技术人员的工作所需。

本书在编写过程中，参考了部分专家、学者的相关文献资料，因篇幅所限未能一一列出，在此深表歉意，同时表示感谢。

由于作者水平有限，书中难免有不足和疏漏之处，恳请广大读者和同行批评指正。

编者

2020 年 2 月

目录

第一章　绪论 …… 1

第二章　羊的生物学特性 …… 9

第一节　羊的行为特点和生活习性 …… 9

第二节　羊对环境的适应性 …… 12

第三章　绵羊与山羊品种 …… 14

第一节　我国主要绵羊品种 …… 14

第二节　我国主要山羊品种 …… 21

第四章　羊的营养与饲料 …… 31

第一节　羊的饲养标准 …… 31

第二节　羊常用饲料原料的种类 …… 48

第三节　饲料的加工 …… 55

第四节　羊日粮配合 …… 60

第五节　主要饲草种类及栽培技术 …… 68

第六节　牧草青贮技术 …… 105

第五章　羊的繁育技术 …… 116

第一节　羊的发情与配种 …… 116

第二节　妊娠与分娩 …… 124

第三节　提高羊繁殖力的措施 …… 129

第六章　羊的饲养管理 …………………………… 135
第一节　羊饲养管理的一般原则 ……………………… 135
第二节　各类羊的饲养管理 …………………………… 137
第三节　羊的日常管理 ………………………………… 156
第七章　羊场的建造 ………………………………… 165
第一节　羊场选址的基本要求和原则 ………………… 165
第二节　羊舍建造的基本要求 ………………………… 168
第三节　羊舍的类型及式样 …………………………… 170
第四节　养羊场的基本设施 …………………………… 173
第八章　羊的疾病防治 ……………………………… 176
第一节　羊场的卫生防疫措施 ………………………… 176
第二节　羊病的诊疗和检验技术 ……………………… 190
第三节　羊的主要传染病 ……………………………… 201
第四节　羊常见寄生虫病的防治 ……………………… 222
第五节　普通病的防治 ………………………………… 226
第九章　羊场废弃物处理及资源化利用 …………… 243
第一节　羊场废弃物的危害和无害化处理 …………… 243
第二节　羊场粪污综合利用 …………………………… 251
第三节　羊场粪污综合防治措施 ……………………… 254
第十章　羊场经营管理 ……………………………… 256
第一节　技术管理 ……………………………………… 256
第二节　制订年度生产计划与实施 …………………… 258
第三节　羊场的成本核算和劳动管理 ………………… 262
第四节　提高羊场经济效益的主要途径 ……………… 271
附录 ………………………………………………… 274
参考文献 …………………………………………… 279

第一章　绪　论

羊是人类最早驯化的牲畜之一，距今已有八千至一万年的历史。羊是重要的生产资料，能利用天然草地牧草、农作物秸秆、农副加工产品等人类无法食用的物质，生产出人类所需的具有较高价值的生活资料，如肉、毛、绒、皮、奶等，养羊业已成为当前社会发展的重要产业。

一、羊资源分布情况

中国地处欧亚大陆东南部，自北向南有寒温带、温带、暖温带、亚热带和热带 5 个气候带。独特的气候和地貌特征是我国绵、山羊系统发育与演变的自然基础。目前，我国已有 35 个品种（绵羊 15 个，山羊 20 个）被列入《中国羊品种志》。近年来对我国地区品种的补充调查，又发现了 30 多个优良的地区绵、山羊品种（群）。从分布区域看，我国各省、自治区、直辖市均有羊分布。但是，由于各地自然生态条件差异很大，羊的分布极不平衡。总体上看，绵羊的主要分布地区属于温带、暖温带和寒温带的干旱、半干旱和半湿润地带，西部多于东部，北方多于南方；山羊则较多分布在干旱贫瘠的山区、荒漠地区和一些高温高湿地区。根据生态经济学原则，结合行政区域，可将我国内地羊的分布划分为八个生态地理区域。

1. 东北农区

东北农区包括辽宁、吉林、黑龙江三省。从小兴安岭北麓到辽东半岛，属寒温带和温带湿润、半湿润地区，冬寒夏热，7～8月平均气温在30℃以上，12月至翌年2月平均气温在－20℃以下，年平均气温仅0～8℃，年降水量由东向西递减，无霜期90～210天。东北地区是近150年内的新垦农区，地形复杂，山地、河谷及小平原相互交错，放牧植被多为灌木丛和山地草甸草场，农业和林果业发达，农副产品丰富，具有较好的饲养和放牧条件。2014年，东北农区有绵、山羊2061.2万只，占全国总存栏量的6.8%，其中山羊709.9万只，绵羊1351.3万只。

2. 内蒙古地区

内蒙古地区属温带大陆性季风气候为主的多样气候，从东到西自然条件差异明显，春季气温骤升，多大风天气，夏季短促而炎热，降水集中，秋季气温剧降，冬季漫长寒冷。年平均气温0～8℃，年总降水量为50～500毫米，无霜期为90～185天。目前该地区是我国羊存栏量最大的地区之一。2014年，内蒙古地区羊存栏数为5569.3万只，占全国存栏数的18.4%，居全国首位，其中绵羊4016.2万只，山羊1553.1万只。

3. 华北农区

华北农区包括山东、山西、河北、河南四省和北京、天津两市。该地区主要有丘陵、平原、山地三个地形带，属典型的温带大陆性季风气候，四季分明，冬季寒冷干燥，夏季高温多雨。年平均气温13.2～14.1℃，年降水量600～900毫米，而且多集中在6～8月，无霜期180～240天；产区农业发达，农副产品丰富，自古就是我国农业文化开发较早的地区，养羊历史悠久。华北农区2014年有绵、山羊6624.8万只，占全国羊总数的21.8%，其中山羊4300.1万只，绵羊2324.7万只。

4. 西北农牧交错区

西北农牧交错区指陕西、甘肃和宁夏三省（区）。地理上包括黄土高原西部、渭河平原、河西走廊等。本区除陕西秦岭以北少数地区属亚热带气候外，多属内陆气候，干旱少雨，降水量自东向西逐渐减少，天然草场多属荒漠、半荒漠草原类型，植被稀疏，覆盖度在40%以下。荒漠中的绿洲农业发达，可提供农副产品作羊的冬春补充饲料。西北农牧交错区2014年有绵、山羊3272.6万只，占全国羊总数的10.8%，其中山羊1096.3万只，绵羊2176.3万只。

5. 新疆牧区

新疆是我国五大牧区之一，全疆有草原面积约5733.3万公顷。新疆因深居内陆，形成了明显的温带大陆性气候，气温变化大，日照时间长，降水量少，空气干燥。新疆年平均降水量为150毫米左右，但各地降水量相差很大。无霜期120～240天。新疆农作物种植历史悠久、种类繁多，且在天山南北有4800万公顷天然牧场，为养羊业发展提供了良好的物质基础。新疆牧区2014年有绵、山羊3884.0万只，占全国羊总数的12.8%，其中山羊506.4万只，绵羊3377.6万只。

6. 中南农区

中南农区指秦岭山脉和淮河以南除西南四省的广大农业地区，包括上海市、江苏省、浙江省、安徽省、江西省、湖北省、湖南省、广东省、广西壮族自治区、福建省、海南省、台湾地区等南方农区。该地区地处亚热带和热带，气候温暖潮湿，地形以丘陵、盆地、平原为主，自然环境条件优越，农业发达，灌丛草坡面积大，常年有丰富的饲草，特别是青绿饲草，形成以养山羊为主的养羊业。中南农区2014年有绵、山羊2683.1万只，占全国羊总数的8.9%，其中山羊2600.0万只，绵羊83.1万只。

7. 西南农区

西南农区包括四川省、云南省、贵州省和重庆市。该地属亚热带湿润季风气候。主体部分气温变化小，冬暖夏凉，雨季明显，且主要集中在夏、秋季。云南的气候大致与地形相对应。西北部的高山深谷区为山地立体气候区，北回归线以南的西双版纳、普洱南部等地属于热带季雨林气候；贵州的气候温暖湿润，属亚热带湿润季风气候；四川东部盆地大部年降水量900～1200毫米。但在地域上，盆周多于盆底，川西高原降雨少，年降水量大部为600～700

毫米，川西南山地降水地区差异大，干、湿季节分明。该地区自古以来就是多民族聚居区域，生态环境复杂多样，由此形成我国羊遗传资源最丰富的地区之一。2014年，西南农区有绵、山羊3305.7万只，占全国羊总数的10.9%，其中山羊2990.6万只，绵羊315.1万只。

8. 青藏高原区

青藏高原区包括青海、西藏、甘肃南部和四川西北部。该地区面积广大，雪山连绵，冰川广布，丘陵起伏，湖盆开阔，到处可见天然牧场，海拔一般在3000米以上，气候寒冷干燥，无绝对无霜期，枯草季节长。青藏高原区是我国重要的牧区，2014年有绵、山羊2914.2万只，占全国羊总数的9.6%，其中山羊709.7万只，绵羊2204.5万只。

二、我国养羊业现状

随着我国城镇化的快速推进和城乡居民生活水平的提高，我国粮食的供求将长期处于紧平衡状态，发展肉羊生产是保障畜产品有效供给、缓解粮食供求矛盾、丰富居民膳食结构的重要途径。自20世纪80年代末以来，中国已成为世界上绵羊、山羊饲养量、出栏量、羊肉产量最多的国家，2016年羊存栏3.01亿只，全年出栏3.06亿只，羊肉产量459.4万吨。羊肉产量由1980年的44.4万吨迅速增加到2014年的428.2万吨，到2017年羊肉产量已达468万吨。我国肉羊养殖正由传统的农户养殖快速向规模化和产业化转型，对种羊数量和质量的要求也日趋提高。

（一）养羊业正在向规模化、标准化方向发展

我国的养羊业已经从以千家万户分散饲养为主要形态的饲养方式，逐步向专业化、规模化、标准化的养羊模式过渡，有些地方建立银行、企业、协会组织、政府等多种形式的信贷支持来消除养殖户的顾虑，支持养殖户的规模化发展，肉羊规模养殖比重逐渐提高。出栏500只以上的场（户）比重由2012年的9.6%提高到2016年的13.7%。2015年出栏1～29只的养殖场（户）占

69.19%，30～99只的占19.65%，100～299只的占7.08%，300～499只的占2.22%，500～999只的占0.93%，1000只以上的占0.93%。目前，从不同养殖规模的生产水平与效益、土地消纳面积和粪污处理利用情况看，一般以户均年出栏100只以上为宜。

（二）羊肉消费呈现增长趋势

随着人们收入水平和生活水平的不断提高，中国人的食品消费结构正在快速变化中，对羊肉的消费需求正在快速增长中。从2011年到现在，羊肉消费在过去的几年里稳步增长，在2011年为393.10万吨，2012年为400.99万吨，2013年为408.14万吨，2014年为428.21万吨，2015年为440.83万吨，2016年为459.36万吨，2017年达到467.52万吨。按照这样的增长趋势，预计到2020年中国羊肉供需为530万吨左右，与新西兰、欧洲发达国家等相比，在人均羊肉消费量上仍有极大增长空间。预计到2024年，中国羊肉供需缺口在30万吨左右。

（三）养羊业向环保（生态）养殖模式发展

养羊业与生态环境的和谐发展，才能促进养羊产业链向后延，进而带动农民致富奔小康。各地提倡适度规模养殖企业发展，构建种养结合、农牧循环的家庭牧场建设，并结合中央环保政策，使养羊企业向环保养殖模式发展。2017年，中央财政安排资金187.6亿元，继续支持实施草原生态保护补助奖励政策。2017年6月12日，国务院办公厅印发了《关于加快推进畜禽养殖废弃物资源化利用的意见》。到2020年，建立科学规范、权责清晰、约束有力的畜禽养殖废弃物资源化利用制度，构建种养循环发展机制，全国畜禽粪污综合利用率达到75%以上，规模养殖场粪污处理设施装备配套率达到95%以上，大型规模养殖场粪污处理设施装备配套率提前一年达到100%。另外，无抗养殖（养殖过程中不用抗生素、激素以及其他外源性药物）是今后发展的必然方向。

（四）公司加农户的产业链发展模式已形成

为了促进利益联结，提高产业链竞争力，向上控制羊肉来源，向下掌握销售，进行渠道和品牌建设，向中提高精深加工能力，走循环经济的道路，现在普遍采用“农户＋专业合作社”“企业＋合作社＋基地＋农户”等形式盘活闲置养殖资源，因地制宜完善产业链建设，这是为农牧民增加收入探索出的一条政府满意、公司获利、农户受益的产业化经营之路，是集种羊繁育、育肥羊养殖、全价草颗粒饲料加工、肉羊规模养殖、屠宰加工、生产研发为一体的现代化种养产加销的产业链式发展模式。这种新的模式对养羊业的发展和农牧户的脱贫起到了重要作用。

（五）肉羊出栏价格涨幅明显，效益明显好转

我国肉羊产业在经历了两年多的低迷期之后“冬去春来”，迎来了自身发展的春天。2017 年肉羊出栏价格增势显著。从不同品种来看，绵羊从 1 月 19.41 元/千克波动上升至 12 月的 22.60 元/千克，全年平均出栏价格 20.22 元/千克，同比上升 23.95％；山羊从 1 月的 25.26 元/千克折线上升至 12 月的 28.42 元/千克，全年平均出栏价格 26.76 元/千克，同比上升 4.09％。2017 年肉羊养殖效益大幅回升。全年标准体重绵羊（45 千克）和山羊（30 千克）平均纯收入分别为 269.25 元/只和 305.89 元/只，同比分别增长了 93.24％和 8.81％。

三、我国养羊业发展方向

（一）加大肉羊遗传改良进度，加速新品种培育

由于肉羊遗传改良的长周期性、育种群规模效应等特点，育种投资的长回报期与社会巨大经济利益的矛盾难以解决，核心育种体系不完善，缺乏具有自主知识产权和商业化潜力的基因资源和专门化品种，这已成为困扰和制约我国肉羊育种改良的障碍。因此，持续选育提高特色地方品种和引进的专门化品种，培育产肉性能好、生长速度快、繁殖力高、胴体品质优良的新品种，并形成杂交配套

组合进行产业化开发，促使优良地方品种和新培育品种成为国内肉羊生产的主导品种，实现主要引进品种的本地化和国产化，将为我国羊肉食品有效供给提供长期有力的科技创新支撑。

（二）选择合理的品种利用方式

开展肉羊杂交改良及配套技术研究，可获取高代杂种优势，提高羊的生长速度、繁殖率，建立优质种群快繁生产基地，大幅度提高养羊业的供种和供肉能力。我国地方绵羊品种 43 个，培育品种 27 个，引进品种 9 个；山羊地方品种 61 个，培育品种 9 个，引进品种 4 个。这些地方绵羊和山羊品种具有体格较大、耐粗饲、适应性强等特点，是我国养羊生产和新品种培育的重要基础群体。但普遍存在生长速度慢、后躯不丰满、肉用体形欠佳等缺陷，同时育种群规模小，性能测定制度不完善，选育力度不够，种群遗传进展缓慢等问题。因此，不同地区选用不同的二元或三元杂交模式非常重要，例如，杜×蒙和澳×杜×蒙适用于内蒙古、甘肃、宁夏、陕西北部等地区，杂交后代具有肉质好、出栏快、产肉多等特点，可选育成专门生产优质肥羔的杂交配套系；杜×寒和澳×杜×湖适用于山东、河南、河北、山西、江苏和安徽等中原肉羊优势区域，以及新疆地区的规模化和标准化生产，杂交后代具有繁殖效率高、出栏快、产肉多等特点，可向生产优质肥羔的杂交配套系方向选育。

（三）全基因组选择技术将应用于羊的遗传育种与改良

在家畜育种中，基因组选择技术凭借其准确性高、世代间隔短和育种成本低等优势，被应用于各种经济动物的种畜选择中。基因组选择技术是畜禽经济性状遗传改良的重要方法。随着全基因组时代的到来，该技术能够成功建立起变异与表型的关联，基于基因改良的羊遗传评估体系的研究与应用，肉羊性能测定技术的应用与推广，准确有效的基因组育种值的估算，鉴定或标识具有育种可利用价值的基因或调节因子，并建立鉴别技术，实现在繁殖性能、生长发育性能和胴体品质等性状的聚合与协调改良。在开放式核心群育种和快速扩繁的基础上，经系谱分析、后裔测定、育种值估计、基因测定、活体仪器扫描测定及全基因组选择等综合选育技术，可建立肉羊专门化品系育种核心群，实现肉羊群体的持续选育提高。

（四）基于物联网的肉羊育种管理信息和产品销售系统的建立

随着肉羊生产模式从传统放牧型向集中舍饲型转变，并不断向集约化、规模化、标准化方向发展，传统的人工管理方式已经无法适应肉羊产业快速发展的需求，养殖规模不断扩大，养殖场需要测定和分析的数据越来越多，畜牧业大数据时代已然来临。我们要将计算机与互联网技术应用到肉羊生产管理和产品销售过程当中，协助管理和分析肉羊生产、销售过程中产生的数据信息。将物联网技术引入肉羊养殖和肉羊产品销售行业，设计开发相应的肉羊育种管理信息系统，利用先进的信息技术实现羊场育种管理和羊肉销售的智能化与现代化。

（五）肉羊产业结构要由数量增长转向提质增效型调整

要完善养羊生产监测机制，及时发布预警信息，引导养殖场（户）合理安排生产，从而有助于降低盲目扩张导致的市场风险，促进养羊生产平稳发展。

第二章　羊的生物学特性

第一节　羊的行为特点和生活习性

一、羊的行为特点

（一）山羊

山羊性格类型属于活泼型，行动灵活，喜欢登高，善于游走，反应敏捷，有“精山羊”或“猴山羊”之称。在其他家畜难以到达的悬崖陡坡上，山羊可行动自如地采食。当高处有喜食的牧草或树叶时，山羊能将前肢攀在岩石或树干上，甚至前肢腾空、后肢直立地获取高处的食物。因此，山羊可在绵羊和其他家畜所不能利用的陡坡或山峦上放牧。

（二）绵羊

绵羊性格类型属于沉静型，有“疲绵羊”之说，反应迟钝，行动缓慢。性格温驯，山羊、绵羊同群放牧时，山羊总走在前面，把优质牧草柔嫩尖部先吃掉，而绵羊慢慢地走在后面。绵羊不能攀登高山陡坡，采食时喜欢低头吃，能采食到山羊啃不到的短小、稀疏的牧草。

二、羊的生活习性

（一）合群性

羊的合群性较强，这是在长期的进化过程中，为了适应生存和

繁衍而形成的一种生物学特性。在人工放牧时，即便是无人看管，羊群也不会轻易散开，单个羊只很少离群远走。羊群移动时，随领头羊而动，领头羊往往是由年龄较大、后代较多的母羊担任。因此，有经验的放牧人，利用羊的这种特性先调教好领头羊，在放牧、转场、出圈、入圈、过河、过桥时，只要让领头羊先行，其他羊就会跟随而来，从而为管理带来很多方便。

这种特性也有不利的一面。例如少数羊受惊奔跑，其他羊也会跟上狂奔，如果前面的羊不幸跌下山崖，后面的羊也可能会随之跳下。在我国西北牧区，曾发生过上千只羊因受惊而跃下山崖的事件。因此，在管理上要注意防范，如果发现个别的羊经常离群或掉队，往往是由于生病或是年老体弱。

舍饲条件下的羊合群性要差一些，不同圈舍的母羊合并后，开始可能会发生一些打斗，几天后就会和睦相处。体形、体质相差较大的羊最好不要放在一起，成年公羊凶悍好斗，最好单圈饲养。如果把两只或两只以上的成年公羊放在一起，往往会因经常打斗而造成严重伤害。

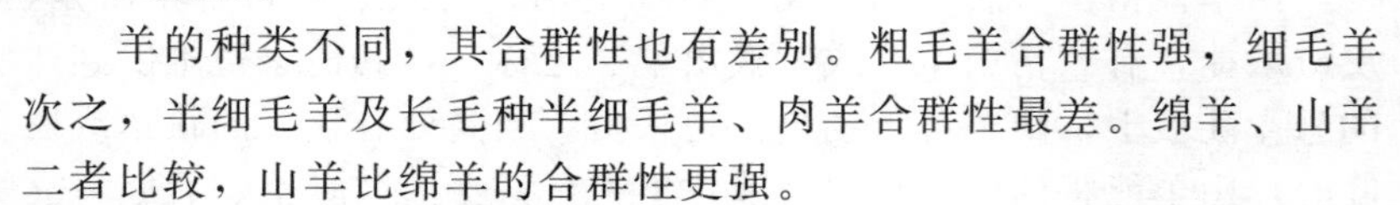

羊的种类不同，其合群性也有差别。粗毛羊合群性强，细毛羊次之，半细毛羊及长毛种半细毛羊、肉羊合群性最差。绵羊、山羊二者比较，山羊比绵羊的合群性更强。

（二）采食能力强，饲料利用范围广泛

羊是草食动物，可采食多种植物。羊具有薄而灵活的嘴唇和锋利的牙齿，齿利舌灵，上唇中央有一纵沟，下颌门齿向外有一定的倾斜度。这种结构十分有利于采食地面矮草、灌木嫩枝。在马、牛放牧过的牧场上，只要不过牧，还可用来放羊；马、牛不能放牧的短草草场上，羊生活自如。羊能利用多种植物性饲料，对粗纤维的利用率可达50%～80%，适合在各种牧地上放牧。羊对半荒漠地牧草的利用率可达65%，而牛仅为34%。羊对杂草的利用率达95%。

山羊与绵羊的采食姿势略有不同，绵羊喜欢低头采食，而山羊采食时是“就高不就低”，只要有较高的植物，就昂起头从高处采食；山羊还比绵羊的采食性更广、更杂，除采食各种杂草外，还偏

爱灌木枝叶和野果，喜欢啃树皮，若管理不善，对林木果树有破坏作用。

羊最喜欢吃那些多汁、柔嫩、略带甜味或苦味的植物。羊爱清洁，有高度发达的嗅觉，遇到有异味或被污染的草料和饮水，宁可忍饥挨渴也不愿食用，甚至连它自己践踏过的饲草都不吃。这就要求饲养管理要细心，每次喂羊，饲槽要清扫，饮水要勤换。

绵羊、山羊比较而言，山羊的采食更广、更杂。不适于绵羊放牧的灌木丛生的山区丘陵，可供山羊放牧。利用山羊的这种特点，能有效地防止灌木的过分生长，具有生物调节的功能。

羊的采食性，特别是山羊在放牧条件下对生态环境的破坏作用，近年来受到各国的高度重视。近年来我国一些地区提出了“退耕还林，退耕还草”的口号，大力推广种草养羊和圈养技术，为保护生态环境开辟了新途径。

（三）羊喜干燥，怕湿热

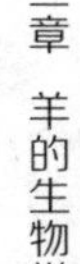

绵羊、山羊均适宜在干燥、凉爽的环境中生活。羊最怕潮湿的草场和圈舍。在羊的放牧地和栖息场所都以干燥为宜。在潮湿的环境下，羊易发生寄生虫病和腐蹄病，同时毛质降低，脱毛加重。山羊较绵羊更喜干燥，舍饲时常常在较高的干燥处站立或休息。绵羊因品种不同对潮湿气候的适应性也有差异。细毛羊喜欢温暖、干旱、半干旱的气候条件，肉羊和肉毛兼用羊则喜欢湿润、温暖的气候条件。

（四）性情温驯，胆小易惊

绵羊性情温驯，在各种家畜中是最胆小的畜种，无自卫能力，易招致兽害。突然的惊吓，容易“炸群”。羊一受惊就不易上膘，所以管理人员平常对羊要和蔼，不应高声吆喝、扑打，同时要防狼、狗等窜入羊群引起惊吓。

（五）怕热不怕冷

由于羊被毛较厚、散热较慢，夏季炎热时，常有“扎窝子”现象，所以夏季应设置防暑降温措施，早牧晚回，中午休息时应设遮阴棚或把羊群赶到树荫下。

（六）抗病能力强

羊的抗病力较强。其抗病力强弱，因品种而异。一般来说，粗毛羊的抗病力比细毛羊和肉用品种羊要强，山羊的抗病力比绵羊强。羊对疫病的反应不像其他家畜那么敏感，在发病初期或遇小病时，往往不易表现出来。等到有明显的症状表现时，往往疾病已经很严重了。体况良好的羊只对疾病有较强的耐受能力，病情较轻时一般不表现症状，有的甚至临死前还能勉强跟群吃草。因此，在放牧和舍饲管理中必须细心观察，才能及时发现病羊。如果等到羊只已停止采食或反刍时再进行治疗，疗效往往不佳，会给生产带来很大损失。因此管理人员应随时留心观察羊群，发现有病及时治疗。

（七）绵羊有扎窝特性

夏季炎热时，常有“扎窝子”现象，即绵羊将头部扎在另一只绵羊的腹下取凉，互相扎在一起，越扎越热，越热越扎，挤在一起，很容易使羊受伤或中暑。夏季放牧绵羊时应设置防暑措施，防止扎窝子，要使绵羊休息乘凉，羊场要有遮阴设备，可栽树或搭遮阴棚。

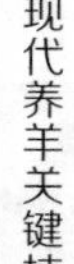

（八）羊的调情特点

公羊对发情母羊分泌的外激素很敏感。公羊会追嗅母羊外阴部的尿液，并发生反唇卷鼻行为，有时用前肢拍击母羊并发出求爱的叫声，同时做出爬跨动作。母羊在发情旺盛时，有的主动接近公羊，或公羊追逐时站立不动，小母羊胆子小，公羊追逐时惊慌失措，在公羊竭力追逐下才接受交配。因此，由于母羊发情不明显，在进行人工辅助交配或人工授精时，要使用试情公羊发现发情母羊。

第二节 羊对环境的适应性

一、气候与资源要求

绵羊、山羊对外界各种气候条件具有良好的适应性。我国广大养羊地区往往是一些干旱贫瘠、荒漠地区，自然条件十分恶劣，而且草料的供给受季节性影响很大，但是羊能顽强地生活下来，表现出很强的耐粗饲、耐饥渴、耐炎热、耐严寒及抗病力。这些能力的强弱，不仅直接左右羊的生产力发挥，也决定各品种羊的发展命运。

每个绵羊、山羊品种都有一定的适应范围，所以在肉羊改良引进种羊时必须详细了解原产地的自然气候条件。一个品种的适应范围大小和适应性强弱，大体可从品种育成历史和原产地条件等方面判断。育成历史久、分布地区广的品种，如美利奴羊，具有悠久的历史，几乎遍布世界各地，具有较广泛的适应性。一般说来，新引入地与原产地纬度、海拔、气候、饲养管理等方面相差不大，引种容易成功，其生产力、生活力及繁殖性能等与原产地会大体一致。相反，如果原产地与引入地的自然环境、饲养条件相差较大，引种就不易成功，表现生产力降低、生长发育受阻、体重减轻、繁殖性能减退甚至丧失等。虽然存在这些影响，但只要适当注意引入后的风土驯化措施，也能成功。

养羊的适宜环境条件是：母羊适宜温度为 7～24℃，最适温度为 13℃；初生羔羊适宜温度为 24～27℃；哺乳羔羊适宜温度为5～21℃，最适温度为 10～15℃。羊舍或其周围环境湿度以 50%～70%为宜。气流速度冬季应为 0.1～0.2 米/秒，夏季应适当加大气流速度。

二、生产性能

羊具有性成熟早、早期生长发育快、繁殖力强、遗传性稳定等特性。山羊的性成熟比绵羊早，初配年龄因品种和地区而异，一般早熟品种为 8～12 月龄，晚熟品种 18 月龄左右，初配的小母羊体重相当于成年体重的 70%以上。大多数品种在秋、冬季发情配种。但有些品种，特别是分布在低纬度地区的能常年发情，两年三产或一年两产。羊的妊娠期 146～150 天。初产母羊多产单羔，第 2 胎后每胎产 2～5 羔，多的可达 8 只。

第三章 绵羊与山羊品种

第一节 我国主要绵羊品种

一、肉用品种

（一）小尾寒羊

小尾寒羊产于河北南部、河南东北部和山东南部等地。

1. 外貌特征

小尾寒羊体质结实，耳大下垂，公羊有螺旋状角，母羊角小，背腰平直，前后躯发育匀称，四肢粗壮，蹄质结实，被毛白色。

2. 生产性能

小尾寒羊可年剪毛两次，公羊平均剪毛量3.5千克，母羊2.1千克，被毛为异质毛，净毛率平均63.0%。根据被毛纤维类型组成可分为细毛型、裘皮型和粗毛型。小尾寒羊生长发育快，产肉性能高。3月龄羔羊体重平均16.8千克，屠宰率平均50.6%。公、母羊性成熟早，母羊3～6月龄初次发情。母羊发情多集中在春、秋两季，一胎可产两羔，甚至三羔、四羔，最高时一胎可产七羔。

（二）大尾寒羊

大尾寒羊主要分布在河北、山东部分地区，肉脂性能好。

1. 外貌特征

大尾寒羊头略显长，鼻梁隆起，耳大下垂。产于山东、河北的公、母羊均无角，产于河南的公、母羊均有角。四肢粗壮，蹄质结实，被毛大部为白色，杂色斑点较少。

2. 生产性能

大尾寒羊具有一定的产毛能力，一年产毛 2～3 次，被毛同质或基本同质，净毛率 45.0%～63.0%。成年公羊平均体重 72.0 千克，母羊 52.0 千克，公羊脂尾重量 15.0～20.0 千克，个别可达 35.0 千克，母羊脂尾 4.0～6.0 千克，个别达 10.0 千克。

大尾寒羊早期生长速度快，具有屠宰率高、净肉率高、尾脂多等特点，特别是肉质鲜嫩美味的羔羊肉深受欢迎。大尾寒羊还具有较好的裘皮品质，所产羔皮和二毛皮品质好、洁白、弯曲适中。母羊繁殖力强，常年发情配种，产双羔比例大。

（三）阿勒泰羊

阿勒泰羊是以哈萨克羊为基础经长期选育而成的一个地区品种，以体格大、羔羊生长发育快、产肉脂高而著称。主要分布在新疆北部阿勒泰地区。

1. 外貌特征

阿勒泰羊外貌与哈萨克羊相似，胸宽深，背平直，肌肉发育良好，臀脂发达，毛色以棕红色为主，约占 41.0%，纯黑、纯白者较少。

2. 生产性能

阿勒泰羊具有一定的产毛性能，但毛质较差，死毛含量高。肉脂生产能力良好，成年公羊秋季平均体重 93.0 千克，母羊 67.6 千克，母羊在 1.5～2.5 岁增长较快。1.5 岁羯羊宰前体重 54.1 千克，屠宰率平均 50.8%，脂臀占胴体重的 15.3%。5 月龄羯羔宰前体重 36.3 千克，屠宰率 52.6%，脂臀可达 3.4 千克。阿勒泰羊性成熟早，4～6 月龄性成熟，1.5 岁时初配，产羔率 110.0%。

（四）杜泊羊

杜泊羊原产于南非，是由有角陶赛特羊和波斯黑头羊杂交育成，是世界著名的肉用羊品种。

1. 外貌特征

根据头颈的颜色，杜泊羊可分为白头杜泊和黑头杜泊两种。无论是黑头杜泊还是白头杜泊，除了头部颜色和有关的色素沉着有差异，它们都携带相同的基因，具有相同的品种特点，杜泊绵羊品种标准同时适用于黑头杜泊和白头杜泊，它们是属于同一品种的两个类型。这两种羊体躯和四肢皆为白色，头顶部平直、长度适中，额宽，鼻梁微隆，无角或有小角根，耳小而平直，既不短也不过宽。颈粗短，肩宽厚，背平直，肋骨拱圆，前胸丰满，后躯肌肉发达。四肢强健而长度适中，肢势端正。整个身体犹如一架高大的马车。杜泊绵羊分长毛型和短毛型两个品系。长毛型羊生产地毯毛，较适应寒冷的气候条件；短毛型羊被毛较短（由发毛或绒毛组成），能较好地抗炎热和雨淋，在饲料蛋白质充足的情况下，杜泊羊不用剪毛，因为它的毛可以自行脱落。杜泊羔羊生长迅速，断奶体重大。

2. 生产性能

杜泊羔羊生长迅速，断奶体重大，这一点是肉用绵羊生产的重要经济特性。3.5～4 月龄的杜泊羊体重可达 36 千克，屠宰胴体重约为 16 千克，成年公羊和母羊的体重分别在 120 千克和 85 千克左右，品质优良，羔羊平均日增重 81～91 克。杜泊羊高产，繁殖期长，不受季节限制。在饲料条件和管理条件较好的情况下，母羊可达到 1 年 2 胎。一般产羔率达到 150%。

二、毛用品种

（一）哈萨克羊

哈萨克羊原产于天山北麓、阿尔泰山南麓，分布在新疆以及与甘肃、青海的交界地区，是我国三大粗毛羊品种之一。

1. 外貌特征

哈萨克羊鼻梁隆起，头中等大，耳大下垂，公羊角粗大，母羊角小或无角，四肢高而结实，骨骼粗壮，肌肉发育良好，放牧能力强。被毛多为棕红色，尾根周围能沉积脂肪，形成脂臀。

2. 生产性能

哈萨克羊可春、秋季各剪毛一次，公羊年均剪毛2.6千克，母羊1.9千克，净毛率分别为57.8%和68.9%。产肉性能良好，成年羯羊宰前体重49.1千克，屠宰率47.6%，脂臀可达2.3千克。成年公羊平均体重60.3千克，母羊45.8千克。哈萨克羊性成熟早，大多1.5岁初配。一般一年产一胎，多数为单羔，双羔率低。

(二) 蒙古羊

蒙古羊是我国分布最广的绵羊品种，也是我国三大粗毛羊品种之一。原产于我国内蒙古和蒙古人民共和国，现在东北、华北及西北各省均有分布。

1. 外貌特征

蒙古羊体质结实，骨骼健壮，鼻梁隆起，耳大下垂。四肢长而结实，体躯被毛多为白色，头颈和四肢多有杂色斑块。蒙古羊可分牧区型和农区型。

2. 生产性能

蒙古羊被毛属异质毛。该羊一年产毛两次，成年公羊年剪毛量1.5～2.2千克，母羊1.0～1.8千克。春毛毛丛长度6.5～7.5厘米，净毛率平均为77.3%。蒙古羊以产肉为主，中等膘情羯羊屠宰率在50%以上，6月龄羯羔宰前体重35.2千克，成年羯羊67.6千克。蒙古羊繁殖率偏低，一年一胎，大多单羔，双羔率低。

(三) 藏绵羊

藏绵羊是我国古老的绵羊品种，数量多，分布广，是我国三大粗毛羊品种之一。原产于西藏高原，可分为草地型和山谷型。对高寒地区恶劣气候环境和粗放的饲养管理条件具有良好的适应能力。其中草地型藏绵羊2000年被农业部列入《国家级畜禽品种资源保护名录》。

1. 外貌特征

草地型藏绵羊和山谷型藏绵羊的外貌特征有较大差异。草地型藏绵羊体质结实，头粗糙呈三角形，鼻梁隆起，公、母羊均有角，前胸开阔，背腰平直，骨骼发育良好，四肢粗壮，蹄质坚实，体躯白色，头和四肢杂色者居多。山谷型藏绵羊体格小，头呈三角形，鼻梁隆起，公羊大多有角，母羊大多无角或有小角，背腰平直，体躯呈圆桶状，尾短小呈圆锥形。

2. 生产性能

草地型藏绵羊成年公、母羊体重分别为 49.8 千克、41.1 千克，剪毛量分别为 1.3 千克和 0.9 千克。被毛属异质毛，干死毛重量比为 2.5%。一年产一胎，大多产单羔。山谷型藏绵羊成年公、母羊体重分别为 19.7 千克和 18.6 千克，剪毛量 0.6 千克和 0.5 千克，毛色杂。

（四）东北细毛羊

东北细毛羊主要分布在辽宁、吉林、黑龙江三省西北部平原地区和部分丘陵地区。1967 年被正式命名为东北毛肉兼用细毛羊，简称东北细毛羊。

1. 外貌特征

东北细毛羊公羊有角，母羊无角，公羊颈部有 1～2 个横皱褶，母羊有发达的纵皱褶，被毛白色，细毛覆盖至两眼连线，前肢至腕关节，后肢至飞节。

2. 生产性能

东北细毛羊成年公羊剪毛量 13.4 千克，母羊 6.1 千克，净毛率 40.0%以下，羊毛以 60～64 支为主，油汗以淡黄色和乳白色为主，公羊毛丛自然长度 9.3 厘米，母羊 7.4 厘米。成年公羊平均体重 83.7 千克，母羊 45.4 千克。具有一定的产肉性能，成年羯羊屠宰率 53.5%，公羊 43.6%，母羊 52.4%，当年公羊 38.8%。产羔率 125.0%。

（五）凉山半细毛羊

凉山半细毛羊是在原有细毛羊与本地山谷型藏绵羊杂交改良的基础上，引进国外良种半细毛羊——边区莱斯特羊和林肯羊与之进行复杂杂交于 1997 年培育成的，该品种的育成结束了我国没有自己的半细毛羊品种的历史。羊毛同质，细度48～50支。主要集中在四川省凉山州昭觉县、金阳县、布拖县等种羊场和育种场以及广大农村。

1. 外貌特征

凉山半细毛羊公、母羊均无角，前额有一小撮绺毛。体质结实，胸部宽深，四肢坚实，具有良好的肉用体形。被毛白色同质，毛泽强，匀度好，羊毛呈较大波浪形辫型毛丛结构，腹毛着生良好。

2. 生产性能

凉山半细毛羊成年公羊体重可达80千克以上，母羊45千克以上。剪毛量公羊6.5千克，母羊4.0千克。羊毛长度13～15厘米，羊毛细度48～50支，净毛率66.7%。育肥性能好，6～8月龄肥羔胴体重可达30～33千克，屠宰率50.7%。

凉山半细毛羊具有较强的适应性。在我国南方中、高山，海拔2000米的温暖湿润型农区和半农半牧区可进行放牧饲养或半放牧半舍饲。

(六) 新疆细毛羊

新疆细毛羊主产于新疆，是新中国成立后培育的第一个毛肉兼用细毛羊品种。

1. 外貌特征

新疆细毛羊公羊大多有角，母羊无角，公羊颈部有1～2个横皱褶，母羊有发达的纵皱褶，体质结实，结构匀称，胸部开阔而深，被毛白色，闭合性良好，眼圈、耳、唇部皮肤有少量色斑，头部细毛覆盖至两眼连线，前肢至腕关节，后肢至飞节。

2. 生产性能

新疆细毛羊具有良好的产毛性能，成年公羊剪毛量12.2千克，最高达21.2千克；母羊5.5千克，最高达11.7千克。全年放牧条件下，周岁公羊剪毛量5.4千克，母羊5.0千克。羊毛主体支数64支，油汗以乳白色和淡黄色为主。具有一定的产肉性能，2.5岁羯羊宰前体重65.6千克，屠宰率46.8%。繁殖率中等，大多数集中在9～10月发情配种，产羔率139.0%。

（七）中国美利奴羊

中国美利奴羊1985年培育成功，主要分布在内蒙古、新疆、吉林等地。

1. 外貌特征

中国美利奴羊公羊有角，母羊无角，公羊颈部有1～2个横皱褶，母羊有发达的纵皱褶，体质结实，体躯呈长方形，被毛白色同质。细毛覆盖至两眼连线，前肢至腕关节，后肢至飞节。

2. 生产性能

中国美利奴羊具有良好的产毛性能，成年公羊剪毛量16.0～10.0千克，特级母羊平均7.2千克，净毛率60%以上，毛丛自然长度9.0～12.0厘米，羊毛主体支数64支，是高档的纺织原料。具有一定的产肉性能，成年羯羊宰前体重51.9千克，屠宰率44.1%。产羔率117.0%～128.0%。

三、裘皮品种——滩羊

滩羊主产于宁夏银川附近各县，是我国独特的裘皮用绵羊品种，以生产滩羊毛皮著称。

1. 外貌特征

滩羊体格中等，体质结实，耳有大、中、小之分，公羊有角，母羊无角或仅有小角，背腰平直，四肢端正，尾尖细呈三角形，下垂过飞节。被毛纯白，仅头部有斑块。

2. 生产性能

滩羊具有良好的毛皮品质，1月龄左右屠宰所得的二毛皮品质好，花案美观，呈典型的“串”字花，毛股弯曲5～7个，皮板弹性好，致密结实，平均厚度0.7毫米，成品平均重350克。滩羊每年产毛两次，公羊毛股自然长度11.2厘米，母羊9.8厘米，净毛率65.0%。滩羊肉质细嫩，产肉性能好。放牧条件下，成年羯羊体重60.0千克，屠宰率45.0%。性成熟早，母羊多集中在8～9月发情，产羔率101.0%～103.0%。

四、羔皮品种——湖羊

湖羊主产于浙江、江苏的环太湖地区，集中在浙江的吴兴、嘉兴和江苏的吴江等地，是我国特有的羔皮羊品种。

1. 外貌特征

湖羊头狭长，公、母羊均无角，耳大下垂，部分地区有小耳和无耳个体，被毛白色，四肢纤细，尾尖上翘，乳房发育良好。

2. 生产性能

湖羊羔羊1～2日龄屠宰，所得皮板轻薄、毛色洁白如丝、扑而不散等，可加工染成不同颜色，在国际市场上声誉很高。成年羊被毛可分三种类型，即绵羊型、沙毛型和中毛型，可织制粗呢和地毯。成年羊屠宰率40.0%～50.0%，肉质细嫩鲜美。性成熟早，个别母羊3月龄发情，6月龄配种；成年母羊常年发情配种。除初产母羊外，一般每胎均在双羔以上，个别可达6～8羔，产羔率228.9%。

第二节　我国主要山羊品种

一、肉用品种

（一）马头山羊

马头山羊产于湖南、湖北西北部山区，现已分布到陕西、河南、四川等省，是我国南方山区优良的肉用山羊品种之一。

1. 外貌特征

马头山羊公、母羊均无角，有髯，头大小适中，体质结实，体躯呈长方形，前胸发达，背腰平直，后躯发育良好，以白色被毛为主。

2. 生产性能

马头山羊成年公羊平均体重43.8千克，母羊33.7千克，羯羊47.4千克，周岁羯羊34.7千克。成年屠宰率平均62.6%。早期育肥效果好，可生产肥羔，肉质鲜嫩，膻味小。皮板品质良好，张幅大，平均面积 8190 平方厘米。所产粗毛洁白、均匀，可制作毛管、毛刷。繁殖性能高，性成熟早，母羊一年可产两胎，初产母羊多产单羔，经产母羊多产双羔。产羔率 191.9％～200.3％，母羊有 3～4 月的泌乳期。

（二）成都麻羊

成都麻羊主要分布在川西平原四周的丘陵和低山地区，现已分布到四川大部分县（市）以及湖南、湖北、广东、广西、福建、河南、河北、陕西、江西、贵州等地，与当地山羊杂交，改良效果好。

1. 外貌特征

成都麻羊被毛呈棕红色，犹如赤铜，又名四川铜羊。单根毛纤维上、中、下段颜色分别为黑色、棕红色、灰黑色，又名麻羊。公、母羊大多有角，有须。沿颈、肩、背、腰至尾根，肩胛两侧至前臂各有一条黑色毛带，形成十字架形结构。公羊前躯发达，体态雄健，体形呈长方形；母羊背腰平直，后躯深广。

2. 生产性能

成都麻羊成年公羊体重 43.0 千克，母羊 32.6 千克；初生公羔 1.78 千克，二月龄断奶时体重 9.96 千克；初生母羔 1.8 千克，二月龄达 10.1 千克。成都麻羊生长快，夏、秋季抓膘能力强，周岁羯羊宰前体重 26.3 千克，成年羯羊 42.8 千克，屠宰率分别为 49.8％和 54.3％。皮板品质良好，皮板致密，弹性良好，质地柔软，耐磨损。周岁羯羊皮板面积在 5000 平方厘米以上，成年羊为 6500～7000 平方厘米。母羊常年发情，可年产两胎，产羔率平均 210.0％，母羊有 5 月的泌乳期，产奶量 150～200 千克。

（三）板角山羊

板角山羊产于四川东部的万源、城口、巫溪、武隆等县，是肉用性能好的优良山羊品种。

1. 外貌特征

板角山羊公、母羊均有角、有髯，体躯呈圆桶状，肋骨拱张良好，背腰平直，四肢粗壮，毛色以白色为主，少数黑色和杂色。

2. 生产性能

板角山羊产肉性能好，成年公羊平均体重 40.5 千克，母羊 30.3 千克，2 月龄断奶公羔 9.7 千克，母羔 8.0 千克，成年羯羊宰前体重 38.8 千克，屠宰率 55.7%。皮板弹性好，质地优良，张幅大。6～7 月龄性成熟，一般两年产三胎，高山寒冷地区一年产一胎。产羔率为 184.0%。

(四) 宜昌白山羊

宜昌白山羊原产于湖北西部，湖南、四川等省也有分布。

1. 外貌特征

宜昌白山羊公、母羊均有角，背腰平直，后躯丰满，“十”字部高。被毛白色，公羊毛长，母羊毛短，有的母羊背部和四肢上端有少量的长毛。

2. 生产性能

宜昌白山羊成年公羊体重平均为 35.7 千克，母羊 27.0 千克，皮板呈杏黄色，厚薄均匀，致密，弹性好，油性足，具有坚韧、柔软等特点。周岁羊屠宰率 47.41%，2～3 岁羊为 56.39%。肉质细嫩，味鲜美。性成熟早，4～5 月龄性成熟，年产两胎者占 29.4%，两年三胎者占 70.6%，一胎产羔率 172.7%。

(五) 南江黄羊

南江黄羊主产于四川省南江县，以北极种畜场、圆顶子牧场和附近“三区、十三乡”为中心产区，经 30 多年的选育，于 1995 年 10 月由农业部组织鉴定确认为我国肉用性能最好的山羊新品种。

1. 外貌特征

南江黄羊被毛呈黄褐色，毛短紧贴皮肤，富有光泽，被毛内层有少量绒毛。公羊颜面毛色较黑，前胸、颈肩、腹部及大腿毛深黑而长，体躯近似圆桶形；母羊大多有角，无角个体较有角个体颜面清秀。

2. 生产性能

南江黄羊成年公羊体高 74.7 厘米，体重 59.3 千克；成年母羊体高 66.6 厘米，体重 44.7 千克。初生公羔 2.3 千克，母羔 2.1 千克，双月断奶公羔 11.5 千克，母羔 10.7 千克，哺乳期公羔日增重 154 克，母羔 143 克。周岁公羊体重占成年的 55.5%，周岁母羊占成年的 64.5%。产肉性能好，6 月龄公羔宰前体重 19.0 千克，羯羔 21.0 千克以上。板皮品质良好，板质结实，张幅大，厚薄均匀。母羊常年发情并可配种受孕，8 月龄可初配，母羊可年产两胎，双羔率 70%以上，多羔率 13.5%，经产产羔率 207.8%，全群胎平均产羔率 195.3%。

（六）波尔山羊

波尔山羊原产于南非，后被引入德国、新西兰、澳大利亚等国，是目前世界上著名的肉用山羊品种。我国于 1995 年和 1997 年先后从德国、南非引入本品种。波尔山羊体质强壮，适应性强，善于长距离放牧采食，适宜于灌木林及山区放牧，适应热带、亚热带及温带气候环境饲养。抗逆性强，能防止寄生虫感染。与地区山羊品种杂交，能显著提高后代的生长速度及产肉性能。

1. 外貌特征

波尔山羊体躯被毛为白色，短毛或中等长毛，在头颈部为大块红棕色，但不超过肩部。鼻梁为白色毛带。公、母羊均有粗大的角，耳宽长下垂，鼻梁微隆。体格大，四肢较短，发育良好。体躯长而宽深，胸部发达，肋骨开张，背腰宽平，腿臀部丰满，具有良好的肉用体形。

2. 生产性能

波尔山羊产肉性能和胴体品质均较好。南非的波尔山羊，羔羊初生重平均 4.2 千克，成年公羊体重 80～100 千克，母羊 60～75 千克；澳大利亚波尔山羊成年公羊体重 105～135 千克，母羊 90～100 千克。南非波尔山羊 100 日龄断奶体重，公羔平均 32.3 千克，母羔平均 27.8 千克；澳大利亚波尔山羊公羔平均 25.6 千克，母羔平均 24.6 千克，日增重 200 克以上。8～10 月龄屠宰率 48%，周岁至成年可达 50%～60%，前肢骨肉比为 1：7。肉质细嫩，风味良好。母羊性成熟早，8 月龄即可配种产羔。可全年发情，但以秋季为主。在自然放牧条件下，50%以上母羊产双羔，5%～15%产三羔。泌乳力高，每天约产奶2.5升。

二、毛用品种

（一）内蒙古绒山羊

内蒙古绒山羊产于内蒙古西部，分布于二郎山地区、阿尔巴斯地区和阿拉善左旗地区，产绒量高，是我国绒毛品质最好的优良绒山羊品种。根据被毛长短分长毛型和短毛型两种类型。

1. 外貌特征

内蒙古绒山羊公、母羊均有角，有须，有髯，被毛多为白色，约占85%以上，外层为粗毛，内层为绒毛，粗毛光泽明亮，纤细柔软。

2. 生产性能

内蒙古绒山羊成年公羊平均剪毛量570克，母羊257克。绒毛纯白，品质优良，历史上以生产哈达而享誉国内外。成年公羊平均抓绒量400克，最高达875克，母羊360克。产肉能力较强，肉质细嫩，脂肪分布均匀，膻味小，屠宰率45.0%～50.0%，羔羊早期生长发育快，成活率高。母羊繁殖力低，年产一胎，产羔率102.0～105.0%。母羊有7～8月的泌乳期，日产乳量0.5～1.0千克。

（二）辽宁绒山羊

辽宁绒山羊主产于辽东半岛，是我国现有产绒量高、绒毛品质好的绒用山羊品种之一。

1. 外貌特征

辽宁绒山羊公、母羊均有角，头小，有髯，额顶长有长毛，背平直，后躯发达，体质结实，四肢粗壮，被毛纯白色。

2. 生产性能

辽宁绒山羊产绒性能好，每年3～4月抓绒量：成年公羊平均抓绒量570克，个别达800克以上，母羊320克。个体间抓绒量差异较大。还有一定的产毛能力。成年公羊宰前体重48.3千克，屠宰率 50.9%，母羊分别为 42.8 千克和 53.2%。公、母羊 5 月龄性成熟，一般在 18 月龄初配，母羊发情集中在春、秋两季，产羔率 118.3%。

（三）安哥拉山羊

安哥拉山羊原产于土耳其，是世界上著名的毛用山羊品种。现已在美国、阿根廷、中国等国饲养，以生产优质“马海毛”而著名。

1. 外貌特征

安哥拉山羊公、母羊均有角。四肢短而端正，蹄质结实，体质较弱。被毛纯白色，由波浪形毛辫组成，可垂至地面。

2. 生产性能

安哥拉山羊成年公羊体重 50.0～55.0 千克，母羊 32.0～35.0 千克。美国饲养的个体较大，公羊体重可达 76.5 千克。产毛性能高，被毛品质好，由两型毛组成，细度 40～46 支，毛长 18.0～25.0 厘米，最长达 35.0 厘米，呈典型的丝光。一年剪毛两次，每次毛长可达 15.0 厘米，成年公羊剪毛 5.0～7.0 千克，母羊 3.0～4.0 千克，最高剪毛量 8.2 千克。羊毛产量以美国为最高，土耳其最低，净毛率 65.0%～85.0%。生长发育慢，性成熟迟，到 3 岁才发育完全。产羔率 100.0%～110.0%，少数地区可达 200.0%。母羊泌乳力差。流产是繁殖率低的主要原因。

（四）长江三角洲白山羊

长江三角洲白山羊主要分布在江苏南通、苏州、扬州，上海郊县和浙江的嘉兴、杭州等地，是我国生产笔料毛的山羊品种。

1. 外貌特征

长江三角洲白山羊公、母羊均有角、有髯，头呈三角形，前躯窄，后躯丰满，背腰平直，被毛短而直，光泽好，羊毛洁白，弹性好。

2. 生产性能

长江三角洲白山羊羊毛挺直有峰，是制作毛笔的优质原料。成年公羊体重 28.6 千克，母羊 18.4 千克，羯羊 16.7 千克；初生公羔1.2千克，母羔1.1千克，当地群众喜吃带皮山羊肉。羯羊肉质肥嫩，膻味小。所产皮板品质好，皮质致密、柔韧、富有光泽。性成熟早，母羊6～7月龄可初配，经产母羊多集中在春、秋两季发情。两年产三胎，初产每胎1～2羔，经产母羊每胎2～3羔，最多可达6羔，产羔率228.6%。

三、奶用品种

（一）关中奶山羊

关中奶山羊主要分布在陕西省关中地区，以富平、临潼、三原等县数量最多。

1. 外貌特征

关中奶山羊公羊头大颈粗，胸部宽深，腹部紧凑；母羊颈长，胸宽，背腰平直，乳用特征明显。被毛粗短、白色，皮肤粉红色，有的羊有角、有髯。

2. 生产性能

关中奶山羊成年公羊体重78.6千克，母羊44.7千克。第一胎平均产奶量305.7千克，泌乳期242.4天；第二胎相应为379.3千克，244.0天；第三胎419.2千克，253.9天。第一胎以第三个泌乳月产奶量最高，第二、第三胎则以第二个泌乳月产奶量最高。母羊4～5月龄性成熟，7～8月龄可初配，产羔率178.0%。

（二）崂山奶山羊

崂山奶山羊是我国培育成功的优良奶山羊品种，分布在青岛及烟台地区。

1. 外貌特征

崂山奶山羊体质结实，结构匀称，公、母羊大多无角，胸部较深，背腰平直，耳大而不下垂，母羊后躯及乳房发育良好，被毛白色。

2. 生产性能

崂山奶山羊成年公羊平均体重75.5千克，母羊47.7千克。第一胎平均产奶量557.0千克，第二、第三胎平均为870.0千克，泌乳期一般 8～10 个月，乳脂率 4.0%。成年母羊屠宰率 41.6%，6 月龄公羔 43.4%。羔羊 5 月龄性成熟，7～8 月龄体重 30.0 千克以上可初配。产羔率 180.0%。

（三）萨能奶山羊

萨能奶山羊原产于瑞士，是世界上优秀的奶山羊品种之一，是奶山羊的代表型。现有的奶山羊品种几乎半数以上都程度不同地含有萨能奶山羊的血缘。

1. 外貌特征

萨能奶山羊具有典型的乳用家畜体形特征，后躯发达。被毛白色，偶有毛尖呈淡黄色。有四长的外形特点，即头长、颈长、躯干长、四肢长。公、母羊均有须，大多无角。

2. 生产性能

萨能奶山羊成年公羊体重 75.0～100.0 千克，最高 120.0 千克；母羊 50.0～65.0 千克，最高 90.0 千克。母羊泌乳性能良好，泌乳期 8～10 个月，产奶量 600.0～1200.0 千克。各国条件不同其产奶量差异较大，最高个体产奶记录 3430.0 千克。产羔率一般 170.0%～180.0%，高者可达 200.0%～220.0%。

（四）吐根堡奶山羊

吐根堡奶山羊原产于瑞士，能适应各种气候条件和饲养管理，耐苦力强。

1. 外貌特征

吐根堡奶山羊体形与萨能奶山羊相近，被毛褐色，颜面两侧各有一条灰白条纹。公、母羊均有须，多数无角。体格比萨能奶山羊略小。

2. 生产性能

吐根堡奶山羊成年公羊平均体重 99.3 千克，母羊 59.9 千克。泌乳期平均 287 天，产奶量 600.0～1200.0 千克。各地产奶量有差异，最高个体产奶记录 3160.0 千克。羊奶品质好，膻味小。吐根堡奶山羊体质健壮，遗传特性稳定，耐粗饲，耐炎热，比萨能奶山羊更能适应舍饲，更适合南方饲养。

(五) 努比亚奶山羊

努比亚奶山羊又名纽宾羊，原产于北非及埃及、埃塞俄比亚等地。我国引进本品种的历史可追溯到新中国成立前，20 世纪 80 年代又从美国引进，主要饲养在四川省简阳市。简阳大耳羊实际上是本地山羊和纽宾羊杂交育种的新品种。

1. 外貌特征

努比亚奶山羊头较短小，鼻梁隆起，耳宽长下垂，颈长肢长，体躯较短，公、母羊均无角无须。毛色较杂，有暗红色、棕红色、黑色、灰色、乳白色以及各种斑块杂色。

2. 生产性能

努比亚奶山羊体形较小，成年公羊体重 60～75 千克，母羊 40～50 千克。泌乳期 5～6 个月，盛产期日产奶 2～3 千克，高的可达 4 千克以上，含脂率较高，为 4%～7%。美国饲养的安格鲁努比亚山羊体躯较高大，日平均产奶量 8.6 千克，乳脂率 4.6%。努比亚奶山羊性格温驯，耐热性较强，对寒冷潮湿环境适应性较差。繁殖力较高，一年可产两胎，每胎 2～3 羔。

四、皮用品种

(一) 中卫山羊

中卫山羊，又叫沙毛山羊，是我国独特而珍贵的裘皮山羊品种，产于宁夏的中卫、中宁、同心海原县、甘肃中部和内蒙古阿拉善左旗。

1. 外貌特征

中卫山羊公、母羊大多有角，有髯，额部有卷毛，被毛纯白，光泽悦目，黑色者极少，体躯短而深，近似方形，初生时被毛就具有波浪弯曲。

2. 生产性能

中卫山羊以生产沙毛皮而著名，羔羊在 35 日龄时屠宰所得毛

皮品质最佳，此时毛股自然长度7.5厘米，伸直长度达9.2厘米。冬羔裘皮品质优于春羔。成年羊每年产毛、抓绒各一次，剪毛量低，公羊平均400克，母羊300克；公羊抓绒量164～240克，母羊140～190克。还有较好的肉、乳生产能力，二毛羔平均屠宰率50.0%，成年羯羊45.0%，肉质细嫩，膻味小。母羊有6～7个月的泌乳期，日产奶0.3千克。母羊集中在7～9月发情，产羔率103.0%。

（二）济宁青山羊

济宁青山羊产于山东省菏泽、济宁地区，是我国独特的羔皮用山羊品种，所产羔皮叫猾子皮。

1. 外貌特征

济宁青山羊公、母羊均有角，有须，有髯，体格小，结构匀称，又叫“狗羊”。被毛由黑、白两种纤维组成，外观呈青色，黑色纤维在30%以下为粉青色，30%～40%者为正青色，50%以上为铁青色。全身有“四青一黑”特征，即背部、唇、角、蹄为青色，两前膝为黑色。

2. 生产性能

济宁青山羊以生产各类猾子皮著称，3日龄羔羊被毛短，紧密适中，所得皮板品质最佳。成年公羊产毛量230～330克，母羊150～250克；公羊抓绒量50～150克，母羊25～50克。成年羯羊宰前体重20.1千克，屠宰率56.7%。繁殖力高是该品种的重要特征，母羊一岁前即可产第一胎，初产母羊产羔率163.1%，一生产羔率293.7%，最多一胎可产6～7羔。年产两胎，或两年产三胎。

第四章　羊的营养与饲料

第一节　羊的饲养标准

羊的饲养标准又叫羊的营养需要量，是绵羊和山羊维持生命活动和从事生产（乳、肉、毛、繁殖等）对能量和各种营养物质的需要量。所需的各种营养物质，不但数量要充足，而且比例要恰当。饲养标准就是反映绵羊和山羊不同发育阶段、不同生理状态、不同生产方向和水平对能量、蛋白质、矿物质和维生素等的需要量。

饲养标准是根据科学试验结果，结合实际饲养经验制定的。必须认识到，标准仅供参考，不能生搬硬套。由于各地区羊的品种、体重大小、生产性能不同，饲养地的自然条件、饲养管理技术水平不同，用于满足体温、生长发育及生产产品的营养需要量也不一样，所以应根据本地的生产实际对饲养水平酌情调整。

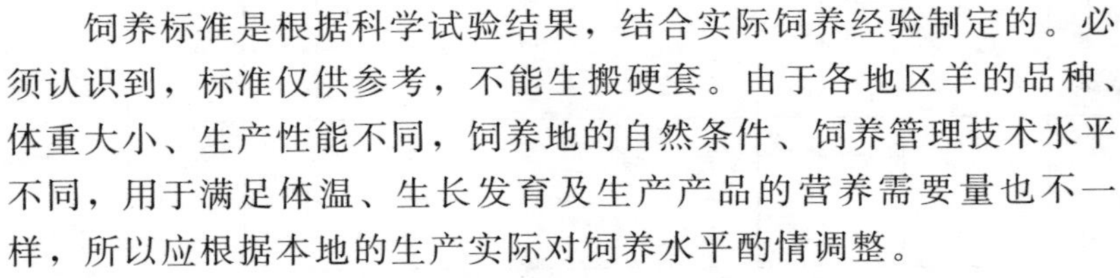

长期以来，我国大多沿用苏联和欧美一些国家的标准。2004年农业部实施了《肉羊饲养标准》（NY/T 816—2004），本标准规定了肉用绵羊和山羊对日粮干物质进食量、消化能、代谢能、粗蛋白质、维生素、矿物质元素的每日需要值，该标准适用于以产肉为主，以产毛、产绒为辅的绵羊和山羊品种。

一、肉用绵羊每日营养需要量

各生产阶段肉用绵羊对干物质进食量和消化能、代谢能、粗蛋白质、钙、磷、食用盐每日营养需要量见表 4-1～表 4-6，对硫、维生素 A、维生素 D、维生素 E 的每日营养添加量推荐值见表 4-7。

（一）生长育肥羔羊每日营养需要量

4～20 千克体重阶段：生长育肥羔羊不同日增重下日粮干物质进食量和消化能、代谢能、粗蛋白质、钙、总磷、食用盐每日营养需要量见表 4-1，对硫、维生素 A、维生素 D、维生素 E、微量矿物质元素的日粮添加量见表 4-7。

表 4-1　生长育肥羔羊每日营养需要量表

体重/千克	日增重/（千克/天）	日粮干物质进食量/（千克/天）	消化能/（兆焦/天）	代谢能/（兆焦/天）	粗蛋白质/（克/天）	钙/（克/天）	总磷/（克/天）	食用盐/（克/天）
4	0.1	0.12	1.92	1.88	35	0.9	0.5	0.6
4	0.2	0.12	2.80	2.72	62	0.9	0.5	0.6
4	0.3	0.12	3.68	3.56	90	0.9	0.5	0.6
6	0.1	0.13	2.55	2.47	36	1.0	0.5	0.6
6	0.2	0.13	3.43	3.36	62	1.0	0.5	0.6
6	0.3	0.13	4.18	3.77	88	1.0	0.5	0.6
8	0.1	0.16	3.10	3.01	36	1.3	0.7	0.7
8	0.2	0.16	4.06	3.93	62	1.3	0.7	0.7
8	0.3	0.16	5.02	4.60	88	1.3	0.7	0.7
10	0.1	0.24	3.97	3.60	54	1.4	0.75	1.1
10	0.2	0.24	5.02	4.60	87	1.4	0.75	1.1
10	0.3	0.24	8.28	5.86	121	1.4	0.75	1.1
12	0.1	0.32	4.60	4.14	56	1.5	0.8	1.3
12	0.2	0.32	5.44	5.02	90	1.5	0.8	1.3
12	0.3	0.32	7.11	8.28	122	1.5	0.8	1.3
14	0.1	0.40	5.02	4.60	59	1.8	1.2	1.7
14	0.2	0.40	8.28	5.86	91	1.8	1.2	1.7
14	0.3	0.40	7.53	6.69	123	1.8	1.2	1.7
16	0.1	0.48	5.44	5.02	60	2.2	1.5	2.0
16	0.2	0.48	7.11	8.28	92	2.2	1.5	2.0
16	0.3	0.48	8.37	7.53	124	2.2	1.5	2.0

续表

体重/千克	日增重/(千克/天)	日粮干物质进食量/(千克/天)	消化能/(兆焦/天)	代谢能/(兆焦/天)	粗蛋白质/(克/天)	钙/(克/天)	总磷/(克/天)	食用盐/(克/天)
18	0.1	0.56	8.28	5.86	63	2.5	1.7	2.3
18	0.2	0.56	7.95	7.11	95	2.5	1.7	2.3
18	0.3	0.56	8.79	7.95	127	2.5	1.7	2.3
20	0.1	0.64	7.11	8.28	65	2.9	1.9	2.6
20	0.2	0.64	8.37	7.53	96	2.9	1.9	2.6
20	0.3	0.64	9.62	8.79	128	2.9	1.9	2.6

注：1. 表中日粮干物质进食量（DMI）、消化能（DE）、代谢能（ME）、粗蛋白质（CP）、钙、总磷、食用盐每日需要量推荐数值参考自内蒙古自治区地方标准。

2. 日粮中添加的食用盐应符合 GB 5461—2016 中的规定。

（二）育成母羊每日营养需要量

25～50 千克体重阶段：育成母羊日粮干物质进食量和消化能、代谢能、粗蛋白质、钙、总磷、食用盐每日营养需要量见表 4-2，对硫、维生素 A、维生素 D、维生素 E、微量矿物质元素的日粮添加量见表 4-7。

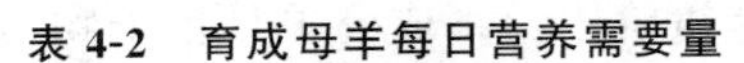

表 4-2　育成母羊每日营养需要量

体重/千克	日增重/(千克/天)	日粮干物质进食量/(千克/天)	消化能/(兆焦/天)	代谢能/(兆焦/天)	粗蛋白质/(克/天)	钙/(克/天)	总磷/(克/天)	食用盐/(克/天)
25	0	0.8	5.86	4.60	47	3.6	1.8	3.3
25	0.03	0.8	6.70	5.44	69	3.6	1.8	3.3
25	0.06	0.8	7.11	5.86	90	3.6	1.8	3.3
25	0.09	0.8	8.37	6.69	112	3.6	1.8	3.3
30	0	1.0	6.70	5.44	54	4.0	2.0	4.1
30	0.03	1.0	7.95	6.28	75	4.0	2.0	4.1
30	0.06	1.0	8.79	7.11	96	4.0	2.0	4.1
30	0.09	1.0	9.20	7.53	117	4.0	2.0	4.1
35	0	1.2	7.95	6.28	61	4.5	2.3	5.0
35	0.03	1.2	8.79	7.11	82	4.5	2.3	5.0
35	0.06	1.2	9.62	7.95	103	4.5	2.3	5.0
35	0.09	1.2	10.88	8.79	123	4.5	2.3	5.0

续表

体重/千克	日增重/(千克/天)	日粮干物质进食量/(千克/天)	消化能/(兆焦/天)	代谢能/(兆焦/天)	粗蛋白质/(克/天)	钙/(克/天)	总磷/(克/天)	食用盐/(克/天)
40	0	1.4	8.37	6.69	67	4.5	2.3	5.8
40	0.03	1.4	9.62	7.95	88	4.5	2.3	5.8
40	0.06	1.4	10.88	8.79	108	4.5	2.3	5.8
40	0.09	1.4	12.55	10.04	129	4.5	2.3	5.8
45	0	1.5	9.20	8.79	94	5.0	2.5	6.2
45	0.03	1.5	10.88	9.62	114	5.0	2.5	6.2
45	0.06	1.5	11.71	10.88	135	5.0	2.5	6.2
45	0.09	1.5	13.39	12.10	80	5.0	2.5	6.2
50	0	1.6	9.62	7.95	80	5.0	2.5	6.6
50	0.03	1.6	11.30	9.20	100	5.0	2.5	6.6
50	0.06	1.6	13.39	10.88	120	5.0	2.5	6.6
50	0.09	1.6	15.06	12.13	140	5.0	2.5	6.6

注：1. 表中日粮干物质进食量（DMI）、消化能（DE）、代谢能（ME）、粗蛋白质（CP）、钙、总磷、食用盐每日需要量推荐数值参考自内蒙古自治区地方标准。

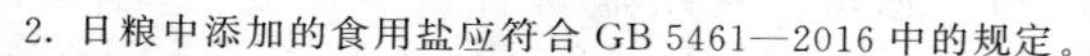

2. 日粮中添加的食用盐应符合 GB 5461—2016 中的规定。

（三）育成公羊每日营养需要量

20～70 千克体重阶段：育成公羊日粮干物质进食量和消化能、代谢能、粗蛋白质、钙、总磷、食用盐每日营养需要量见表 4-3，对硫、维生素 A、维生素 D、维生素 E、微量矿物质元素的日粮添加量见表 4-7。

表 4-3　育成公羊每日营养需要量

体重/千克	日增重/(千克/天)	日粮干物质进食量/(千克/天)	消化能/(兆焦/天)	代谢能/(兆焦/天)	粗蛋白质/(克/天)	钙/(克/天)	总磷/(克/天)	食用盐/(克/天)
20	0.05	0.9	8.17	6.70	95	2.4	1.1	7.6
20	0.10	0.9	9.76	8.00	114	3.3	1.5	7.6
20	0.15	1.0	12.20	10.00	132	4.3	2.0	7.6
25	0.05	1.0	8.78	7.20	105	2.8	1.3	7.6
25	0.10	1.0	10.98	9.00	123	3.7	1.7	7.6
25	0.15	1.1	13.54	11.10	142	4.6	2.1	7.6

续表

体重/千克	日增重/(千克/天)	日粮干物质进食量/(千克/天)	消化能/(兆焦/天)	代谢能/(兆焦/天)	粗蛋白质/(克/天)	钙/(克/天)	总磷/(克/天)	食用盐/(克/天)
30	0.05	1.1	10.37	8.5	114	3.2	1.4	8.6
30	0.10	1.1	12.20	10.00	132	4.1	1.9	8.6
30	0.15	1.2	14.76	12.10	150	5.0	2.3	8.6
35	0.05	1.2	11.34	9.30	122	3.5	1.6	8.6
35	0.10	1.2	13.29	10.90	140	4.5	2.0	8.6
35	0.15	1.3	16.10	13.20	159	5.4	2.5	8.6
40	0.05	1.3	12.44	10.20	130	3.9	1.8	9.6
40	0.10	1.3	14.39	11.80	149	4.8	2.2	9.6
40	0.15	1.3	17.32	14.20	167	5.8	2.6	9.6
45	0.05	1.3	13.54	11.10	138	4.3	1.9	9.6
45	0.10	1.3	15.49	12.70	156	5.2	2.9	9.6
45	0.15	1.4	18.66	15.30	175	6.1	2.8	9.6
50	0.05	1.4	14.39	11.80	146	4.7	2.1	11.0
50	0.10	1.4	16.59	13.60	165	5.6	2.5	11.0
50	0.15	1.5	19.76	16.20	182	6.5	3.0	11.0
55	0.05	1.5	15.37	12.60	153	5.0	2.3	11.0
55	0.10	1.5	17.68	14.50	172	6.0	2.7	11.0
55	0.15	1.6	20.98	17.20	190	6.9	3.1	11.0
60	0.05	1.6	16.34	13.40	161	5.4	2.4	12.0
60	0.10	1.6	18.78	15.40	179	6.3	2.9	12.0
60	0.15	1.7	22.20	18.20	198	7.3	3.3	12.0
65	0.05	1.7	17.32	14.20	168	5.7	2.6	12.0
65	0.10	1.7	19.88	16.30	187	6.7	3.0	12.0
65	0.15	1.8	23.54	19.30	205	7.6	3.4	12.0
70	0.05	1.8	18.29	15.00	175	6.2	2.8	12.0
70	0.10	1.8	20.85	17.10	194	7.1	3.2	12.0
70	0.15	1.9	24.76	20.30	212	8.0	3.6	12.0

注：1. 表中日粮干物质进食量（DMI）、消化能（DE）、代谢能（ME）、粗蛋白质（CP）、钙、总磷、食用盐每日需要量推荐数值参考自内蒙古自治区地方标准。

2. 日粮中添加的食用盐应符合GB 5461—2016中的规定。

（四）育肥羊每日营养需要量

20～45千克体重阶段：舍饲育肥羊日粮干物质进食量和消化能、代谢能、粗蛋白质、钙、总磷、食用盐每日营养需要量见

表4-4，对硫、维生素A、维生素D、维生素E、微量矿物质元素的日粮添加量见表4-7。

表4-4　育肥羊每日营养需要量

体重/千克	日增重/(千克/天)	日粮干物质进食量/(千克/天)	消化能/(兆焦/天)	代谢能/(兆焦/天)	粗蛋白质/(克/天)	钙/(克/天)	总磷/(克/天)	食用盐/(克/天)
20	0.10	0.8	9.00	8.40	111	1.9	1.8	7.6
20	0.20	0.9	11.30	9.30	158	2.8	2.4	7.6
20	0.30	1.0	13.60	11.20	183	3.8	3.1	7.6
20	0.45	1.0	15.01	11.82	210	4.6	3.7	7.6
25	0.10	0.9	10.50	8.60	121	2.2	2.0	7.6
25	0.20	1.0	13.20	10.80	168	3.2	2.7	7.6
25	0.30	1.1	15.80	13.00	191	4.3	3.4	7.6
25	0.45	1.1	17.45	14.35	218	5.4	4.2	7.6
30	0.10	1.0	12.00	9.80	132	2.5	2.2	8.6
30	0.20	1.1	15.00	12.30	178	3.6	3.0	8.6
30	0.30	1.2	18.10	14.80	200	4.8	3.8	8.6
30	0.45	1.2	19.95	16.34	351	6.0	4.6	8.6
35	0.10	1.2	13.40	11.10	141	2.8	2.5	8.6
35	0.20	1.3	16.90	13.80	187	4.0	3.3	8.6
35	0.30	1.3	18.20	16.60	207	5.2	4.1	8.6
35	0.45	1.3	20.19	18.26	233	6.4	5.0	8.6
40	0.10	1.3	14.90	12.20	143	3.1	2.7	9.6
40	0.20	1.3	18.80	15.30	183	4.4	3.6	9.6
40	0.30	1.4	22.60	18.40	204	5.7	4.5	9.6
40	0.45	1.4	24.99	20.30	227	7.0	5.4	9.6
45	0.10	1.4	16.40	13.40	152	3.4	2.9	9.6
45	0.20	1.4	20.60	16.80	192	4.8	3.9	9.6
45	0.30	1.5	24.80	20.30	210	6.2	4.9	9.6
45	0.45	1.5	27.38	22.39	233	7.4	6.0	9.6
50	0.10	1.5	17.90	14.60	159	3.7	3.2	11.0
50	0.20	1.6	22.50	18.30	198	5.2	4.2	11.0
50	0.30	1.6	27.20	22.10	215	6.7	5.2	11.0
50	0.45	1.6	30.03	24.38	237	8.5	6.5	11.0

注：1. 表中日粮干物质进食量（DMI）、消化能（DE）、代谢能（ME）、粗蛋白质（CP）、钙、总磷、食用盐每日需要量推荐数值参考自内蒙古自治区地方标准。

2. 日粮中添加的食用盐应符合GB 5461—2016中的规定。

（五）妊娠母羊每日营养需要量

不同妊娠阶段的妊娠母羊日粮干物质进食量和消化能、代谢能、粗蛋白质、钙、总磷、食用盐每日营养需要量见表 4-5，对硫、维生素 A、维生素 D、维生素 E、微量矿物质元素的日粮添加量见表 4-7。

表 4-5　妊娠母羊每日营养需要量

妊娠阶段	体重/千克	日粮干物质进食量/(千克/天)	消化能/(兆焦/天)	代谢能/(兆焦/天)	粗蛋白质/(克/天)	钙/(克/天)	总磷/(克/天)	食用盐/(克/天)
前期①	40	1.6	12.55	10.46	116	3.0	2.0	6.6
	50	1.8	15.06	12.50	124	3.2	3.2	7.5
	60	2.0	15.90	13.39	132	4.0	4.0	8.3
	70	2.2	16.74	14.23	141	4.5	4.5	9.1
后期②	40	1.8	15.06	12.55	146	6.0	3.5	7.5
	45	1.9	15.90	13.39	152	6.5	3.7	7.9
	50	2.0	16.74	14.23	159	7.0	3.9	8.3
	55	2.1	17.99	15.06	165	7.5	4.1	8.7
	60	2.2	18.83	15.90	172	8.0	4.3	9.1
	65	2.3	19.66	16.74	180	8.5	4.5	9.5
	70	2.4	20.92	17.57	187	9.0	4.7	9.9
后期③	40	1.8	16.74	14.23	167	7.0	4.0	7.9
	45	1.9	17.99	15.06	176	7.5	4.3	8.3
	50	2.0	19.25	16.32	184	8.0	4.6	8.7
	55	2.1	20.50	17.15	193	8.5	5.0	9.1
	60	2.2	21.76	18.41	203	9.0	5.3	9.5
	65	2.3	22.59	19.25	214	9.5	5.4	9.9
	70	2.4	24.27	20.50	226	10.0	5.6	11.0

① 指妊娠期的第 1 个月到第 3 个月。

② 指母羊怀单羔妊娠期的第 4 个月到第 5 个月。

③ 指母羊怀双羔妊娠期的第 4 个月到第 5 个月。

注：1. 表中日粮干物质进食量（DMI）、消化能（DE）、代谢能（ME）、粗蛋白质（CP）、钙、总磷、食用盐每日需要量推荐数值参考自内蒙古自治区地方标准。

2. 日粮中添加的食用盐应符合 GB 5461—2016 中的规定。

（六）泌乳母羊每日营养需要量

40～70 千克泌乳母羊的日粮干物质进食量和消化能、代谢能、粗蛋白质、钙、总磷、食用盐每日营养需要量见表 4-6，对硫、维生素 A、维生素 D、维生素 E、微量矿物质元素的日粮添加量见表 4-7。

表 4-6 泌乳母羊每日营养需要量

体重/千克	日增重/(千克/天)	日粮干物质进食量/(千克/天)	消化能/(兆焦/天)	代谢能/(兆焦/天)	粗蛋白质/(克/天)	钙/(克/天)	总磷/(克/天)	食用盐/(克/天)
40	0.2	2.0	12.97	10.46	119	7.0	4.3	8.3
40	0.4	2.0	15.48	12.55	139	7.0	4.3	8.3
40	0.6	2.0	17.99	14.64	157	7.0	4.3	8.3
40	0.8	2.0	20.50	16.74	176	7.0	4.3	8.3
40	1.0	2.0	23.01	18.83	196	7.0	4.3	8.3
40	1.2	2.0	25.94	20.92	216	7.0	4.3	8.3
40	1.4	2.0	28.45	23.01	236	7.0	4.3	8.3
40	1.6	2.0	30.96	25.10	254	7.0	4.3	8.3
40	1.8	2.0	33.47	27.20	274	7.0	4.3	8.3
50	0.2	2.2	15.06	12.13	122	7.5	4.7	9.1
50	0.4	2.2	17.57	14.23	142	7.5	4.7	9.1
50	0.6	2.2	20.08	16.32	162	7.5	4.7	9.1
50	0.8	2.2	22.59	18.41	180	7.5	4.7	9.1
50	1.0	2.2	25.10	20.50	200	7.5	4.7	9.1
50	1.2	2.2	28.03	22.59	219	7.5	4.7	9.1
50	1.4	2.2	30.54	24.69	239	7.5	4.7	9.1
50	1.6	2.2	33.05	26.78	257	7.5	4.7	9.1
50	1.8	2.2	35.56	28.87	277	7.5	4.7	9.1
60	0.2	2.4	16.32	13.39	125	8.0	5.1	9.9
60	0.4	2.4	19.25	15.48	145	8.0	5.1	9.9
60	0.6	2.4	21.76	17.57	165	8.0	5.1	9.9
60	0.8	2.4	24.27	19.66	183	8.0	5.1	9.9
60	1.0	2.4	26.78	21.76	203	8.0	5.1	9.9
60	1.2	2.4	29.29	23.85	223	8.0	5.1	9.9
60	1.4	2.4	31.80	25.94	241	8.0	5.1	9.9
60	1.6	2.4	34.73	28.03	261	8.0	5.1	9.9
60	1.8	2.4	37.24	30.12	275	8.0	5.1	9.9

续表

体重/千克	日增重/(千克/天)	日粮干物质进食量/(千克/天)	消化能/(兆焦/天)	代谢能/(兆焦/天)	粗蛋白质/(克/天)	钙/(克/天)	总磷/(克/天)	食用盐/(克/天)
70	0.2	2.6	17.99	14.64	129	8.5	5.6	11.0
70	0.4	2.6	20.50	16.70	148	8.5	5.6	11.0
70	0.6	2.6	23.01	18.83	166	8.5	5.6	11.0
70	0.8	2.6	25.94	20.92	186	8.5	5.6	11.0
70	1.0	2.6	28.45	23.01	206	8.5	5.6	11.0
70	1.2	2.6	30.96	25.10	226	8.5	5.6	11.0
70	1.4	2.6	33.89	27.61	244	8.5	5.6	11.0
70	1.6	2.6	36.40	29.71	264	8.5	5.6	11.0
70	1.8	2.6	39.33	31.80	284	8.5	5.6	11.0

注：1. 表中日粮干物质进食量（DMI）、消化能（DE）、代谢能（ME）、粗蛋白质（CP）、钙、总磷、食用盐每日需要量推荐数值参考自内蒙古自治区地方标准。

2. 日粮中添加的食用盐应符合 GB 5461—2016 中的规定。

表 4-7　肉用绵羊对日粮硫、维生素、微量矿物质元素需要量（以干物质计）

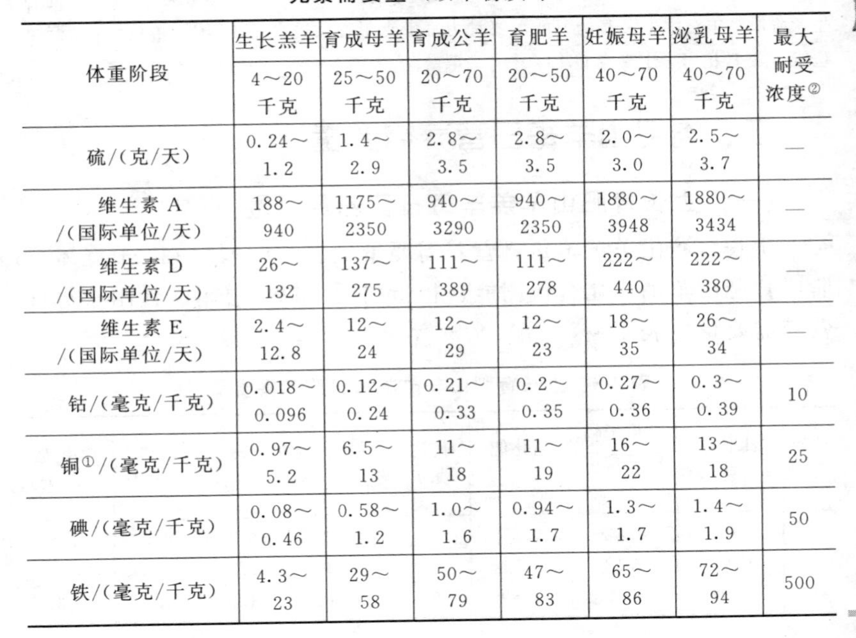

体重阶段	生长羔羊	育成母羊	育成公羊	育肥羊	妊娠母羊	泌乳母羊	最大耐受浓度②
	4～20千克	25～50千克	20～70千克	20～50千克	40～70千克	40～70千克	
硫/(克/天)	0.24～1.2	1.4～2.9	2.8～3.5	2.8～3.5	2.0～3.0	2.5～3.7	—
维生素 A/(国际单位/天)	188～940	1175～2350	940～3290	940～2350	1880～3948	1880～3434	—
维生素 D/(国际单位/天)	26～132	137～275	111～389	111～278	222～440	222～380	—
维生素 E/(国际单位/天)	2.4～12.8	12～24	12～29	12～23	18～35	26～34	—
钴/(毫克/千克)	0.018～0.096	0.12～0.24	0.21～0.33	0.2～0.35	0.27～0.36	0.3～0.39	10
铜①/(毫克/千克)	0.97～5.2	6.5～13	11～18	11～19	16～22	13～18	25
碘/(毫克/千克)	0.08～0.46	0.58～1.2	1.0～1.6	0.94～1.7	1.3～1.7	1.4～1.9	50
铁/(毫克/千克)	4.3～23	29～58	50～79	47～83	65～86	72～94	500

续表

体重阶段	生长羔羊	育成母羊	育成公羊	育肥羊	妊娠母羊	泌乳母羊	最大耐受浓度②
	4～20千克	25～50千克	20～70千克	20～50千克	40～70千克	40～70千克	
锰/(毫克/千克)	2.2～12	14～29	25～40	23～41	32～44	36～47	1000
硒/(毫克/千克)	0.016～0.086	0.11～0.22	0.19～0.30	0.18～0.31	0.24～0.31	0.27～0.35	2
锌/(毫克/千克)	2.7～14	18～36	50～79	29～52	53～71	59～77	750

① 当日粮钼含量大于3.0毫克/千克时，铜的添加量要在表中推荐值基础上增加1倍。

② 参考NRC（1985）提供的统计数据。

注：表中维生素A、维生素D、维生素E每日需要量数据参考自NRC（1985）。维生素A最低需要量：每千克体重47国际单位。1毫克β-胡萝卜素效价相当于681国际单位维生素A。维生素D的需要量：早期断奶羔羊最低需要量为每千克体重5.55国际单位；其他生产阶段绵羊对维生素D的最低需要量为每千克体重6.66国际单位。1国际单位维生素D相当于0.025微克胆钙化醇。维生素E需要量：体重低于20千克的羔羊对维生素E的最低需要量为每千克干物质进食量20国际单位；体重大于20千克的各生产阶段绵羊对维生素E的最低需要量为每千克干物质进食量15国际单位。1国际单位维生素E相当于1毫克D,L-α-生育酚醋酸酯。

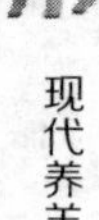

二、肉用山羊每日营养需要量

（一）生长育肥山羊羔羊每日营养需要量

生长育肥山羊羔羊每日营养需要量见表4-8。15～30千克体重阶段育肥山羊消化能、代谢能、粗蛋白质、钙、总磷、食用盐每日营养需要量见表4-9。

表4-8 生长育肥山羊羔羊每日营养需要量

体重/千克	日增重/(千克/天)	日粮干物质进食量/(千克/天)	消化能/(兆焦/天)	代谢能/(兆焦/天)	粗蛋白质/(克/天)	钙/(克/天)	总磷/(克/天)	食用盐/(克/天)
1	0	0.12	0.55	0.46	3	0.1	0.0	0.6
1	0.02	0.12	0.71	0.60	9	0.8	0.5	0.6
1	0.04	0.12	0.89	0.75	14	1.5	1.0	0.6

续表

体重/千克	日增重/(千克/天)	日粮干物质进食量/(千克/天)	消化能/(兆焦/天)	代谢能/(兆焦/天)	粗蛋白质/(克/天)	钙/(克/天)	总磷/(克/天)	食用盐/(克/天)
2	0	0.13	0.90	0.76	5	0.1	0.1	0.7
2	0.02	0.13	1.08	0.91	11	0.8	0.6	0.7
2	0.04	0.13	1.26	1.06	16	1.6	1.0	0.7
2	0.06	0.13	1.43	1.20	22	2.3	1.5	0.7
4	0	0.18	1.64	1.38	9	0.3	0.2	0.9
4	0.02	0.18	1.93	1.62	16	1.0	0.7	0.9
4	0.04	0.18	2.20	1.85	22	1.7	1.1	0.9
4	0.06	0.18	2.48	2.08	29	2.4	1.6	0.9
4	0.08	0.18	2.76	2.32	35	3.1	2.1	0.9
6	0	0.27	2.29	1.88	11	0.4	0.3	1.3
6	0.02	0.27	2.32	1.90	22	1.1	0.7	1.3
6	0.04	0.27	3.06	2.51	33	1.8	1.2	1.3
6	0.06	0.27	3.79	3.11	44	2.5	1.7	1.3
6	0.08	0.27	4.54	3.72	55	3.3	2.2	1.3
6	0.10	0.27	5.27	4.32	67	4.0	2.6	1.3
8	0	0.33	1.96	1.61	13	0.5	0.4	1.7
8	0.02	0.33	3.05	2.50	24	1.2	0.8	1.7
8	0.04	0.33	4.11	3.37	36	2.0	1.3	1.7
8	0.06	0.33	5.18	4.25	47	2.7	1.8	1.7
8	0.08	0.33	6.26	5.13	58	3.4	2.3	1.7
8	0.10	0.33	7.33	6.01	69	4.1	2.7	1.7
10	0	0.46	2.33	1.91	16	0.7	0.4	2.3
10	0.02	0.48	3.73	3.06	27	1.4	0.9	2.4
10	0.04	0.50	5.15	4.22	38	2.1	1.4	2.5
10	0.06	0.52	6.55	5.37	49	2.8	1.9	2.6
10	0.08	0.54	7.96	6.53	60	3.5	2.3	2.7
10	0.10	0.56	9.38	7.69	72	4.2	2.8	2.8
12	0	0.48	2.67	2.19	18	0.8	0.5	2.4
12	0.02	0.50	4.41	3.62	29	1.5	1.0	2.5
12	0.04	0.52	6.16	5.05	40	2.2	1.5	2.6
12	0.06	0.54	7.90	6.48	52	2.9	2.0	2.7
12	0.08	0.56	9.65	7.91	63	3.7	2.4	2.8
12	0.10	0.58	11.40	9.35	74	4.4	2.9	2.9

续表

体重/千克	日增重/(千克/天)	日粮干物质进食量/(千克/天)	消化能/(兆焦/天)	代谢能/(兆焦/天)	粗蛋白质/(克/天)	钙/(克/天)	总磷/(克/天)	食用盐/(克/天)
14	0	0.50	2.99	2.45	20	0.9	0.6	2.5
14	0.02	0.52	5.07	4.16	31	1.6	1.1	2.6
14	0.04	0.54	7.16	5.87	43	2.4	1.6	2.7
14	0.06	0.56	9.24	7.58	54	3.1	2.0	2.8
14	0.08	0.58	11.33	9.29	65	3.8	2.5	2.9
14	0.10	0.60	13.40	10.99	76	4.5	3.0	3.0
16	0	0.52	3.30	2.71	22	1.1	0.7	2.6
16	0.02	0.54	5.73	4.70	34	1.8	1.2	2.7
16	0.04	0.56	8.15	6.68	45	2.5	1.7	2.8
16	0.06	0.58	10.56	8.66	56	3.2	2.1	2.9
16	0.08	0.60	12.99	10.65	67	3.9	2.6	3.0
16	0.10	0.62	15.43	12.65	78	4.6	3.1	3.1

注：1. 表中0～8千克体重阶段肉用绵羊羔羊日粮干物质进食量（DMI）按每千克代谢体重0.07千克估算；体重大于10千克时，按中国农业科学院畜牧研究所2003年提供的如下公式计算获得：

$$DMI=\frac{26.45\times W^{0.75}+0.99\times ADG}{1000}$$

2. 表中代谢能（ME）、粗蛋白质（CP）数值参考自杨在宾（1997）关于青山羊的数据资料。

3. 表中消化能（DE）需要量数值根据ME/0.82估算。

4. 表中钙需要量按表4-14中提供参数估算得到，总磷需要量根据钙磷比为1.5∶1估算获得。

5. 日粮中添加的食用盐应符合GB 5461—2016中的规定。

表4-9 育肥山羊每日营养需要量

体重/千克	日增重/(千克/天)	日粮干物质进食量/(千克/天)	消化能/(兆焦/天)	代谢能/(兆焦/天)	粗蛋白质/(克/天)	钙/(克/天)	总磷/(克/天)	食用盐/(克/天)
15	0	0.51	5.36	4.40	43	1.0	0.7	2.6
15	0.05	0.56	5.83	4.78	54	2.8	1.9	2.8
15	0.10	0.61	6.29	5.15	64	4.6	3.0	3.1
15	0.15	0.66	6.75	5.54	74	6.4	4.2	3.3
15	0.20	0.71	7.21	5.91	84	8.1	5.4	3.6

续表

体重/千克	日增重/(千克/天)	日粮干物质进食量/(千克/天)	消化能/(兆焦/天)	代谢能/(兆焦/天)	粗蛋白质/(克/天)	钙/(克/天)	总磷/(克/天)	食用盐/(克/天)
20	0	0.56	6.44	5.28	47	1.3	0.9	2.8
20	0.05	0.61	6.91	5.66	57	3.1	2.1	3.1
20	0.10	0.66	7.37	6.04	67	4.9	3.3	3.3
20	0.15	0.71	7.83	6.42	77	6.7	4.5	3.6
20	0.20	0.76	8.29	6.80	87	8.5	5.6	3.8
25	0	0.61	7.46	6.12	50	1.7	1.1	3.0
25	0.05	0.66	7.92	6.49	60	3.5	2.3	3.3
25	0.10	0.71	8.38	6.87	70	5.2	3.5	3.5
25	0.15	0.76	8.84	7.25	81	7.0	4.7	3.8
25	0.20	0.81	9.31	7.63	91	8.8	5.9	4.0
30	0	0.65	8.42	6.90	53	2.0	1.3	3.3
30	0.05	0.70	8.88	7.28	63	3.8	2.5	3.5
30	0.10	0.75	9.35	7.66	74	5.6	3.7	3.8
30	0.15	0.80	9.81	8.04	84	7.4	4.9	4.0
30	0.20	0.85	10.27	8.42	94	9.1	6.1	4.2

(二) 后备公山羊每日营养需要量

后备公山羊每日营养需要量见表 4-10。

表 4-10 后备公山羊每日营养需要量

体重/千克	日增重/(千克/天)	日粮干物质进食量/(千克/天)	消化能/(兆焦/天)	代谢能/(兆焦/天)	粗蛋白质/(克/天)	钙/(克/天)	总磷/(克/天)	食用盐/(克/天)
12	0	0.48	3.78	3.10	24	0.8	0.5	2.4
12	0.02	0.50	4.10	3.36	32	1.5	1.0	2.5
12	0.04	0.52	4.43	3.63	40	2.2	1.5	2.6
12	0.06	0.54	4.74	3.89	49	2.9	2.0	2.7
12	0.08	0.56	5.06	4.15	57	3.7	2.4	2.8
12	0.10	0.58	5.38	4.41	66	4.4	2.9	2.9
15	0	0.51	4.48	3.67	28	1.0	0.7	2.6
15	0.02	0.53	5.28	4.33	36	1.7	1.1	2.7
15	0.04	0.55	6.10	5.00	45	2.4	1.6	2.8
15	0.06	0.57	5.70	4.67	53	3.1	2.1	2.9
15	0.08	0.59	7.72	6.33	61	3.9	2.6	3.0
15	0.10	0.61	8.54	7.00	70	4.6	3.0	3.1

续表

体重/千克	日增重/(千克/天)	日粮干物质进食量/(千克/天)	消化能/(兆焦/天)	代谢能/(兆焦/天)	粗蛋白质/(克/天)	钙/(克/天)	总磷/(克/天)	食用盐/(克/天)
18	0	0.54	5.12	4.20	32	1.2	0.8	2.7
18	0.02	0.56	6.44	5.28	40	1.9	1.3	2.8
18	0.04	0.58	7.74	6.35	49	2.6	1.8	2.9
18	0.06	0.60	9.05	7.42	57	3.3	2.2	3.0
18	0.08	0.62	10.35	8.49	66	4.1	2.7	3.1
18	0.10	0.64	11.66	9.56	74	4.8	3.2	3.2
21	0	0.57	5.76	4.72	36	1.4	0.9	2.9
21	0.02	0.59	7.56	6.20	44	2.1	1.4	3.0
21	0.04	0.61	9.35	7.67	53	2.8	1.9	3.1
21	0.06	0.63	11.16	9.15	61	3.5	2.4	3.2
21	0.08	0.65	12.96	10.63	70	4.3	2.8	3.3
21	0.10	0.67	14.76	12.10	78	5.0	3.3	3.4
24	0	0.60	6.37	5.22	40	1.6	1.1	3.0
24	0.02	0.62	8.66	7.10	48	2.3	1.5	3.1
24	0.04	0.64	10.95	8.98	56	3.0	2.0	3.2
24	0.06	0.66	13.27	10.88	65	3.7	2.5	3.3
24	0.08	0.68	15.54	12.74	73	4.5	3.0	3.4
24	0.10	0.70	17.83	14.62	82	5.2	3.4	3.5

(三) 妊娠期母山羊每日营养需要量

妊娠期母山羊每日营养需要量见表4-11。

表4-11 妊娠期母山羊每日营养需要量

妊娠阶段	体重/千克	日粮干物质进食量/(千克/天)	消化能/(兆焦/天)	代谢能/(兆焦/天)	粗蛋白质/(克/天)	钙/(克/天)	总磷/(克/天)	食用盐/(克/天)
空怀期	10	0.39	3.37	2.76	34	4.5	3.0	2.0
	15	0.53	4.54	3.72	43	4.8	3.2	2.7
	20	0.66	5.62	4.61	52	5.2	3.4	3.3
	25	0.78	6.63	5.44	60	5.5	3.7	3.9
	30	0.90	7.59	6.22	67	5.8	3.9	4.5

续表

妊娠阶段	体重/千克	日粮干物质进食量/(千克/天)	消化能/(兆焦/天)	代谢能/(兆焦/天)	粗蛋白质/(克/天)	钙/(克/天)	总磷/(克/天)	食用盐/(克/天)
1～90天	10	0.39	4.80	3.94	55	4.5	3.0	2.0
	15	0.53	6.82	5.59	65	4.8	3.2	2.7
	20	0.66	8.82	7.15	73	5.2	3.4	3.3
	25	0.78	10.56	8.66	81	5.5	3.7	3.9
	30	0.90	12.34	10.12	89	5.8	3.9	4.5
91～120天	15	0.53	7.55	6.19	97	4.8	3.2	2.7
	20	0.66	9.51	7.80	105	5.2	3.4	3.3
	25	0.78	11.39	9.34	113	5.5	3.7	3.9
	30	0.90	13.20	10.82	121	5.8	3.9	4.5
120天以上	15	0.53	8.54	7.00	124	4.8	3.2	2.7
	20	0.66	10.54	8.64	132	5.2	3.4	3.3
	25	0.78	12.43	10.19	140	5.5	3.7	3.9
	30	0.90	14.27	11.70	148	5.8	3.9	4.5

注：日粮中添加的食用盐应符合GB 5461—2016中的规定。

（四）泌乳期母山羊每日营养需要量

泌乳前期母山羊每日营养需要量见表4-12，泌乳后期母山羊每日营养需要量见表4-13。山羊对常量矿物质元素每日营养需要量参数见表4-14，山羊对微量矿物质元素每日营养需要量见表4-15。

表4-12 泌乳前期母山羊每日营养需要量

体重/千克	日增重/(千克/天)	日粮干物质进食量/(千克/天)	消化能/(兆焦/天)	代谢能/(兆焦/天)	粗蛋白质/(克/天)	钙/(克/天)	总磷/(克/天)	食用盐/(克/天)
10	0	0.39	3.12	2.56	24	0.7	0.4	2.0
10	0.50	0.39	5.73	4.70	73	2.8	1.8	2.0
10	0.75	0.39	7.04	5.77	97	3.8	2.5	2.0
10	1.00	0.39	8.34	6.84	122	4.8	3.2	2.0
10	1.25	0.39	9.65	7.91	146	5.9	3.9	2.0
10	1.50	0.39	10.95	8.98	170	6.9	4.6	2.0

续表

体重/千克	日增重/(千克/天)	日粮干物质进食量/(千克/天)	消化能/(兆焦/天)	代谢能/(兆焦/天)	粗蛋白质/(克/天)	钙/(克/天)	总磷/(克/天)	食用盐/(克/天)
15	0	0.53	4.24	3.48	33	1.0	0.7	2.7
15	0.50	0.53	6.84	5.61	31	3.1	2.1	2.7
15	0.75	0.53	8.15	6.68	106	4.1	2.8	2.7
15	1.00	0.53	9.45	7.75	130	5.2	3.4	2.7
15	1.25	0.53	10.76	8.82	154	6.2	4.1	2.7
15	1.50	0.53	12.06	9.89	179	7.3	4.8	2.7
20	0	0.66	5.26	4.31	40	1.3	0.9	3.3
20	0.50	0.66	7.87	6.54	89	3.4	2.3	3.3
20	0.75	0.66	9.17	7.52	114	4.5	3.0	3.3
20	1.00	0.66	10.48	8.59	138	5.5	3.7	3.3
20	1.25	0.66	11.78	9.66	162	6.5	4.4	3.3
20	1.50	0.66	13.09	10.73	187	7.6	5.1	3.3
25	0	0.78	6.22	5.10	48	1.7	1.1	3.9
25	0.50	0.78	8.83	7.24	97	3.8	2.5	3.9
25	0.75	0.78	10.13	8.31	121	4.8	3.2	3.9
25	1.00	0.78	11.44	9.38	145	5.8	3.9	3.9
25	1.25	0.78	12.73	10.44	170	6.9	4.6	3.9
25	1.50	0.78	14.04	11.51	194	7.9	5.3	3.9
30	0	0.90	6.70	5.49	55	2.0	1.3	4.5
30	0.50	0.90	9.73	7.98	104	4.1	2.7	4.5
30	0.75	0.90	11.04	9.05	128	5.1	3.4	4.5
30	1.00	0.90	12.34	10.12	152	6.2	4.1	4.5
30	1.25	0.90	13.65	11.19	177	7.2	4.8	4.5
30	1.50	0.90	14.95	12.26	201	8.3	5.5	4.5

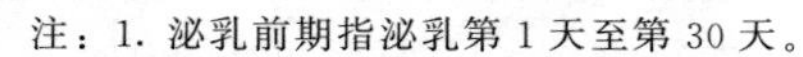

注：1. 泌乳前期指泌乳第 1 天至第 30 天。

2. 日粮中添加的食用盐应符合 GB 5461—2016 中的规定。

表 4-13　泌乳后期母山羊每日营养需要量

体重/千克	泌乳量/(千克/天)	日粮干物质进食量/(千克/天)	消化能/(兆焦/天)	代谢能/(兆焦/天)	粗蛋白质/(克/天)	钙/(克/天)	总磷/(克/天)	食用盐/(克/天)
10	0	0.39	3.71	3.04	22	0.7	0.4	2.0
10	0.15	0.39	4.67	3.83	48	1.3	0.9	2.0
10	0.25	0.39	5.30	4.35	65	1.7	1.1	2.0
10	0.50	0.39	6.90	5.66	108	2.8	1.8	2.0
10	0.75	0.39	8.50	6.97	151	3.8	2.5	2.0
10	1.00	0.39	10.10	8.28	194	4.8	3.2	2.0

续表

体重/千克	泌乳量/(千克/天)	日粮干物质进食量/(千克/天)	消化能/(兆焦/天)	代谢能/(兆焦/天)	粗蛋白质/(克/天)	钙/(克/天)	总磷/(克/天)	食用盐/(克/天)
15	0	0.53	5.02	4.12	30	1.0	0.7	2.7
15	0.15	0.53	5.99	4.91	55	1.6	1.1	2.7
15	0.25	0.53	6.62	5.43	73	2.0	1.4	2.7
15	0.50	0.53	8.22	6.74	116	3.1	2.1	2.7
15	0.75	0.53	9.82	8.05	159	4.1	2.8	2.7
15	1.00	0.53	11.41	9.36	201	5.2	3.4	2.7
20	0	0.66	6.24	5.12	37	1.3	0.9	3.3
20	0.15	0.66	7.20	5.90	63	2.0	1.3	3.3
20	0.25	0.66	7.84	6.43	80	2.4	1.6	3.3
20	0.50	0.66	9.44	7.74	123	3.4	2.3	3.3
20	0.75	0.66	11.04	9.05	166	4.5	3.0	3.3
20	1.00	0.66	12.63	10.36	209	5.5	3.7	3.3
25	0	0.78	7.83	6.05	44	1.7	1.1	3.9
25	0.15	0.78	8.34	6.84	69	2.3	1.5	3.9
25	0.25	0.78	8.98	7.36	87	2.7	1.8	3.9
25	0.50	0.78	10.57	8.67	129	3.8	2.5	3.9
25	0.75	0.78	12.17	9.98	172	4.8	3.2	3.9
25	1.00	0.78	13.77	11.29	215	5.8	3.9	3.9
30	0	0.90	8.46	6.94	50	2.0	1.3	4.5
30	0.15	0.90	9.41	7.72	76	2.6	1.8	4.5
30	0.25	0.90	10.06	8.25	93	3.0	2.0	4.5
30	0.50	0.90	11.66	9.56	136	4.1	2.7	4.5
30	0.75	0.90	13.24	10.86	179	5.1	3.4	4.5
30	1.00	0.90	14.85	12.18	222	6.2	4.1	4.5

注：1. 泌乳后期指泌乳第31天至第70天。

2. 日粮中添加的食用盐应符合GB 5461—2016中的规定。

表4-14 山羊对常量矿物质元素每日营养需要量参数

常量元素	维持/(毫克/千克体重)	妊娠/(克/千克胎儿)	泌乳/(克/千克产奶)	生长/(克/千克)	吸收率/%
钙	20	11.5	1.25	10.7	30
总磷	30	6.6	1.0	6.0	65
镁	3.5	0.3	0.14	0.4	20

续表

常量元素	维持/(毫克/千克体重)	妊娠/(克/千克胎儿)	泌乳/(克/千克产奶)	生长/(克/千克)	吸收率/%
钾	50	2.1	2.1	2.4	90
钠	15	1.7	0.4	1.6	80
硫	0.16%～0.32%(以进食日粮干物质为基础)				—

注 1. 表中参数参考自 Kessler (1991) 和 Haenlein (1987) 资料信息。

2. 表中"—"表示暂无此项数据。

表 4-15　山羊对微量矿物质元素需要量（以进食日粮干物质为基础）

微量元素	推荐量/(毫克/千克)	微量元素	推荐量/(毫克/千克)
铁	30～40	锰	60～120
铜	10～20	锌	50～80
钴	0.11～0.2	硒	0.05
碘	0.15～2.0		

注：表中推荐数值参考自 AFRC (1998)，以进食日粮干物质为基础。

第二节　羊常用饲料原料的种类

一、粗饲料

粗饲料主要包括干草类、农副产品类、树叶类、糟渣类等。粗饲料的来源广、种类多、价格低，是羊冬、春季的主要饲料来源。

(一) 干草

干草是在青草结籽实以前将其刈割下来，经晒干制成。优良的干草饲料中可消化粗蛋白质的含量应在12%以上，干物质损失约为18%～30%。草粉是羊配合饲料的一种重要成分。它的含水量不得超过8%～12%。

(二) 秸秆类饲料

秸秆类可饲用的有稻草、玉米秸、麦秸、豆秸等。秸秆类饲料通常要搭配其他粗饲料混合粉碎饲喂。

（三）秕壳类饲料

该类饲料是农作物籽实脱壳后的副产品，营养价值的高低随加工程度的不同而不同。其中，大豆荚是羊的一种较好的粗饲料。

二、青饲料

青饲料主要包括天然牧草、人工栽培牧草、叶菜类、根茎类、水生植物等。青绿多汁饲料水分含量高，一般大于60%。

青饲料的营养特性是含水量高，陆生植物的水分含量约在75%～90%，而水生植物的水分含量大约在95%，因此，青饲料的热能值低。一般禾本科牧草和蔬菜类饲料的粗蛋白质含量在1.5%～3%，其含赖氨酸较多，因此，它又用以补充谷物饲料中赖氨酸的不足。青饲料干物质中粗纤维含量不超过30%，叶菜类干物质中的粗蛋白质含量不超过15%，无氮浸出物在40%～50%。植物开花或抽穗之前，粗纤维含量较低。矿物质约占青饲料鲜重的1.5%～2.5%，其中钙磷比例较适宜。胡萝卜素在50～80毫克/千克，维生素B_6很少，缺乏维生素D。青干苜蓿中维生素B_2在6.4毫克/千克，比玉米籽实高3倍。青饲料与由它调制的干草可长期单独组成羊的日粮。

青饲料堆放时间长、保管不当会发霉腐败，或者在锅里加热或煮后焖在锅里过夜，都会促使细菌将硝酸盐还原为亚硝酸盐。如果青饲料在锅里煮熟后焖在锅里保存24～48小时，亚硝酸盐的含量可达200～400毫克/千克。

三、青贮饲料

青贮饲料是由含水分多的植物性饲料经密封、发酵而成，主要用于喂养反刍动物。青贮饲料比新鲜饲料耐贮存，营养成分强于干饲料。青贮是调制和贮藏青饲料的有效方法，青贮饲料能有效地保存青绿植物的营养成分。青贮饲料的特点主要有：

(一) 可最大限度地保持青绿饲料的营养物质

一般青绿饲料在成熟和晒干之后，营养价值降低 30%～50%，但在青贮过程中，由于密封厌氧，物质的氧化分解作用微弱，养分损失仅为 3%～10%，从而使绝大部分养分被保存下来，特别是在保存蛋白质和维生素（胡萝卜素）方面要远远优于其他保存方法。

(二) 适口性好，消化率高

青饲料鲜嫩多汁，青贮使水分得以保存。青贮料含水量可达 70%。在青贮过程中，由于微生物发酵作用，产生大量乳酸和芳香物质，更增强了其适口性和消化率。青贮饲料对提高家畜日粮内其他饲料的消化性也有良好作用。

(三) 可调济青饲料供应的不平衡

青饲料生长期短，老化快，受季节影响较大，很难做到一年四季均衡供应。青贮饲料一旦做成可长期保存，保存年限可达 2～3 年或更长，因而可弥补青饲料利用的时差之缺，做到营养物质的全年均衡供应。

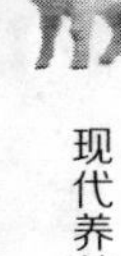

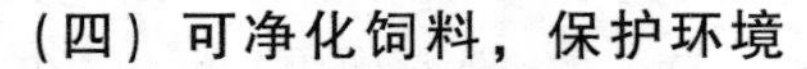

(四) 可净化饲料，保护环境

青贮能杀死青饲料中的病菌、虫卵，破坏杂草种子的再生能力，从而减少对畜禽和农作物的危害。另外，秸秆青贮已使长期以来焚烧秸秆的现象大为改观，使这一资源变废为宝，减少了对环境的污染。基于这些特性，青贮饲料作为肉牛的基本饲料，已越来越受到各国重视。

四、能量饲料

在绝对干物质中粗纤维含量低于 18%，粗蛋白质含量低于 20%的谷实类、糠麸类、块根块茎及瓜果类等，一般每千克饲料绝对干物质中含消化能在 10.46 兆焦以上。

(一) 谷实类饲料

这类饲料中无氮浸出物约占干物质的 71.6%～80.3%，其中主要是淀粉。谷实类饲料的赖氨酸与蛋氨酸含量不足，分别为0.31%～0.69%与0.16%～0.23%；谷实类饲料中含钙量低于0.1%，而磷的含量可达0.31%～0.45%，这种钙磷比例对任何动物都是不适宜的。因此，在应用这类饲料时特别要注意钙的补充，必须与其他优质蛋白质饲料配合使用。

粉碎的玉米如水分高于14%，则不适宜长期贮存，时间长了容易发霉。高粱中含有单宁，有苦味，在调制配合饲料时，色深者只能加到10%。大麦、燕麦是一种很有价值的饲料。

（二）糠麸类饲料

糠麸类饲料包括碾米、制粉加工的主要副产品。常用糠麸类饲料有稻糠、麦麸、高粱糠、玉米糠和小米糠。

（三）块根块茎及瓜类饲料

这类饲料包括胡萝卜、甘薯、木薯、甜菜、甘蓝、马铃薯、菊芋块茎、南瓜等。根类、瓜类水分含量高达75%～90%。就干物质而言，无氮浸出物含量很高，达到67.5%～88.1%。南瓜中核黄素含量可达13.1毫克/千克，甘薯（地瓜）、南瓜中胡萝卜素含量能达到430毫克/千克。块根与块茎饲料中富含钾盐。马铃薯块茎干物质中8.0%左右是淀粉，可作羊的能量饲料。绿色和发芽的马铃薯含有龙葵素，动物吃了易发生中毒。刚收获的甜菜不宜马上投喂给羊吃，否则易引起下痢。

五、蛋白质饲料

蛋白质饲料是指干物质中粗纤维含量在18%以下、粗蛋白质含量在20%以上的饲料，包括植物性蛋白质饲料、动物性蛋白质饲料、单细胞蛋白质饲料及非蛋白氮饲料。

（一）植物性蛋白质饲料

植物性蛋白质饲料包括饼粕类饲料、豆科籽实及一些农副产品。饼粕类中常见的有大豆饼粕、花生饼粕、芝麻饼粕、向日葵饼粕、胡麻饼粕、棉籽饼粕、菜籽饼粕等。

大豆饼粕中有抗胰蛋白酶，但它不耐热，在适当水分下经加热即可分解，有害作用即可消失；加热过度，会降低赖氨酸和精氨酸的活性，亦会使胱氨酸遭到破坏。

（二）动物性蛋白质饲料

动物性蛋白质饲料包括畜禽、水产副产品等。此类饲料的蛋白质、赖氨酸含量高，但蛋氨酸含量较低。血粉虽然蛋白质含量高，但它缺乏异亮氨酸，大约占干物质的0.99%。粗灰分、B族维生素含量高，尤其是维生素B_2、维生素B_{12}含量很高。

（三）饲料酵母

饲料酵母属单细胞蛋白质饲料，常用啤酒酵母制成。饲料酵母的粗蛋白质含量为50%～55%，氨基酸组成全面，富含赖氨酸，蛋白质含量和质量都高于植物性蛋白质饲料，消化率和利用率也高。饲料酵母含有丰富的B族维生素，因此，在羊的配合饲料中使用饲料酵母可补充蛋白质和维生素，并可提高整个日粮的营养水平。

（四）非蛋白氮饲料

非蛋白氮饲料是指简单含氮化合物，如尿素、二缩脲和氨盐等。这些含氮化合物均可被瘤胃细菌用作合成菌体蛋白的原料，其中以尿素应用最为广泛。由于尿素中氨释放的速度快，使用不正确易造成氨中毒，为此饲料中应当含有充分的可溶性糖和淀粉等容易发酵的物质。饲料中的蛋白质含量为10%～12%，含非蛋白氮以不超过饲料中所需蛋白质的20%～35%为宜，其具体应用要领如下：

① 将非蛋白氮饲料配制成高蛋白饲料，如将其制成凝胶淀粉尿素或氨基浓缩物，用以降低氨的释放速度。

② 将非蛋白氮（尿素）配制成混合料并将其制成颗粒料，其中尿素以占混合料的1%～2%为宜，若超过3%，会影响到饲料的适口性，甚至可导致中毒事故的发生。

③ 在饲喂尿素的过程中，应当采取由少逐步增加的方法，以使羊瘤胃中的微生物群逐步适应，等其大量增殖后，采食较大量的

尿素也就较安全了，同时又能增强微生物的合成作用，增进菌体蛋白的合成量。

④ 可将添加非蛋白氮饲料添加剂的混合料压制成舔砖，也可在青贮料或干草中添加尿素，还可在采用碱处理秸秆时添加尿素。

注意事项：

① 在饲喂过程中，应当注意不断供给羊一些富含淀粉的谷物饲料（一般占10%），这是由于氨分解吸收快，会经门静脉通过肝脏进入血液，这样易引起羊氨中毒。

② 非蛋白氮饲料添加剂只是一种辅助性添加剂，其添加剂量以不超过日粮中所需蛋白质的1/3为原则，加之用来饲喂的混合料本身有一定的粗蛋白质，所以非蛋白氮含量一般应当控制在10%～12%。

③ 合成菌体蛋白时必须要先合成氨基酸，为此要在饲料中提供一定数量的硫、碳和其他矿物质，以促进氨基酸的合成，特别是含硫氨基酸的合成。

④ 在添加非蛋白氮时，不能同时饲喂含脲酶的饲料（如豆类、南瓜等）。饲喂半小时内不能使羊饮水，更不能将非蛋白氮溶解在水里后供给羊。

⑤ 饲喂含非蛋白氮饲料添加剂的饲料时，应将非蛋白氮饲料添加剂（如尿素）在饲料中充分搅拌均匀，并分次喂给。

⑥ 用非蛋白氮饲料添加剂饲喂羊时，若发生氨中毒，对成年羊应当立即用2%～3.5%的醋酸溶液进行灌服，或采取措施将瘤胃中的内容物迅速排空解毒。

六、矿物质饲料

动植物饲料中虽含有一定数量的矿物质，但对舍饲条件下的羊，常不能满足其生长发育和繁殖等生命活动的需要。因此，应补以所需的矿物质饲料。

（一）常量矿物质饲料

常用的有食用盐、石粉、蛋壳粉、贝壳粉和骨粉等。

（二）微量矿物质饲料

常用的有氯化钴、硫酸铜、硫酸锌、硫酸亚铁、亚硒酸钠等。在添加时，一定要均匀搅拌到配合饲料中。

七、维生素饲料

维生素是动物体正常生长、繁殖、生产及维持自身健康所需的微量有机物质，也是维持正常代谢机能所必需的一类低分子有机化合物，是动物重要的营养素之一。动物本身不能合成或者合成数量不能满足自身需要时，要及时从饲料中添加。

根据维生素的溶解性，可将其分成脂溶性（维生素 A、维生素 D、维生素 E、维生素 K）和水溶性（B 族维生素和维生素 C）。成年山羊、绵羊瘤胃内能合成自身所需的 B 族维生素和维生素 K，而维生素 A 和维生素 D 必须由饲粮提供。维生素在饲料中的用量非常少，常以单一一种或复合维生素的形式添加到配合饲料中。

由于羊有 4 个胃，其中瘤胃能合成维生素 K 和 B 族维生素，在羊饲养过程中添加适量的青饲料就能满足对维生素 C 的需要，在配合饲料中适量添加维生素 A、维生素 D、维生素 E、B 族复合维生素，利于羊的生长、发育及繁殖。

八、饲料添加剂

饲料添加剂是羊的配合饲料的添加成分，多指为强化基础日粮的营养价值、促进羊的生长发育、防治疾病而加进饲料的微量添加物质。添加剂成分大体分为两类，即非营养性添加剂和营养性添加剂。非营养性添加剂包括生长促进剂、着色剂、防腐剂等。营养性添加剂包括维生素、矿物质与微量元素、工业生产的氨基酸等。

目前，我国用作饲料添加剂的氨基酸有蛋氨酸、赖氨酸、色氨酸、甘氨酸、丙氨酸和谷氨酸，其中以蛋氨酸和赖氨酸为主。在配合饲料中常用的是粉状 DL-蛋氨酸和 L-盐酸赖氨酸。

近几年来，各地用草药代替青饲料喂动物较为普遍，草药饲料添加剂无毒副作用和耐药性，而且资源丰富，来源广泛，价格便

宜，作用广泛，既有营养作用，又有防病治病的作用。

第三节 饲料的加工

饲料加工的作用是，可改变饲料的体积和理化性质，降低或消除有毒、有害物质，利于饲料长期保存，增加饲料适口性，提高营养价值和饲料转化率。

一、青绿多汁饲料的调制

青绿饲料含水分高，宜现采现喂，不宜贮藏运输，必须制成青干草或干草粉才能长期保存。干草的营养价值取决于制作原料的种类、生长阶段和调制技术。一般豆科干草含较多的粗蛋白质，有效能值在豆科、禾本科和禾谷类作物干草间无显著差别。在调制过程中，时间越短养分损失越小。在干燥条件下晒制的干草，养分损失不超过20%；在阴雨季节制的干草，养分损失可达15%以上，大部分可溶性养分和维生素损失；在人工条件下调制的干草，养分损失仅5%～10%，所含胡萝卜素多，为晒制干草的3～5倍。

调制干草的方法一般有两种，即地面晒干和人工干燥。人工干燥法又有高温法和低温法。低温法是在45～50℃下室内停放数小时，使青草干燥；高温法是在50～100℃的热空气中脱水干燥6～10秒，即可干燥完毕，一般植株温度不超过100℃，几乎能保存青草的全部营养价值。

二、粗饲料的加工与调制

粗饲料质地坚硬，含纤维素多，其中木质素比例大，适口性差，利用率低，通过加工调制可使这些性状得到改善。

（一）物理处理

物理处理就是利用机械、水、热力等物理作用，改变粗饲料的物理性状，提高利用率。具体方法有：①切短，使之有利于羊咀嚼，而且容易与其他饲料配合使用；②浸泡，即在100千克温水中加入 5 千克食盐，将切短的秸秆分批在桶中浸泡，24 小时后取出，因而软化秸秆，提高秸秆的适口性，便于采食；③蒸煮，将切短的秸秆于锅内蒸煮 1 小时，闷 2～3 小时即可，这样可软化纤维素，增加适口性；④热喷，将秸秆、荚壳等粗饲料置于饲料热喷机内，用高温、高压蒸汽处理 1～5 分钟后，立即放在常压下使之膨化。热喷后的粗饲料结构疏松，适口性好，羊的采食量和消化率均能提高。

（二）化学处理

化学处理就是用酸、碱等化学试剂处理秸秆等粗饲料，分解其中难以消化的部分，以提高秸秆的营养价值。

1. 氢氧化钠处理

氢氧化钠可使秸秆结构疏松，并可溶解部分难消化的物质，从而提高秸秆中有机物质的消化率。最简单的方法是将 2%的氢氧化钠溶液均匀喷洒在秸秆上，经 24 小时即可。

2. 石灰液钙化处理

石灰液具有同氢氧化钠类似的作用，而且可补充钙质，更主要的是该方法简便、成本低。其方法是每 100 千克秸秆用 1 千克石灰，1～1.5 千克食盐，加水 200～250 千克搅匀配好，把切碎的秸秆浸泡 5～10 分钟，然后捞出放在浸泡池的垫板上，熟化 24～36 小时后即可饲喂。

3. 碱酸处理

把切碎的秸秆放入 1%的氢氧化钠溶液中，浸泡好后，捞出压实，过 12～24 小时再放入 3%的盐酸中浸泡，捞出后把溶液排放干净即可饲喂。

4. 氨化处理

用氨或氨类化合物处理秸秆等粗饲料，可软化植物纤维，提高粗纤维的消化率，增加粗饲料中的含氮量，改善粗饲料的营养价值。

（三）微生物处理

微生物处理就是利用微生物产生纤维素酶分解纤维素，以提高粗饲料的消化率。比较成功的方法有以下几种：

1. EM处理法

EM是“有效微生物”（effective microorganisms）的英文缩写，是由光合细菌、放线菌、酵母菌、乳酸菌等10个属80多种微生物复合培养而成。处理要点如下：

（1）秸秆粉碎　可先将秸秆用铡草机铡短，然后在粉碎机内粉碎成粗粉。

（2）配制菌液　取EM原液2000毫升，加糖蜜或红糖2千克，净水320千克，在常温下充分混合均匀。

（3）菌液拌料　将配制好的菌液喷洒在1吨粉碎好的粗饲料上，充分搅拌均匀。

（4）厌氧发酵　将混拌好的饲料一层层地装入发酵窖（池）内，随装随踩实。当料装至高出窖口30～40厘米时，上面覆盖塑料薄膜，再盖20～30厘米厚的细土，拍打严实，防止透气。少量发酵时，也可用塑料袋，其关键是压实，创造厌氧环境。

（5）开窖喂用　封窖后，夏季5～10天、冬季20～30天即可开窖喂用。开窖时要从一端开始，由上至下，一层层喂用。窖口要封盖，防止阳光直射、泥土污物混入和杂菌污染。优质的发酵料具有苹果香味，酸甜兼具，经适当驯食后，羊即可正常采食。

2. 秸秆微贮法

发酵活杆菌是由木质纤维分解菌和有机酸发酵菌通过生物工程技术制备的高效复合杆菌剂，用来处理作物秸秆等粗饲料，效果较好。制作方法如下：

（1）秸秆粉碎　将麦秸、稻草、玉米秸等粗饲料以铡草机切碎或粉碎机粉碎。

（2）菌种复活　秸秆发酵活杆菌菌种每袋3克，可调制干秸秆1吨，或青秸秆2吨。在处理前，先将菌种倒入200毫升温水中充分溶解，然后在常温下放置1～2小时后使用，当日用完。

（3）菌液配制　以每吨麦秸或稻草需要活菌制剂3克、食盐9～12千克（用玉米秸可将食盐用量降至6～8千克）、水1200～

1400 千克的比例配制菌液，充分混合。

（4）秸秆入窖　分层铺放粉碎的秸秆，每层 20～30 厘米厚，并喷洒菌液，使物料含水率 60%～70%，喷洒后踏实，然后铺第二层，一直高出窖口 40 厘米时再封口。

（5）封口　将最上面的秸秆压实，均匀撒上食盐，用量为每平方米 250 克，以防止上面的物料霉烂，最后盖塑料薄膜，往膜上铺 20～30 厘米的麦秸或稻草，最后覆土 15～20 厘米，密封，进行厌氧发酵。

（6）开窖和使用　封窖 21～30 天后即可喂用。发酵好的秸秆应具有醇香和果香酸甜味，手感松散，质地柔软湿润。取用时应先将上层泥土轻轻取下，从一端开窖，一层层取用，取后将窖口封严，防止雨水浸入和掉进泥土。开始饲喂时，羊可能不习惯，约有 7～10 天的适应期。

三、能量饲料的加工调制

能量饲料的营养价值及消化率一般较高，但是常常因为籽实类饲料的种皮、颖壳、内部淀粉粒的结构及某些混合精料中含有不良物质而影响了营养成分的消化吸收和利用。这类饲料喂前应经一定的加工调制，以充分发挥其营养物质的作用。

（一）粉碎

这是最简单、最常用的一种加工方法。经粉碎后的籽实便于咀嚼，增加了饲料与消化液的接触面，使消化作用进行比较完全，从而提高饲料的消化率和利用率。

（二）浸泡

将饲料置于池子或缸中，按 1∶(1～1.5) 的比例加入水。谷类、豆类、油饼类的饲料经浸泡，吸收水分，膨胀柔软，容易咀嚼，便于消化，而且浸泡后某些饲料的毒性和异味便减轻，从而提高适口性。但是浸泡的时间应掌握好，浸泡时间过长，养分被水溶解造成损失，适口性也降低，甚至变质。

（三）蒸煮

马铃薯、豆类等饲料因含有不良物质不能生喂，必须蒸煮以解除毒性，同时可提高适口性和消化率。蒸煮时间不宜过长。一般不超过 20 分钟。否则可引起蛋白质变性和某些维生素被破坏。

（四）发芽

谷实籽粒发芽后，可使一部分蛋白质分解成氨基酸。同时糖分、胡萝卜素、维生素 E、维生素 C 及 B 族维生素的含量也大大增加。此法主要是在冬春季缺乏青饲料的情况下使用。方法是将准备发芽的籽实用 30～40℃的温水浸泡一昼夜，可换水 1～2 次，后把水倒掉，将籽实放在容器内，上面盖上一块温布，温度保持在 15℃以上，每天早、晚用 15℃的清水冲洗 1 次，3 天后即可发芽。在开始发芽但尚未盘根以前，最好翻转 1～2 次，一般经 6～7 天，芽长 3～6 厘米时即可饲喂。

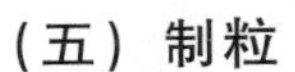

（五）制粒

制粒就是将配合饲料制成颗粒饲料。羊具有啃咬坚硬食物的特性，这种特性可刺激消化液分泌，增强消化道蠕动，从而提高对食物的消化吸收。将配合饲料制成颗粒，可使淀粉熟化；大豆和豆饼及谷物中的抗营养因子发生变化，减少对羊的危害；保持饲料的均质性，可显著提高配合饲料的适口性和消化率，提高羊的生产性能，减少饲料浪费；便于贮存运输，还有助于减少疾病传播。颗粒饲料虽有诸多优点，但在加工时应注意以下几项影响饲喂效果的因素：

1. 原料粉粒的大小

制造羊用颗粒饲料所用的原料粉粒过大会影响羊的消化吸收，过小易引起肠炎，一般粉粒直径以 1～2 毫米为宜。其中，添加剂的粒度以 0.18～0.60 毫米为宜，这样才有助于搅拌均匀和消化吸收。

2. 粗纤维含量

颗粒料所含的粗纤维以12%～14%为宜。水分含量：为防止颗粒饲料发霉，应控制水分含量，北方低于14%，南方低于12.5%。由于食盐具有吸水作用，在颗粒料中，其用量以不超过0.5%为宜。另外，在颗粒料中还应加入1%的防霉剂丙酸钙，0.01%～0.05%的抗氧化剂丁基化羟基甲苯（BHT）或丁基化羟基氧基苯（BHA）。颗粒的大小：制成的颗粒直径应为4～5毫米，长应为8～10毫米，用此规格的颗粒饲料喂羊收效最好。制粒过程中的变化：在制粒过程中，由于压制作用使饲料温度提高，或在压制前蒸汽加温，使饲料处于高温下的时间过长，高温对饲料中的粗纤维、淀粉有些好的影响，但对维生素、抗生素、合成氨基酸等不耐热的养分则有不利的影响，因此，在颗粒饲料的配方中应适当增加那些不耐高温养分的比例，以便弥补遭受损失的部分。

第四节　羊日粮配合

一、日粮配合的意义

传统养羊多以单一饲料或简单几种饲料混合喂饲，不能满足羊的营养需要，饲料营养不平衡，因此影响羊的生产性能。因为任何一种饲料都不可能满足羊不同生理阶段对各种营养物质的需要，而只有多种不同营养特点的饲料相互搭配、取长补短，才能满足羊的营养需要，克服单一饲料营养不全面的缺陷。

配合饲料就是根据不同品种、生理阶段、生产目的和生产水平等对营养的需要和各种饲料的有效成分含量把多种饲料按照科学配方配制而成的全价饲料。利用配合饲料喂羊，能最大限度地发挥羊的生产潜力，提高饲料利用率，降低成本，提高效率。需要指出的是，虽然羊的全价饲料具有营养需要量和饲料营养价值表的科学依据，但是这两方面都仍在不断研究和完善过程中。因此，应用现有的资料配制的全价饲料应通过实践检验，根据实际饲养效果因地制宜地做些修正。

二、日粮配合的一般原则

（一）因羊制宜

要根据羊的不同品种、性别、生理阶段，参照营养标准及饲料有效营养成分表进行配制，还要根据实际饲养情况不断调整，不可照搬饲养标准，也不可千篇一律让所有的羊都吃一种料。即使同一品种，不同生理阶段、不同季节的饲料也应有所变化。而同一品种和同一生产阶段，不同生产性能的羊的饲料也应有所不同。

（二）因时制宜

设计羊饲料配方要根据季节和天气情况而灵活掌握。在农村，夏、秋季青饲料供应相对充足，只需设计混合精料补充料即可；而在冬、春季青饲料缺乏，在配方设计时，应增补维生素，并适当补喂多汁饲料。在多雨季节应适当增加干料，在季节交替时，饲料应逐渐过渡等。

（三）适口性

一组营养较全面而适口性不佳的饲料，也不能说是好饲料。适口性的好坏直接影响到羊的采食量。饲料适口性好，可提高饲养效果；如果适口性不好，即使饲料的营养价值很高，采食量下降，也会降低饲养效果。因此，在设计配方时，应熟悉羊的嗜好，选用合适的饲料原料。羊喜吃味甜、微酸、微辣、多汁、香脆的植物性饲料，不爱吃有腥味、干粉状和有其他异味（如霉味）的饲料。

（四）多样性

多样性即指“花草花料”，防止单一。羊对营养的需求是多方面的，任何一种饲料都不可能满足羊的需要。应该尽量选用多种饲料合理搭配，以实现营养的互补，一般不应少于3～5种。

（五）廉价性

选择饲料种类，要立足当地资源。在保证营养全价的前提下，尽量选择那些当地产品、数量大、来源广、容易获得、成本低的饲料种类。要特别注意开发当地的饲料资源，如农副产品下脚料（酒糟、醋糟、粉渣等）。

（六）安全性

选择任何饲料，都应对羊无毒无害，符合安全性的原则。在此强调，青饲料及果树叶要防止农药污染；有毒饼类（如棉籽饼、菜籽饼等）要脱毒处理，在未脱毒或脱毒不彻底的情况下，要限量使用；块根块茎类饲料应无腐烂；其他混合精料如玉米、麸皮等应避免受潮发霉；选用药渣如土霉素渣、四环素渣、洁霉素渣等要保证质量，并限量使用，一般在育肥后期停用。

三、羊全混合日粮

（一）概述

全混合日粮（TMR，total mixed ration）是指根据饲料配方，将各原料成分均匀混合而成的一种营养均衡的日粮。

羊 TMR 是一种将粗料、精料、矿物质、维生素和其他添加剂充分混合，能够提供足够的营养以满足羊需要的饲养技术。TMR 饲养技术在配套技术措施和性能优良的 TMR 机械的基础上能够保证羊每采食一口日粮都是精粗比例稳定、营养浓度一致的全价日粮。全混合日粮能为羊提供全面稳定的营养，更有利于羊生产水平的提高。

除常规 TMR 饲料外，近年来还出现了发酵 TMR 饲料和 TMR 颗粒饲料两种新类型。

发酵全混合日粮（fermented total mixed ration，FTMR 或 TMR silage）是一种新型的 TMR 日粮，是指根据不同生长阶段肉羊的营养需要，按设计比例，将青贮、干草等粗饲料切割成一定长度，并和精饲料及各种矿物质、维生素等添加剂进行充分搅拌混合后，装入发酵袋内抽真空或通过其他方式创造一个厌氧的发酵环境，经过乳酸发酵的过程，最终调制成的一种营养相对平衡的日粮。发酵 TMR 不仅可以有效利用含水量高的农产品加工副产物，而且可以长期贮存，便于运输，开封后的好气安定性大大提高。这种发酵方式已经被欧洲各国、美国和日本等世界发达国家广泛认可和使用，在江苏、上海等省市也已经开始尝试使用这种发酵方式，并逐渐把它商品化。

TMR 颗粒饲料是根据不同生长发育及生产阶段家畜的营养需求和饲养要求，按照科学的配方，用特制的搅拌机对日粮各组分进行均匀的混合。羊的颗粒料不同于单胃动物的颗粒料，粗纤维含量必须高于 17%才能保证瘤胃功能正常。制作肉羊 TMR 颗粒饲料时，粗饲料和精饲料要相互搭配，育肥羊精饲料比例可适当提高，繁殖母羊精粗比尽量在 1∶3 以内。

羊 TMR 颗粒饲料优点在于：①可进行工业化大规模生产，能突破现代规模舍饲的饲料瓶颈；②可有效地开发和充分利用农业和工业副产品，降低饲料成本；③可满足羊不同生长发育阶段的营养需求；④可提供营养均衡、精粗比适宜的日粮，有效地防止羊消化系统机能的紊乱；⑤可大大降低投喂饲料饲草的劳动强度，提高生产效率。

（二）TMR 常见配方

羊 TMR 的配制需根据所饲喂羊的营养需要，首先满足粗饲料的饲喂量，先选用几种主要的粗饲料，如青干草或青贮料；再确定补充饲料的种类和数量，一般是用混合精料来满足能量和蛋白质的不足部分；最后用矿物质平衡日粮中钙、磷等矿物元素的需要量。

在实际生产中，青贮饲料和农作物秸秆仍是羊养殖的主要粗饲料来源。本部分将介绍以青贮玉米和农作物秸秆为主要粗饲料的常见 TMR 配方。

以青贮玉米为主要粗饲料来源的 TMR 配方，见表 4-16、表 4-17。

表 4-16　育肥绵羊全混合日粮推荐配方

原料名称	配比/%	营养成分	含量
玉米	11.4	干物质/%	44.3
菜籽粕	3.3	消化能/(兆卡/千克)	3.28
麸皮	2.8	粗蛋白质/%	16.7
青贮玉米	70	钙/%	0.96
干花生藤	5	磷/%	0.60
油菜秆	6	食盐/%	0.50
尿素	0.5		
预混料	1		
合计	100		

表 4-17　育肥山羊全混合日粮推荐配方

原料名称	配比/%	营养成分	含量
玉米	12	干物质/%	45.5
菜籽粕	4.5	消化能/(兆卡/千克)	3.47
麸皮	3	粗蛋白质/%	13.2
青贮玉米	68	钙/%	1.10
干花生藤	4.5	磷/%	0.64
油菜秆	7	食盐/%	0.60
预混料	1		
合计	100		

以农作物秸秆为主要粗饲料来源的羊 TMR 配方，见表 4-18～表 4-23。

表 4-18　育肥山羊全混合日粮推荐配方

原料名称	配比/%	营养成分	含量
玉米	31	干物质/%	86.9
菜籽饼	10	消化能/(兆卡/千克)	2.58
花生藤	30	粗蛋白质/%	11.8
油菜秆	15	钙/%	1.73
谷壳	10	磷/%	0.80
预混料	1	食盐/%	0.55
磷酸氢钙	2.5		
食盐	0.5		
合计	100		

表 4-19　妊娠山羊全混合日粮推荐配方

原料名称	配比/%	营养成分	含量
玉米	28	干物质/%	87.2
菜籽饼	14	消化能/(兆卡/千克)	2.59
花生藤	28	粗蛋白质/%	12.1
油菜秆	17	钙/%	1.45
谷壳	10	磷/%	0.62
预混料	1	食盐/%	0.55
磷酸氢钙	1.5		
食盐	0.5		
合计	100		

表 4-20　哺乳山羊全混合日粮推荐配方

原料名称	配比/%	营养成分	含量
玉米	32	干物质/%	87.2
豆粕	11.4	消化能/(兆卡/千克)	2.84
菜籽饼	8	粗蛋白质/%	14.8
花生藤	24	钙/%	1.42
油菜秆	15	磷/%	0.76
谷壳	6	食盐/%	0.55
预混料	1		
磷酸氢钙	2.1		
食盐	0.5		
合计	100		

表 4-21　育肥绵羊全混合日粮推荐配方

原料名称	配比/%	营养成分	含量
玉米	24	干物质/%	86.5
豆粕	4.8	消化能/(兆卡/千克)	2.49
菜籽粕	6.2	粗蛋白质/%	15.77
麸皮	4	钙/%	1.81
花生壳	10	磷/%	0.82
花生藤	32	食盐/%	0.54
小麦秆	14		
尿素	1		
预混料	1		
磷酸氢钙	2.5		
食盐	0.5		
合计	100		

表 4-22　妊娠绵羊全混合日粮推荐配方

原料名称	配比/%	营养成分	含量
玉米	24	干物质/%	85.3
豆粕	9	消化能/(兆卡/千克)	2.47
棉粕	2	粗蛋白质/%	15.73
麸皮	4	钙/%	1.95
花生藤	40	磷/%	0.64
谷壳	8	食盐/%	0.54
小麦秆	9		
尿素	1		
预混料	1		
磷酸氢钙	1.5		
食盐	0.5		
合计	100		

表 4-23　哺乳绵羊全混合日粮推荐配方

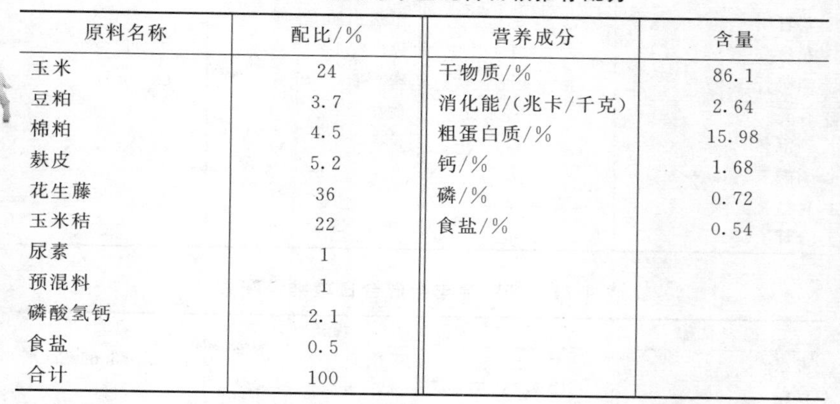

原料名称	配比/%	营养成分	含量
玉米	24	干物质/%	86.1
豆粕	3.7	消化能/(兆卡/千克)	2.64
棉粕	4.5	粗蛋白质/%	15.98
麸皮	5.2	钙/%	1.68
花生藤	36	磷/%	0.72
玉米秸	22	食盐/%	0.54
尿素	1		
预混料	1		
磷酸氢钙	2.1		
食盐	0.5		
合计	100		

(三) TMR 加工工艺

在生产中加工 TMR 时，需要使用 TMR 搅拌设备对各组成成分进行搅拌、切割和揉搓，使粗饲料和精饲料以及微量元素按不同饲料阶段的营养需要充分混合，从而保证家畜所采食的每一口饲料都是精粗比例稳定、营养价值均衡的全价日粮。

(1) 普通 TMR 加工方法　首先对原料进行预处理，如大型草捆应提前散开，牧草铡短、块根类冲洗干净。部分种类的秸秆应在水池中预先浸泡软化等。在TMR原料添加时应遵循“先干后湿、先粗后细、先轻后重、先长后短”的原则，添加顺序一般依次是干草、精料、辅助饲料、青贮、湿糟类等；一般情况下，最后一种饲料加入后搅拌5～8分钟即可，一个工作循环总用时约在20～40分钟。添加过程中，防止铁器、石块、包装绳等杂质混入，造成搅拌机损伤。通常装载量以占总容积的70%～80%为宜。

（2）TMR颗粒饲料的加工方法　可将干秸秆用饲草粉碎机或秸秆粉碎机粉碎（粉碎机筛板以4毫米板为宜），再将秸秆粉与精饲料及添加剂等混合均匀，通过制粒机制成颗粒饲料。推荐制粒粒径：羔羊料4毫米，育肥及成年羊料6毫米。也可将营养高的饲草和秸秆直接加工成颗粒使用。

若羊场未配备全混合日粮搅拌设备，可用人工全混合日粮配合。操作方法为：选择平坦、宽阔、清洁的水泥地，将每天或每吨的青贮饲料（秸秆）均匀摊开，后将所需精饲料均匀撒在青贮上面，再将已切短的干草摊放在精饲料上面，最后将剩余的少量青贮料（秸秆）撒在干草上面；适当加水喷湿；人工上下翻折，直至混合均匀。如饲料量大也可用混凝土搅拌机代替。

（四）TMR饲喂方法

肉羊分群技术是实现TMR定量饲喂工艺的核心，分群的数目视羊群的生产阶段、羊群大小和现有的设施设备而定。需要注意以下几方面：

（1）保证每圈羊的大小、体重相差不要太悬殊　个体大小、体重悬殊，容易造成激烈的打斗、争抢、欺负等现象，明显影响到羊的正常生长速度和生长潜能。羊群密度不宜过疏或过密：过于疏散，羊只运动量大，消耗体能也多，从而影响羊的生长速率；过于密集，会导致羊只拥挤，空气流动性差，促使羊的眼疾病和呼吸道疾病的发生，从而影响羊只的正常生长。

（2）做好TMR水分监测　原料水分是决定TMR饲喂成败的重要因素之一，每周至少检测一次原料水分。一般TMR水分含量以35%～45%为宜，过干或过湿都会影响羊群干物质的采食量。

在实际生产中，可用手握法初步判定 TMR 水分含量是否符合标准：用手紧握不滴水，松开手后 TMR 蓬松且较快复原，手上湿润但没有水珠渗出则表明含水量适宜。

（3）控制饲料投放间隔　使用全混合颗粒饲料喂羊时，要注意投料的时间间隔，两餐喂料的时间不能间隔过长，以免羊在长时间饥饿后，短时间过度采食而伤胃或胀死。

第五节　主要饲草种类及栽培技术

羊是反刍动物，适合饲喂羊的牧草种类很多，在栽培上主要分为三类：一类是纤维类种植模式，包括杂交狼尾草、墨西哥饲用玉米、鸭茅、苏丹草、无芒雀麦、羊草、披碱草等，适用于主要依靠种植牧草供应养羊所需青饲料的农户，是所有养羊户必须优先考虑的一种模式；二是蛋白质类种质模式，包括鲁梅克斯、串叶松香草、俄罗斯饲料菜、菊苣、紫花苜蓿、草木樨、红三叶、白三叶、紫云英等蛋白质含量高的牧草种类，适用于野生草地资源丰富的地区，以放牧为主、高蛋白牧草补充为辅；三是结合类种草模式，以粗纤维含量高的牧草为主，同时种植蛋白质含量高的牧草，使营养全面，减少精料补充。

一、多花黑麦草

别名：意大利黑麦草、一年生黑麦草。

（一）起源与分布

多花黑麦草原产于欧洲南部、非洲北部以及小亚细亚等地。13世纪在意大利北部最早种植，后传播到其他国家，在英国、美国、丹麦、新西兰、澳大利亚、日本等国温带湿润地区广泛种植。在我国，多花黑麦草适宜长江流域及其以南地区种植，江西、湖南、湖北、四川、贵州、云南、江苏、浙江等地均有大面积栽培，是南方各省利用冬闲田种植牧草的首选草种之一。

（二）植物学特征

多花黑麦草（图 4-1）是禾本科黑麦草属一年生或越年生草本牧草。须根密集，根系较浅，主要分布在 0～15 厘米的土层中。疏丛型，秆直立，株高 80～120 厘米。叶鞘疏松，叶片长 10～30 厘米、宽 3～5 毫米，叶色深绿，叶背面光滑并有光泽。

图 4-1　多花黑麦草

（三）生物学特性

多花黑麦草喜温暖湿润气候，在昼夜温度为 27℃/12℃时生长最快，炎热夏季生长不良，大于 35℃时生长受阻，甚至枯死。不耐寒，在长江流域可安全越冬，－10℃植株会受冻死亡。喜壤土，也适宜黏壤土。最适宜的土壤 pH 值为6～7。在年降水量 800～1000 毫米的地区生长最好，但忌积水。分蘖能力强，再生性好，但不耐低刈，留茬高度以 5 厘米左右为宜，过高则影响产量。南方地区多在冬季稻田空闲时种植多花黑麦草，9～10 月播种，来年 4 月底抽穗，6 月上旬种子成熟，种子落粒可自繁。全年可刈割鲜草 4～6 次，为畜、禽、鱼等提供营养丰富的青绿饲料。

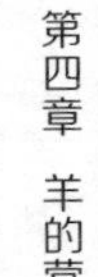

（四）栽培技术

播前需精细整地，做到地面平整，土块细碎，以利出苗，播前可施有机肥每亩（1 亩＝667 平方米）2000～3000 千克。在长江以南适合秋播，以 9 月下旬到 10 月上旬播种为好，最迟不超过 10 月底，以便植株安全越冬，并能在入冬前和来年春天提供青绿饲草。也可春播，但植株很快拔节抽穗，鲜草产量低，利用期短。播种方式有条播和撒播，单播播种量为每亩 1.0～1.5 千克，行距 20～30 厘米，播深 1.5～2 厘米，如撒播播种量可增加至 2～3 千克。多花黑麦草喜施氮肥，可在分蘖期或每次刈割后每亩追施氮肥 4～5 千克。如能结合灌溉，效果则更好。

（五）营养价值和利用方式

多花黑麦草适口性好，各种家畜均喜食。早期收获叶量丰富，抽穗以后茎秆比重增加。多花黑麦草品质优良，含有丰富的蛋白质，叶丛期由于茎秆少而叶量多，质量更佳，营养期粗蛋白质含量13.66%。多花黑麦草适于刈割青饲，播后第一年即可收获较高产量，亩产鲜草3000～5000千克，在高水肥条件下可达6000千克。如喂羊、兔、鹅、鱼类等，在草层高度达30～40厘米时，即可割草利用，最好边割边喂，以免浪费。也可用于放牧利用，多与多年生黑麦草、红三叶、白三叶混播。如青贮或制作干草，则在抽穗至开花期利用。

（六）品种与品系

多花黑麦草作为一种优良牧草，品种较多，主要有以下几个品种：

1. 勒普多

勒普多是较早的一个引进品种，株高110厘米左右，耐热性较强，亦较耐寒、耐湿；晚熟，生育期比一般多花黑麦草长；苗期生长快，分蘖早且多；再生性强、耐刈、耐牧，产量高、品质好，年产青草90000～105000千克/公顷。

2. 赣选1号

育成品种，株高120～130厘米，茎秆粗壮，叶量大，披而不散。生育期180～293天，再生力强，抽穗成熟整齐一致，抗病性、适应性均强，各种土壤都能种植。品质优，柔嫩多汁，适口性好，鲜草年产量60000～105000千克/公顷。

3. 赣饲3号

育成品种，四倍体，株高120～158厘米。茎秆粗壮，叶片较宽，叶色浓绿，分蘖多。该品种冬性较强，耐热性较好，喜水肥。干草年产量17500～19000千克/公顷。

4. 盐城

育成品种，株高中等，叶片较短，耐盐碱能力较强，耐湿，耐寒，病虫害少。再生性强，但耐热性差，夏季高温超过35℃时，植株易枯死。

5. 蓝天堂草

引种品种，四倍体，株高150～165厘米，耐寒、耐酸性土壤，抗倒伏，综合抗病能力强。年产干草11000～12000千克/公顷。

6. 长江2号

育成品种，四倍体，分蘖多，株高可达165～180厘米，叶色较深，再生性强，抽穗成熟整齐一致。年均干草产量达10000～13000千克/公顷。

7. 钻石T

引进品种，四倍体，生长迅速，平均分蘖60个，抗倒伏，株高155～170厘米。幼苗能耐1～3℃低温，高抗秆锈病和褐斑病，年产干草约12000千克/公顷。

8. 特高

引进品种，四倍体，株高160～170厘米，苗期生长快，分蘖数多达80个左右，叶量丰富，鲜草年产量一般达76000千克/公顷。

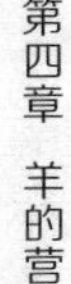

二、多年生黑麦草

别名：黑麦草。

（一）起源与分布

多年生黑麦草原产于欧洲西南部、北非及亚洲西南部。17世纪70年代英国首先种植，目前在欧洲、北美等地以及新西兰、澳大利亚沿海和高地广泛栽培利用。20世纪70年代，我国从国外引进30多个品种试种，在长江流域生长良好，云贵高原和浙江、湖南、四川的山区都已大面积生产。

（二）植物学特征

多年生黑麦草（图4-2）是禾本科黑麦草属多年生草本植物。有细弱的根状茎，须根发达；疏丛型，质地柔软，植株基部常斜卧，高50～100厘米。叶片条形，长10～25厘米，宽3～6毫米，

图 4-2 多年生黑麦草

深绿色，柔软，有微毛。

（三）生物学特性

多年生黑麦草喜温暖湿润气候，适宜在夏季凉爽、冬季不太寒冷、年降水量1000～1500毫米的地区生长。生长最适温度20℃，当气温降低到10℃时也能生长。不耐炎热，气温达35℃以上生长受阻，39～40℃时，植株枯萎或全株死亡。在我国南方夏季炎热高温的地区，越夏困难，但在夏季凉爽的山区，生长较好。抗寒性差，－15℃的低温下生长受阻。喜肥沃湿润、排水良好的壤土或黏土，也可在微酸性土壤中生长，适宜的pH值为6.0～7.0。再生能力强，刈割后再生较快，可长出更多新枝。

（四）栽培技术

播前精细整地，保持良好的土壤水分，结合耕翻施足有机肥作底肥，亩施过磷酸钙10～15千克、有机肥1500～3000千克。播种方式可条播或撒播，条播行距15～30厘米，播种量每亩1千克，播深1.5～2厘米。建植人工草地宜撒播，每亩播种量可增加到1.5千克。多年生黑麦草最适宜与白三叶、红三叶混播，也可与鸭茅、苇状羊茅及豆科牧草组成多元混播草地。

多年生黑麦草分蘖能力强，再生速度快。试验表明，秋播多年生黑麦草在武汉可刈割4次以上，若水肥充足，青草产量还可大幅度提高。在草地管理中，要注意适当追肥，尤其是要注意追速效氮肥，在分蘖期和每次刈割后追施尿素，全年施量为8～12千克，除此之外，也要及时补充钾肥和磷肥。如有灌溉条件，在分蘖、拔节和抽穗期适当灌水，增产效果显著。另外，苗期应及时中耕锄草，以加强对杂草的竞争能力。

（五）营养价值和利用方式

多年生黑麦草适口性好，各种家畜均喜食。早期收获叶量丰富，质地柔嫩，适宜调制成优质干草。营养生长期长，植株茂盛，营养期品质好。

多年生黑麦草因植株较低矮，多以建立人工草地来利用，用于放牧牛羊。在南方地区是牛羊良好的冬季青饲草来源。

（六）品种与品系

目前通过国家审定的多年生黑麦草品种有10个，均为国外引进品种。举例如下：

1. 卓越

引进品种，四倍体，茎秆直立，株高85～100厘米，质地柔软，叶量丰富。建植迅速，持久性好，当年生长快，产草量高。综合抗病能力强，高抗锈病。年干草产量约11000～15000千克/公顷。

2. 图兰朵

2015年通过国家审定，引进品种。适宜长江流域及其以南、海拔800～2500米、年降水量700～1500毫米、年平均气温低于14℃的温暖湿润山区种植。

3. 肯特

2015年通过国家审定，引进品种。适宜长江流域及以南、海拔800～2500米、年降水量700～1500毫米、年平均气温<14℃的温暖湿润山区种植。

4. 格兰丹迪

2015年通过国家审定，引进品种。适宜在我国南方山区种植，尤其在海拔600～1500米、年降水量1000～1500毫米的地区生长。

5. 托亚

2004年通过国家审定，引进品种，在我国东北平原南部、西北较湿润地区、华北、西南海拔较高地区以及北方沿海城市均可种植。

三、鸭茅

别名：果园草、鸡脚草。

（一）起源与分布

鸭茅（图 4-3）原产于欧洲西部及中部，欧洲各国广泛栽培。1870 年北美开始栽培，以后推广到整个大陆。在亚洲、非洲、大洋洲各国也有种植。鸭茅在中国野生种分布于新疆、天山山脉的森林边缘地带，四川的峨眉山、二郎山、邛崃山脉、凉山及岷山山系海拔 1600～3100 米的森林边缘、灌丛及山坡草地；散见于大兴安岭东南坡地。目前，青海、甘肃、陕西、吉林、江苏、湖北、四川及新疆等地均有栽培，在湖北的巴东、兴山、神农架有野生群落。

图 4-3　鸭茅

（二）植物学特征

鸭茅是禾本科鸭茅属多年生草本植物。疏丛型上繁草，须根系，密布于 10～30 厘米的土层中，深的可达 1 米以上。植株直立或基部膝曲，株高 70～120 厘米。幼叶折叠，长大后展开，叶色蓝绿，长 20～30 厘米，宽 7～10 毫米。

（三）生物学特性

鸭茅适宜湿润而温凉的气候，抗寒性中等，生长最适宜温度为昼/夜 21℃/12℃，耐热性差，高于 28℃时生长受阻，但其耐热性和耐寒性均较多年生黑麦草强。适应的土壤范围较广，在肥沃的壤土或黏土上生长最好，但在贫瘠干燥的土壤上也能得到较高产量。耐阴植物，适合间、混、套作，在果树林下或高秆作物下种植，能获得较好的效果。略耐酸，不耐盐碱，对氮肥反应敏感，施用氮肥可提高产量和品质。鸭茅寿命较长，一般可存活 5～6 年，长者可达 15 年，以第二、第三年产草量最高。

（四）栽培技术

鸭茅种子较小，幼苗期生长较慢，要求精细整地，彻底除草。播种期北方地区宜春播，南方地区春、秋季皆可，但以秋播为好。播种量单播时每亩 0.75～1.0 千克。与红三叶、白三叶、多年生黑麦草等混播时，在有灌溉的条件下每亩用量 0.55～0.70 千克，旱作区每亩 0.75～0.80 千克。单播以条播为好，混播时撒播、条播均可，行距 15～30 厘米，播种宜浅，一般 1～2 厘米。幼苗期应适当中耕除草，施肥灌溉。每次刈割后都应适当追肥，氮肥尤为重要。

鸭茅以抽穗时刈割为宜，此时茎叶柔嫩，品质较好。收割过迟，纤维增多，品质下降，还会影响再生。割茬高度不能过低，否则将严重影响再生。如用于收获种子，氮肥不宜施用过多，因种子成熟时很易脱落，故应在蜡熟或穗梗变黄时收获。

（五）营养价值和利用方式

鸭茅草质柔嫩，羊喜食，营养成分中的粗蛋白质随着生育期而降低。再生草叶多茎少，基本处于营养生长，据湖南省畜牧研究所分析，粗蛋白质含量为 18.4%，与第一次收割前的孕穗期营养成分相近，而在开花期粗蛋白质含量下降到 8.53%。

在南方草地建设中，鸭茅是首选草种，适合放牧牛羊，当草层高度达 25～30 厘米时即可放牧，但连续重牧，植株生长不良；而放牧不充分，则容易形成株丛，叶质变得粗糙而适口性降低，因此建议划区轮牧。鸭茅与白三叶、红三叶混播可形成优良的人工放牧草地。如用青饲，秋季单播的鸭茅在第二年才能收获鲜草，在山区春播则可当年刈割一次，亩产鲜草 1000 千克左右，随后产量增加，亩产鲜草 3000 千克以上。在水肥充足的条件下，亩产鲜草可达 5000 千克左右。此外，鸭茅因较为耐阴，经常建植在果园、林地，可积累大量根系残余物，对改良土壤结构、防止杂草滋生、提高土壤肥力有良好作用。

（六）品种与品系

1. 安巴

引进品种，株高70～150厘米，最适生长温度为昼/夜21℃/12℃，高于28℃时生长受阻，耐阴性强，干物质年产量平均10000～12000千克/公顷。

2. 宝兴

地方品种，株高150～170厘米，再生性强，每年可刈割5～6次，在四川省雅安、宝兴等地年均干草产量约11000千克/公顷。

3. 川东

地方品种，株高90～140厘米，耐热、耐夏季伏旱，在夏季高温地区仍可越夏，再生性极强，在川中山区、川南丘陵区等地年均干物质产量达13000千克/公顷。

四、高粱苏丹草杂交种

别名：高丹草。

（一）起源与分布

高丹草（图4-4）是根据杂种优势原理，采用高粱和苏丹草杂交，经多代选育，由第三届全国牧草品种审定委员会审定通过的新品种。中国也曾自南斯拉夫、澳大利亚引种，根据不同品种特性在全国各地均有种植，湖北省多用来养牛、羊和鱼。

图4-4 高丹草

（二）植物学特征

高丹草是禾本科高粱属一年生草本植物。根系发达，入土可达200厘米，茎直立、粗壮，株高200～300厘米，分蘖数2～6个，叶片肥大、长又宽，叶色深绿，有叶10～19个片，圆锥花序，种子颜色和千粒重因品种而异。

（三）生物学特性

高丹草为喜温植物，春季生长较慢，夏季高温季节生长迅速。种子最低发芽温度为8～10℃，在27～32℃时生长速度最快。对土壤要求不严，无论沙壤土、微酸性土壤和轻度盐碱地均可种植，但以排水良好的肥沃壤土为最好。短日照植物，不耐阴，生长过程需要充足的光照。对霜冻敏感，0℃时幼嫩部分会受冻害。耐贫瘠，但肥料充足可获得高产。

（四）栽培技术

在播种前旋耕除草，因高丹草属需肥较高的植物，因此播种前应施足底肥，以腐熟的有机肥为好，每亩可施2000～3000千克，前茬种植过的地块，不建议再使用。播种量每亩2.5～3千克，条播，行距为20～30厘米，播种深度1.5～3.0厘米，沙质土壤稍深一些，黏土稍浅一些。因苗期生长较慢，需要加强管理，及时除草和中耕。高丹草只有在水肥充足的条件下，才能获得高产，因此在分蘖期和每次刈割后每亩施尿素5～10千克，酸性太强的土壤可通过施石灰来提高肥料的利用率。在北方地区，高丹草春季播种，一般年刈割1次，但在长江以南大部地区，可多次刈割，尤其适宜鲜饲牛羊或制作青贮料。

（五）营养价值和利用方式

高丹草再生性强，产草量高，主要用于青饲、生产干草和青贮。种植后高度在50厘米前，不要进行放牧或青饲，另外在土壤特别干旱或肥力不足，以及气温较低的条件下都要特别注意氢氰酸中毒。一般在株高70～120厘米时进行刈割，过早产量偏低，过晚茎秆老化影响再发。为保证鲜草全年高产，每次刈割不能留茬太低，留茬高度以10～15厘米为宜，要保证地面上留有1～2个节。如青贮，以乳熟后期为好，但如生长期长，也可先利用1～2次鲜草。高丹草全年鲜草产量每亩可达9000～10000千克。

（六）品种与品系

1. 乐食

引进品种，株高250～400厘米，有叶10～15片，单株分蘖

4～8 个，茎秆纤细，叶茎比高，晚熟品种，鲜草产量每亩可达 7000 千克。

2. 皖草 2 号

育成品种，株高 250～280 厘米，叶片 17～19 个，分蘖力中等，年鲜草产量每亩 10000 千克以上，鲜草茎叶氢氰酸含量低，宜鲜喂。

3. 皖草 3 号

育成品种，株高 290 厘米左右，分蘖数 2～6 个，叶片数 15～19 个，再生能力强，生长速度快，可刈割 2～6 次，在水肥充足的条件下，年干草产量每亩可达 2000 千克。

五、杂交狼尾草

别名：王草、皇竹草。

（一）起源与分布

杂交狼尾草（图 4-5）是美洲狼尾草（*Pennisetum americanum* L. Leeke Tift23A）和象草（*P. purpureum* Schumach. N51）的杂交种，在热带、亚热带地区广泛种植。1980 年江苏省从美国引进种子，湖北省在 1987 年从江苏省引进试种，现已遍及江苏、浙江、福建及广东、广西等地，是长江流域及其以南地区夏季种植的一个重要草种。

图 4-5　杂交狼尾草

（二）植物学特征

杂交狼尾草为禾本科狼尾草属多年生草本植物，株高 350 厘米左右，最高可达 4 米以上。须根发达，主要分布在 0～20 厘米土层内，下部茎节有气生根。秆圆柱形，株型明显松散。叶长 60～80 厘米、宽 2.5 厘米，叶深绿色，叶缘粗糙，叶面光滑或疏被细毛，中肋明显，叶鞘光滑无毛，与叶片连接处有紫纹。圆锥花序密集呈穗状，黄褐色，长 20～30 厘米，穗径 2～3 厘米。因不能形成花粉，或者雌蕊发育不良，一般不结实。

（三）生物学特性

杂交狼尾草的亲本原产于热带、亚热带地区，温暖湿润的气候最适宜它的生长。在日均温达 15℃时开始生长，25～30℃时生长最快。耐高温，在 35℃以上的条件下仍能正常生长。耐低温能力差，当气温低于 10℃时生长明显受到抑制，低于 0℃的时间稍长也会出现植株受冻死亡现象。抗旱力强，耐湿，其根部淹水数月也不致死亡。对土壤要求不严，但以土层深厚、疏松、有机质含量高的黏质土壤最为适宜。

（四）栽培技术

杂交狼尾草主要通过根、茎无性繁殖利用。选择土层深厚、疏松肥沃且排灌方便的土地，旋耕平整，一般每亩施 2000 千克左右有机肥作基肥，之后因地而异开成 3～4 米的厢。当平均气温达到 15℃左右时，即可将保种用的根、茎进行移栽或扦插。选择生长 100 天以上的茎作种茎，按行距 50～60 厘米、株距 20 厘米进行种植，栽时将带有节的茎切成段，将有节的部分插入土中 1～2 厘米。也可分根移栽，此方法植株成活率高，移栽密度可稀一些，一般行距 60 厘米，株距 40 厘米。栽后浇水，保持土壤湿润即可。

杂交狼尾草对氮肥需求量大，当幼苗第 3～4 片叶子长出时，每亩施尿素 3 千克。在植株高度达 40 厘米左右时，再追肥一次，每亩施尿素 4～5 千克，结合中耕会促进分蘖。杂交狼尾草每次刈割后也要及时追肥，施量为每亩 10～15 千克。

（五）营养价值和利用方式

杂交狼尾草基本上综合了象草高产和美洲狼尾草适口性好的优点，可作牛、羊的青饲料，加之其多年生牧草的特性，不需每年重新建植，有利于羊场节约成本，近几年受到牛、羊养殖企业的青睐。在株高100～130厘米时进行刈割，可刈割5～6次，留茬高度10～15厘米。切忌齐地刈割，否则会影响再生，一般亩产鲜草8000～10000千克。杂交狼尾草干草草质差，营养价值低，一般不晒制干草。除青刈外，还可调制青贮料。杂交狼尾草营养价值较高，粗蛋白质占干物质的9.95%，粗脂肪占干物质的3.47%，粗纤维为32.90%，无氮浸出物为43.46%，粗灰分是10.22%，对杂交狼尾草的利用最好在早期，时间太迟草质变得粗糙，抽穗后牛、羊将会拒食。

（六）品种与品系

1. 邦德1号

育成品种，株高350厘米左右，分蘖数26个，稀植时可达100～200个。耐干旱，再生性好，抗倒伏。叶片多，草质好，年鲜草产量每亩6000～8000千克。

2. 热研4号王草

引进品种，株高1.5～4.5米，不耐严寒，对土壤适应性广，可耐pH 4.5～5.0的酸性土壤。叶量大，产草量高，在海南一般年鲜草产量每亩7000～10000千克。

六、苏丹草

（一）起源与分布

苏丹草（图4-6）原产于非洲的苏丹高原，由非洲南部传入美国、巴西、阿根廷和印度。在非洲东北部、尼罗河流域上游、埃及境内有野生苏丹草的分布。1915年传入澳大利亚，1914年苏联试种，1921～1922年开始大面积种植。在我国种植时间有几十年，在东北、华北、西北和南方热带、亚热带地区表现良好，在我国牛、羊养殖场应用广泛。

（二）植物学特征

苏丹草是禾本科高粱属一年生草本植物。须根，根系发达，入土深可达 2 米，根量的60%～70%集中在0～50 厘米土层内。株高2～3 米，茎粗随密度不同而变化，一般为 0.8～2 厘米，直立，圆形光滑，中空，近地面茎节常产生不定根。分蘖能力强，数目因栽培条件不同而异，一般为 20～30 个。

图 4-6　苏丹草

叶片宽线形，长 45～60 厘米，宽约 4～4.5 厘米，光滑，叶缘粗糙。

（三）生物学特性

苏丹草为喜温植物，不抗寒，怕霜冻。种子发芽最适温度20～30℃，最低温度 8～10℃，幼苗期对低温较敏感，当气温下降到2～3℃时受冻害，长成的植株具有一定抗寒能力。苏丹草因根系发达，抗旱能力强，在年降水量仅 250 毫米的地区种植，也可获得较高的产量。在生长旺季，如严重缺水可影响产量，但雨水过多或土壤过湿对生长不利，植株容易感染病害，尤其是锈病。苏丹草对土壤要求不严，无论沙壤土、重黏土、微酸性土壤或盐碱土均可种植。

（四）栽培技术

苏丹草对土壤肥力消耗较为严重，不宜连作。选择土壤较为肥沃的地块，多雨地区最好开排水沟，旋耕前施足底肥，每亩施有机肥 1000～2000 千克、复合肥 20～30 千克。碎土平整，消除杂草。苏丹草栽培的主要目的是利用其茎叶作饲料，因此对播种期和利用期无严格限制，当表土 10 厘米处地温达 12～14℃时即可播种。为保证整个夏季都有青绿饲料，建议采取分期播种的方法，每隔20～25 天播一次。播种方法多为条播，行距 40～50 厘米，播深4～6厘米，播种量每亩 2 千克左右。幼苗生长缓慢，应注意中耕除草，干旱时适当浇水。每次刈割之后应及时追施速效氮肥，每亩10千克左右，以提高再生草产量。苏丹草种子成长不一致，当大多数种子由绿转为褐色时则及时采收，每亩可收种子50～100千克。但因该草是风媒花，和高粱亲缘关系接近，自然状态下易发生杂交，为保证种子纯度，留种田必须和高粱相距40厘米以上。

（五）营养价值和利用方式

苏丹草营养价值较高，适口性好，是养羊的优质粗饲料，亩产鲜草4000～6000千克，但该草到后期会因秸秆变硬而降低饲草质量。用作青饲料的苏丹草宜在抽穗前营养期株高100厘米左右时刈割，其茎秆含糖丰富。如用于调剂青贮饲料则以抽穗至开花时刈割最好。调制干草以开花期刈割为好。苏丹草幼苗期含氢氰酸，饲喂时要注意防止氢氰酸中毒，最好在株高达50～60厘米以上时利用，刈割后稍加晾晒，即可避免牲畜中毒。为提高苏丹草的品质和产草量，可与一年生豆科牧草混播，尤其作为奶牛青饲料轮刈利用时更为必要，利用时间应在豆科牧草现蕾时刈割，否则会影响豆科牧草的再生力。

（六）品种与品系

1. 宁农

育成品种，株高2.5～3.2米，抗旱，耐盐，在宁夏中等肥力条件下，亩产干草700～900千克，种子产量达150千克。

2. 奇台

地方品种，株高2.1米，分蘖力强，鲜草产量高，在南方可刈割6茬以上，亩产鲜草5000～10000千克。

3. 乌拉特1号

育成品种，株高295厘米，分蘖能力强，再生性好，抗病能力强，在内蒙古地区栽培，亩产鲜草3200千克。

4. 新苏2号

育成品种，株高2.2～2.7米，叶片较宽，在新疆亩产鲜草3500～6000千克。

5. 盐池

育成品种，株高 160～190 厘米，抗寒，耐旱，生长期内降水>180毫米可正常生长结实。在灌水条件下可刈割 5 次，亩产干草 700～1100 千克。

6. 内农 1 号

育成品种，株高 315～350 厘米，抗旱，抗倒伏，再生力强，在内蒙古地区平均亩产鲜草 6300 千克。

7. 乌拉特 2 号

育成品种，株高 290 厘米，抗逆性强，再生性好，在内蒙古地区亩产鲜草产量 3000 千克。

七、墨西哥类玉米

别名：墨西哥假蜀黍、假玉米。

（一）起源与分布

墨西哥类玉米（图 4-7）原产于中美洲的墨西哥和加勒比群岛及阿根廷。中美洲各国、美国、日本南部和印度等地均有栽培。20 世纪 80 年代初我国从日本引入，在长江以南和华北地区种植，在湖北省三峡库区栽培较多，是一种高产优质的饲料作物。

图 4-7　墨西哥类玉米

（二）植物学特征

墨西哥类玉米是禾本科假蜀黍属一年生禾草。须根发达，秆粗壮、直立，丛生，株高 3.5 米左右。叶片披针形，光滑无毛，叶色淡绿，叶脉明显，长 90～120 厘米，宽 7～12 厘米。单性花，雌雄同株，雄花为圆锥花序，着生茎秆顶部，分枝达 20 个左右，花药黄色，花粉量大。雌花长在叶腋处，数量较多，距地面 5～8 节以上，每节着生一个雌穗，每株有7个左右，肉穗花序，花丝青红色。每穗产种子8粒左右，种子互生于主轴两侧，外有一层苞叶庇护，种子纺锤形、麻褐色，千粒重80克。

(三) 生物学特性

墨西哥类玉米喜温暖湿润气候，适宜生长在海拔500米左右的平地。种子发芽的最低温度为15℃，生长最适温度为25～35℃。耐高温，38℃高温下仍生长旺盛。不耐寒，气温降至1℃以下生长停滞，0～1℃或遇霜冻死亡。对土壤要求不严，pH值适宜的范围是6.5～7.5。不耐涝，浸淹数日即可引起死亡。

墨西哥类玉米生长期长，分蘖期占全生长期的60%，分蘖能力强，一般单株分蘖可达15～30株，最高可达55株以上。在南方，3月中旬播种，9～10月开花，11月种子成熟，全生育期245天左右。

(四) 栽培技术

选择平坦、肥沃、排灌方便的地块，深耕15～20厘米，每亩施有机肥1500～2000千克作基肥。选种粒较大、整齐一致、无病害的种子进行播种。当地表温度达18～25℃时即可播种，播种方式有条播和穴播，条播行距50厘米，播种量每亩0.8～1.0千克。穴播，穴距50厘米×50厘米，每穴2～3粒种子，播深2厘米。墨西哥类玉米苗期生长缓慢，需注意中耕除草，分蘖至拔节期植株生长加快，可每亩追施氮肥5～10千克，并结合中耕培土。干旱缺水对其生长影响较大，如连续10～15天无雨，叶尖有萎蔫现象就需及时灌水。如青饲刈割，每次刈割后需追施氮肥。

(五) 营养价值与利用方式

墨西哥类玉米相对于一般玉米分蘖多，叶量丰富，适合青饲或青贮，是牛羊养殖的优质粗饲料。其质地脆嫩，多汁、甘甜、适口性好，为牛、羊、马、兔、鹅所喜食，也是淡水鱼类的优良青饲料。开花期饲草干物质中粗蛋白质含量为9.5%，粗脂肪2.6%，粗纤维 27.3%，无氮浸出物 51.6%，粗灰分 9%，利用时现割现喂，喂多少割多少。刈割期随饲喂对象而异，饲喂鹅、猪、鱼以株高 80 厘米以下为好；饲喂牛、羊、兔可在株高至 100～120 厘米青喂。若超过 120 厘米，下部茎纤维增多，利用率下降。再生性强，每年可刈割 3～4 次，亩产鲜草 5000～7500 千克。

（六）品种与品系

玉草 1 号，为玉米杂交育成品种，其父本为墨西哥引进的四倍体多年生玉米种，母本为普通玉米与四倍体多年生玉米杂交后培育的中间桥梁材料，即玉米-四倍体多年生代换系。2008 年通过国家草品种审定，适宜南方长江流域栽培，其鲜草产量 4000～6000 千克，播种后 80 天即可利用。

八、扁穗雀麦

别名：北美雀麦、野麦子、澳大利亚雀麦。

（一）起源与分布

扁穗雀麦（图 4-8）原产于南美洲的阿根廷，19 世纪 60 年代传入美国，目前澳大利亚和新西兰已广为栽培。我国最早于 20 世纪 40 年代末期在南京种植，后传入内蒙古、新疆、甘肃、青海、北京，继而引入云南、四川、贵州、广西等地，湖北省有散逸种。

图 4-8　扁穗雀麦

（二）植物学特征

扁穗雀麦是禾本科雀麦属一年生或短期多年生牧草。疏丛型，须根发达，多分布在 20 厘米的土层中。茎粗大扁平，株高 80～150 厘米，有时可达 190 厘米左右。叶幼嫩时着生柔毛，成熟时减少。

（三）生物学特性

扁穗雀麦喜温暖湿润气候，适宜在夏季不太炎热、冬季温暖地区生长。种子发芽的最低温度为5℃，生长适宜温度为10～25℃，夏季气温超过35℃时生长受阻。在北方如北京、内蒙古、青海等地不能越冬，表现为一年生；在长江以南地区，当外界温度下降到－9℃时仍保持绿色，表现为短期多年生。对土壤肥力要求较高，喜肥沃黏重土壤，但也能在盐碱地及酸性土壤上良好生长。有一定的耐旱能力，不耐水淹。

（四）栽培技术

扁穗雀麦种子较大，当年收获的种子发芽率高达90%以上，建植草地相对容易。选择地势平整、具有良好排灌条件的地块，播前多次旋耕、清除杂草。每亩施有机肥2000～3000千克和20～30千克过磷酸钙作底肥，旋耕，耙平。播种方式一般为条播，也有撒播。条播行距30厘米，播深2～3厘米，太深则影响出苗率，播种量为每亩1.5～2千克。扁穗雀麦对氮肥需要量较大，因此在两次刈割后每亩追施尿素7～8千克。扁穗雀麦病害较少，整个生长期未见虫害发生。

（五）营养价值与利用方式

扁穗雀麦草质柔软，生长速度快，适口性好，仅次于黑麦草、燕麦等，是南方地区冬季青绿饲草主要来源，也是北方地区干草调制的主要草种。分蘖期干草中粗蛋白质含量为19.02%，粗纤维33.8%，粗脂肪4.78%，随着生育期的延迟，粗蛋白质含量迅速下降。再生能力强，在南方大部分地区，如9月底播种，则可在入冬前为家畜提供一次鲜草，来年还可刈割2～3次；如推迟到11月份中旬播种，则入冬前苗弱，全年仅可刈割2次。水肥充足的条件下，每亩产鲜草3000～4000千克。扁穗雀麦一般青饲，当草层30～40厘米时开始利用，留茬高度4～6厘米。

（六）品种与品系

1. 黔南

地方品种，耐寒、再生能力强，每亩鲜草产量 3600～5500 千克。

2. 江夏

野生栽培驯化品种，适合长江流域及其以南地区，主要作为冬季牛、羊青绿饲料利用。再生能力强，可多次刈割，亩产鲜草 4000～5000 千克。

九、黑麦

别名：粗麦、洋麦、南麦（神农架）。

（一）起源与分布

黑麦（图 4-9）一说起源于西南亚阿富汗、伊朗、土耳其一带，以后向欧洲以及德国、波兰等地迁移；另一说原产于欧洲南部，约公元前 400 年先在德国驯化，以后逐步推向南欧、中亚、小亚细亚等区地。在我国东北、华北、西北及云贵高原均有栽培。湖北省神农架地区有栽培，生长在海拔 1600 米的山坡。

图 4-9　黑麦

（二）植物学特征

黑麦是禾本科黑麦属一年生草本植物。须根系，发达。秆直立，少数丛生，株高 100～150 厘米。叶线状披针形，扁平，长 20～30 厘米，宽 6～15 毫米，两面被微毛。

（三）生物学特性

黑麦喜冷凉气候，有冬性和春性两种。在高寒地区只能种春黑麦，温暖地区两种均可种植，要求积温 2100～2500℃，与小麦相似。抗寒性强，不耐高温和湿涝。长日照植物，有较强的抗旱和耐瘠薄能力。对土壤要求不严格，以沙壤土生长良好，不耐盐碱，耐贫瘠，土壤养分充足，产量高，质量好，再生快。

（四）栽培技术

黑麦分布多在高寒山区，海拔越高，品种越多，且种植面积大。播前深翻耕地，耙平，每亩施基肥1500～2000千克，雨水多的地方要开排水沟。冬黑麦要适期播种，通常要求播后有60～70天的生长期，春黑麦可与春小麦或春大麦同期或稍早播种。播种方式常用条播，如收草，行距15厘米，播种量为每亩9～15千克；如收种，行距30厘米，播种量稍减少。播深2～3厘米，播后镇压，有利幼苗生长。黑麦分蘖多，生长快，可有效抑制杂草，一般无需中耕除草。秋播的黑麦最好在入冬前浇水一次，以利幼苗越冬。生长不良时要及时追肥、灌水，每次刈割后可每亩施尿素5～8千克，可促进再生。

（五）营养价值与利用方式

黑麦茎叶产量高，营养丰富，适口性好，是牛、羊、马的优质饲草。青刈黑麦茎叶的粗蛋白质含量以孕穗初期最高，是青饲的最佳时期，随着生育进程的发展，粗蛋白质含量逐渐下降，而粗纤维含量则逐渐升高。用于青贮则可在盛花期刈割，也可在蜡熟期刈割，带籽青贮可提高品质，而黑麦与豆科混合青贮效果更好。

（六）品种与品系

1. 冬牧70

引进品种，株高100厘米以上，早期生长快，分蘖多，再生性好，是解决冬春青饲料的优良牧草，每亩产鲜草4600～6600千克。

2. 中饲507

牧草型四倍体，2004年通过全国草品种审定委员会审定。该品种为强冬性晚熟品种，株高150～165厘米，茎秆粗壮，叶片长而宽厚，青绿期长。适合在黄淮海、华北、西北及东北地区秋播，可与玉米、水稻、棉花、大豆等粮、经、饲、油作物轮作。

十、燕麦

别名：铃铛麦、香麦。

（一）起源与分布

燕麦（图 4-10）在世界谷类作物栽培面积中仅次于小麦、玉米和水稻，位居第四，是一种优良的饲用麦类。广布于欧洲、非洲和亚洲的温带地区。我国燕麦主要分布于华北、东北和西北的高寒地区，其中以内蒙古、河北、甘肃、山西种植面积最大。在湖北，燕麦的种植区主要在鄂西高海拔地区，以神农架、保康、竹溪、兴山、巴东、利川、鹤峰、房县等地为多。

图 4-10 燕麦

（二）植物学特征

燕麦是禾本科燕麦属一年生草本植物。疏丛型，须根系，较发达。秆直立，株高 80～120 厘米，分蘖较多，茎由 4～7 节组成。叶片宽而平质，长 15～40 厘米。

（三）生物学特性

燕麦喜冷凉湿润气候，最适宜在气候凉爽、雨量充足的地区生长，幼苗能耐－2～－4℃的低温，成株遇－3～－4℃仍能缓慢生长，－6℃则受冻害。燕麦不耐高温，开花和灌浆期间遇高温危害会影响结实，常形成瘪粒。耐碱能力较差，抗旱性弱，需水量较其他各类作物多。燕麦对土壤选择不严，各类土壤均可种植，但以富含有机质的壤土为最佳。因品种和播种期的不同，其生育期差异较大，一般为 90～140 天。在武汉地区引种燕麦，一般秋播，来年 4 月抽穗，5 月下旬种子成熟；3 月春播的燕麦在 6 月下旬也可完成生育。

（四）栽培技术

燕麦忌连作，可与马铃薯、豌豆、甘薯、玉米、高粱、花生、甜菜等作物轮作。播种燕麦，整地质量要好，每亩可施底肥1500～2500 千克。在低海拔丘陵地区一般采用秋播，寒冷山区宜春播。采用条播，行距为 15～30 厘米，覆土深度 3～4 厘米，播种量为每亩 10～15 千克，青刈燕麦可适当密植，播种量增加 20%～30%。燕麦宜与豌豆、苕子等豆科作物混播，燕麦播种量占 2/3～3/4。给燕麦施肥，前期以氮肥为主，后期则以磷、钾肥为主。从分蘖到拔节期是需水量最多的时期，要及时供水。以收籽粒为目的的燕麦，要在小穗上部籽粒成熟，而下部籽粒蜡熟时收获，一般亩产种子达150～200 千克。

（五）营养价值与利用方式

青海省的分析资料表明，燕麦籽实中的粗蛋白质占风干物质的 10.3%，粗脂肪为 3.9%，粗纤维为 10.1%，在青干草中粗蛋白质含量也高达 5.4%，粗脂肪为 2.2%。燕麦籽实是马、牛的好精料，加工后也可饲喂家禽。燕麦除籽实被广泛利用外，青刈的茎叶营养丰富，柔嫩多汁，适口性好，无论作青饲、青贮或调制干草都适宜。青刈燕麦可在拔节至开花期刈割，可刈割两次，一般亩产 1500～2000 千克。如用于调制干草则以孕穗至开花期为好。

（六）品种与品系

燕麦是一种营养价值很高的粮饲兼用作物，南北均可栽培。目前通过国家审定的品种有 10 个，各地区还有许多地方品种，如湖北有神农架田家山燕麦、兴山三阳燕麦、巴东清太平燕麦，都是粮饲兼用型。

1. 阿坝

2009 年育成，地方品种，适宜西南地区高山及青藏高原高寒牧区，海拔 2000～4500 米区域种植。

2. 陇燕 3 号

2009 年育成，育成品种，属于高寒品种，适宜甘肃天祝、岷县、甘南、通渭及其他冷凉地区种植。

3. 青引2号

2004年育成，引进品种，适宜于青海省海拔3000米以下地区种植，粮饲兼用，3000米以上地区作饲草种植。

4. 锋利

2006年育成，引进品种，种植区域比较广泛，在我国南方地区适宜秋播，北方地区适宜春播。

十一、无芒雀麦

别名：禾萱草、无芒草、光雀麦。

（一）起源与分布

无芒雀麦（图4-11）原产于欧洲，我国东北、华北、西北等地都有野生种。在内蒙古高原多生于草甸、林缘、山间谷地、河边及路旁草地。现已成为欧洲、亚洲干旱、寒冷地区的重要栽培牧草。我国东北地区1923年开始引种栽种，是北方地区一种很有栽培价值的禾本科牧草。

图4-11 无芒雀麦

（二）植物学特征

无芒雀麦为禾本科雀麦属多年生草本植物，具横走根状茎。秆直立，疏丛生，高50～120厘米，无毛或节下具倒毛。叶鞘闭合，无毛或有短毛；叶舌长1～2毫米；叶片扁平，长20～30厘米，宽4～8毫米，先端渐尖，两面与边缘粗糙，无毛或边缘疏生纤毛。

（三）生物学特性

无芒雀麦对气候条件适应性广，海拔500～2500米均可栽植，年降水量350～500毫米的地区旱作，生长发育良好。在我国南方种植，夏季不休眠，产草量高，营养价值高，草柔嫩，再生能力强，耐牧性强，适宜于青饲，调制干草和放牧利用，是用作干草、青贮、青饲和水土保持最好的冷季型禾本科牧草。与紫花苜蓿混播建立人工草地，可提高产草量20%左右和弥补紫花苜蓿调制干草中的落叶性不足。

(四) 栽培技术

无芒雀麦适宜降水量多，气候温暖的地区栽植。以早春（4月上旬）播为好，秋播（9月上中旬）亦可。春播时先将秋播地耙平，播种深度3～4厘米，镇压蓄墒，收草以条播为宜，行距30～45厘米，播量1.5～2千克/亩；与苜蓿混播，无芒雀麦播量0.5～1千克/亩，苜蓿为0.5～0.75千克/亩。苗期生长速度缓慢，易受杂草抑制，要做好杂草防除。拔节前注意中耕，翻切行间草根，增加土壤透气性。

(五) 营养价值与利用方式

无芒雀麦是我国北方地区牛、羊养殖广泛栽培的优良草种，其草质柔软，适口性好，一年四季为各种家畜所喜食，尤以牛、羊最喜食，是一种放牧和打草兼用的优良牧草。即使收割稍迟，质地也不粗老。分蘖期粗蛋白质含量最高达20.4%，抽穗后下降至10%左右。从总产量上看以抽穗期利用较好，此时干物质中含粗蛋白质16.0%，粗脂肪6.3%，粗纤维30.0%，无氮浸出物40.7%，粗灰分7.0%。

(六) 品种与品系

早期从国外引进的品种卡尔顿、马格纳、梅帕、林肯等在北方种植表现良好，后来我国也培育出多个新品种，多是地方野生栽培驯化品种。目前我国已登记品种8个。

1. 乌苏一号

2003年育成，耐旱、抗寒、抗病虫害能力较强，春季返青早、再生能力强、绿色期长，适宜新疆海拔2500米以下、年降水量350毫米地区或有灌溉条件的干旱地区种植。

2. 龙江

2014年育成，野生栽培品种，适宜我国北方寒冷地区种植。

3. 奇台

1991年育成，地方品种，品种特点是干草产量高、种子量大、返青早，适宜新疆北疆平原绿洲、干旱、半干旱的灌溉农区以及年降水量在300毫米以上的草原地区栽培。

4. 林肯

引进品种，适宜长城以南，辽宁南部、北京、天津、河北、山西、陕西、河南，直至黄河流域暖温带地区种植。

十二、羊草

别名：碱草。

（一）起源与分布

羊草（图4-12）是欧亚大陆草原区东部草甸草原及干旱草原上的重要建群种之一，其中我国占一半以上，集中分布于东北平原及内蒙古东部的开阔平原、低山丘陵、河滩和盐碱化低洼地，在河北、山西、河南、陕西、宁夏、甘肃、青海、新疆等省（自治区）亦有分布；俄罗斯、蒙古国、朝鲜、日本也大量种植。羊草最适宜于我国东北、华北诸省（自治区、直辖市）种植，在寒冷、干燥地区生长良好。春季返青早，秋季枯黄晚，能在较长的时间内提供较多的青饲料。

图4-12 羊草

（二）植物学特征

羊草为禾本科赖草属多年生草本植物，具发达的地下横走根茎。茎秆疏丛生或单生，无毛，具4～5节。叶鞘无毛，叶质厚而硬，平展或内卷，上面粗糙或被柔毛。穗状花序直立，小穗粉绿色，熟后黄色。颖果长椭圆形，深褐色，千粒重约 2.0 克。

（三）生物学特性

羊草为旱生或旱中生禾草，宜生长在年降水量 500～600 毫米的地区，在降水量 300 毫米的地方也能生长良好，但不耐涝，长期水淹会引起烂根。抗寒性强，在冬季－42℃而又少雪的地方都能安全越冬。对土壤要求不严，耐盐碱、耐贫瘠，在土壤 pH 为 9.4 的土壤上也能正常生长。

（四）栽培技术

羊草除低洼易涝地不适合种植外，一般土壤均可种植。羊草种子小，顶土能力弱，发芽时需水较多，必须创造良好的发芽出苗条件。通常每亩播种量为 2.5～3.5 千克，采用条播，行距为 15～45 厘米，覆土厚度为 2～3 厘米，播后要及时镇压。羊草幼苗细弱，生长缓慢，出苗后 10～15 天才发生永久根，30 天左右开始分蘖，产生根茎。幼苗期生长十分缓慢，要及时除杂草。羊草是多年生根茎性禾草，其根茎发达，主要分布在 5～10 厘米的土层内，种植 5 年以上的羊草草地要翻耙更新，以保持生产力，可用圆盘耙或缺口重耙将根茎切断，以促进羊草无性繁殖，增加土壤通气性。羊草可通过追施肥料来提高产量、改进品质、防止草地退化。一般每公顷施氮肥 15 千克。

（五）营养价值与利用方式

羊草叶量多、营养丰富、适口性好，各类家畜一年四季均喜食，有"牲口的细粮"之美称。牧民形容说："羊草有油性，用羊草喂牲口，就是不喂料也上膘。"花期前粗蛋白质含量一般占干物质的 11%以上，分蘖期高达 18.53%，且矿物质、胡萝卜素含量丰富。每千克干物质中含胡萝卜素 49.5～85.87 毫克。

羊草一般作放牧利用，在株高 30 厘米左右即可放牧，到 6 月上中旬抽穗后，质地粗硬，适口性降低，应停止放牧。通常以放牧羊、牛、马为主，幼嫩时期尚可放牧猪和鹅。要划区轮牧，严防过度放牧，每次放牧至吃去总产量的1/3左右即可。也可在冬季利用枯草放牧牛、羊、马。调制干草是在孕穗至开花初期刈割，割后晾晒，待含水量降至16%左右，即可集成大堆，运回贮藏。羊草干草也可制成草粉或草颗粒、草块、草砖、草饼，供作商品饲草。

（六）品种与品系

1. 东北

1988年育成，是我国最早的驯化栽培种。生长速度快，秋季休眠晚，青草利用期长。每公顷干草产量6000～8000千克。适宜黑龙江、吉林及内蒙古东部地区栽培。

2. 吉生1号

1992年育成，抗盐碱性强，干草产量比野生羊草增产50%以上，草籽增产65%。适宜吉林、内蒙古、黑龙江等地半干旱草甸草原种植。

3. 吉生4号

1991年育成，属于高产品种，干草产量每公顷9000千克，适应性广，稳产性好。适宜吉林、内蒙古、黑龙江等地半干旱草原种植。

4. 农牧1号

1992年育成，分蘖力强，平均每公顷茎数680万，干草产量7500～12000千克；抗寒，耐盐碱，不易感染锈病。适宜内蒙古东部、吉林、黑龙江地区种植。

十三、白三叶

别名：白车轴草、荷兰翘摇。

（一）起源与分布

白三叶（图4-13）原产于欧洲和小亚细亚，俄罗斯、英国、澳大利亚、新西兰、荷兰、日本、美国等均有大面积栽培。在我国中亚热带以北及暖温带分布较为广泛。四川、云南、湖南、湖北、广西、福建、吉林、黑龙江等地均有野生种。在湖北利川市海拔

1080 米的清江两岸，1982 年首次发现有大量野生白三叶分布，之后在通山县也发现野生种分布。

图 4-13 白三叶

（二）植物学特征

白三叶是豆科三叶草属多年生草本植物。主根短、侧根发达，根系浅，主要分布在 10 厘米以内的土层，根上有根瘤。茎匍匐，长 15～70 厘米，一般约 30 厘米，多节，无毛。叶互生，有 10～25 厘米的叶柄，三出复叶，小叶倒卵形或倒心形，叶面有“V”形白斑或无。

（三）生物学特性

白三叶适应性广，从新疆到贵州均可栽培。喜温暖湿润气候，适宜生长在气温 19～24℃、年降水量不少于 600～800 毫米、排水良好和有灌溉条件的沙壤土和黏壤土上，适宜 pH 值为 5.5～7。抗寒性和抗热性较红三叶强，在冬季积雪厚度达 20 厘米、持续时间长达 1 个月、气温在－15℃的条件下，仍能安全过冬。在 7 月平均温度≥35℃，短暂极高温度达 39℃时，仍能安全越夏。有明显的向光性运动，喜阳光充足的旷地。隐蔽条件下，叶小而少，开花也不多，产草量和种子产量均较低。

（四）栽培技术

因其种子细小，播前要求精细整地；且苗期易受杂草入侵，要加强清除杂草。春播或秋播均可，北方或南方高山地区宜春播。首次播种白三叶的地块最好接种根瘤菌。如播种地酸性较强，则需要施石灰进行改良，一般施量为每亩 30 千克左右，最好分批施入。播种方式有条播、穴播和撒播。条播行距以 30 厘米为宜，一般每亩用种量 0.3～0.5 千克，撒播时适当加大播量。播种时间最好在雨后，土壤墒情较好，如播种时干旱少雨，可采用“深开沟、薄盖土”的抗旱播种方法，将种子条播在沟里，薄盖土即可。也可采用无性繁殖，将茎切成带有 2～3 个节的短茎进行扦插，其繁殖速度也很快。因苗期生长比较缓慢，及时中耕除草很有必要，而一旦草层形成，其强大的竞争能力即可抑制杂草滋生。

(五) 营养价值和利用方式

白三叶茎叶光滑柔嫩，叶量丰富，适口性好，为各种畜、禽所喜食，营养成分及消化率均高于紫花苜蓿和红三叶。如青饲，宜在现蕾之前或株高 20～30 厘米时进行刈割，春播当年可产鲜草 1000 千克/亩，以后每年可刈割 3～4 次，亩产 2500～4000 千克。白三叶因其茎枝匍匐，耐践踏，再生力强，适于放牧。无论人工草场或天然草地种植，宜与禾本科牧草如多年生黑麦草、雀稗、鸭茅等混播。在混播草地，可采用刈割或放牧的方法防止禾草生长过于茂盛而抑制白三叶的生长，同时也要防止草群中白三叶的比重过大而引起反刍动物采食过量患臌胀病。一般禾草和白三叶的比例以 4∶1 为好。天然草地上，牧草的饲养价值随着白三叶的比重增加而提高，据北京农业大学分析，白三叶粗蛋白质含量高达 30.5%，干物质的消化率一般在 80%左右。随着植株的老化，消化率下降速度也比其他牧草慢。

(六) 品种与品系

1. 鄂牧 1 号

抗旱耐热育成品种，越夏率在 85%以上，亩产鲜草 4000～5000 千克，适应于长江中下游及其以北的广大暖温带和北亚热带地区，在夏季高温伏旱条件下耐热性优于其他同类品种。

2. 鄂牧 2 号

2016 年育成品种，是在鄂牧 1 号基础上进一步选育而来，开花期草层高 30～40 厘米，亩产鲜草 4000 千克以上。适宜长江流域及其以南地区栽培，在四川凉山州地区可保持常年青绿。

3. 贵州

地方品种，草层高 15～20 厘米，每亩产鲜草 1500～3000 千克，适宜种植在湖北高海拔地区，或低湿丘陵和平原地区。

4. 胡依阿

引进品种，中型白三叶，在南方低山丘陵种植，夏季有10%～40%植株枯死。在800米以上的高山地区与黑麦草混播、在低山丘陵与苇状羊茅混播，可建成优良的人工放牧草地，每亩产鲜草2000～3500千克，是目前我国栽培面积最大的一个白三叶品种。

5. 川引拉丁诺

引进品种，适宜在长江中上游丘陵、平坝、山地种植，一般作刈割用，可刈割4～6次，每亩产鲜草4000～5000千克，也可放牧。

6. 海法

引进品种，主根较短，侧根和不定根发育旺盛，中叶型，叶色较其他白三叶品种淡，生态适应范围广。生长年限长，在云南昆明、丽江等地每亩年均产干草1300～1500千克。

十四、红三叶

别名：红车轴草、红荷兰翘摇、红菽草。

（一）起源与分布

红三叶（图4-14）原产于小亚细亚和欧洲东南部，在欧洲各国及俄罗斯、美国、新西兰等海洋性气候地区广泛栽培，在我国云南、贵州、湖北、新疆等地都有野生种。巴东红三叶在湖北省已有100多年的栽培历史，广泛分布于湖北省的巴东、建始、恩施、利川等地，其中以红三叶为主的草地面积达13万亩，常见于公路旁、山坡、林间草地和疏林草群中。

图4-14 红三叶

（二）植物学特征

红三叶是豆科三叶草属多年生草本植物。茎直立或渐向外伸，株高30～80厘米，有疏毛。根瘤卵球形，粉红色至白色。叶互生，三出复叶，小叶椭圆状卵形至宽椭圆形，叶面具灰白色“V”字形斑纹，下面有长柔毛。

（三）生物学特性

红三叶喜温暖湿润气候，在夏季不太热、冬季又不太寒冷的地区最适宜种植。当温度超过35℃时生长受阻，持续高温且昼夜温差小的条件下，往往会造成红三叶的大面积死亡。在湖北海拔800～1800米、年均温在9.4～13℃、最高温不超过35.4℃和最低温不超过－15℃、年降水量1650～1743毫米、无霜期150～220天的地方生长良好。红三叶种植以排水良好、土质肥沃、富含钙质的黏壤土为最适宜，壤土次之，在贫瘠的沙土地上生长不良。喜中性至微酸性土壤，适宜的pH值为5.5～7.5。

（四）栽培技术

播前精细整地，消除靠根茎繁殖的非饲用植物及其恶性杂草。在新开垦地和贫瘠地块，必须施足基肥，一般每亩施腐熟的有机肥1000～1500千克。在有机肥不足的情况下，每亩可施磷肥25～30千克、碳酸氢铵10千克左右。在湖北丘陵低海拔地区播种以9月秋播为好，不宜过迟，以免影响第二年产量，在气温较低的山区，可提前一个月播种。单播每亩用种量0.75～1千克，条播行距20～30厘米，播深1～2厘米，与禾本科牧草混播用种0.2～0.3千克，播种方法以豆、禾草分别隔行条播为好。苗期生长缓慢，须注意及时清除杂草。

（五）营养价值和利用方式

红三叶是优质的豆科牧草，据中国农业大学分析，其营养成分粗蛋白质占干物质的17.71%，粗脂肪为2.30%，有机物质消化率达65.70%。主要作为人工草地利用，对各种家畜适口性都很好，为马、牛、羊、猪、兔所喜食。与禾本科牧草多年生黑麦草（*Lolium perenne* L.）、鸭茅（*Ductylis glomerata* L.）、牛尾草（*Festuca elatior* L.）等混播，1～2年内即可建成大面积优质人工草场。红三叶也适宜青割、放牧，又可青贮和调制干草。如青饲，当草层高度达40～50厘米或现蕾初花期即可刈割，留茬高6～8厘米，每年可刈割3～4次。在湖北省平原及低海拔丘陵地区，7月应停止割草，以利安全越夏。青刈调制干草，应在开花早期进行，可获得最佳营养价值。

（六）品种与品系

1. 鄂牧5号

2015年育成，品种丰产性好，尤其适宜长江流域及其以南地区栽培。分枝期粗蛋白质含量22.8%，亩产鲜草3500～4500千克。2016年被农业部推选为主推品种。

2. 巴东

地方品种，于1990年通过审定，该品种为混合型品种，以早花型为主。茎青色，高大，花红色，生长发育快，再生性较差，寿命短，抗热性较强，亦较耐旱；晚花型植株粗矮、多分枝、株丛密、茎紫色，生长发育较慢。

3. 巫溪

地方品种，株高60～100厘米，最高可达130厘米。返青早，枯黄晚，青草期近300天。耐寒性较强，耐热性稍差，气温超过38℃时生长减弱甚至枯黄死亡。

4. 岷山

地方品种，株高70～90厘米，适于甘肃省温暖湿润、夏季不十分炎热的地区种植。

十五、紫花苜蓿

别名：紫苜蓿、苜蓿。

（一）起源与分布

紫花苜蓿（图4-15）原产于小亚细亚、伊朗、外高加索和土库曼高地，是世界上栽培最早、面积最大的牧草，被誉为“牧草之王”。美国和阿根廷是紫花苜蓿主要生产国，种植面积约占世界的70%，公元前126年汉武帝遣张骞出使西域，苜蓿被引入中国。苜蓿在我国分布范围甚广，西起新疆、东到江苏北部，黄河流域及其以北地区，东北三省，长江以南地区的湖北、四川、云南、江苏等地均有种植，至今已有2000年的栽培历史。

图 4-15 紫花苜蓿

（二）植物学特征

紫花苜蓿为豆科苜蓿属多年生草本植物。根系发达，直根系，主根入土2～6米。侧根着生很多根瘤，主要集中在地下20～30厘米的根部。植株直立或有斜生，绿色或带紫色，株高60～110厘米，茎上多分枝。羽状三出复叶或多出复叶，长7～30毫米，叶缘上部1/3处有锯齿。

（三）生物学特性

紫花苜蓿为虫媒异花授粉植物，喜温暖半干旱气候，因而多分布于长江以北地区，适应性广。生长最适温度25℃左右，夜间高温对苜蓿生长不利，会减少根部的贮存物，影响再生。夏季高温不利于苜蓿生长，有灌溉条件时，可短期忍受较高的温度。耐寒性很强，5～6℃即可发芽，能耐－5～－6℃的低温，成年植株能耐－20～－30℃的低温，在有雪覆盖时可耐－40℃的低温。由于根系入土深，抗旱性很强，在年降水量250～800毫米、无霜期100天以上的地区均可种植。喜中性或微碱性土壤，pH值以6～8为宜。不耐强酸或强碱土壤，在地下水位高、排水不良或年降水量超过1000毫米的地区不适宜种植。

（四）栽培技术

紫花苜蓿的种子细小，幼苗早期生长缓慢，因此需要精细整地，土壤pH低于6的地方，需先对土壤进行改良，可施石灰，在旋耕地块前一个月每亩施石灰30～45千克，充分混合，再进行播种。在贫瘠土地上种植紫花苜蓿要施足有机肥和磷肥作底肥，磷肥以 30 千克/亩为宜。在南方地区，优选高休眠级和耐湿热的品种。

紫花苜蓿种子经常存在硬实现象，在播种前可采用晒种 2～3 天或短期高温处理（50～60℃，15 分钟至 1 小时），或将种子与沙混合揉搓均可提高种子发芽率。在南方，紫花苜蓿播种时间以秋播为宜，而北方地区宜春播。播种量每亩 0.75～1.0 千克，条播行距 30 厘米，密行条播能较快覆盖地面，抑制杂草滋生，同时也可提高产量。播种深度在土壤湿润时为 1.5～2 厘米，干旱时播深2～3 厘米，播后进行镇压以利出苗。

紫花苜蓿在播种当年主要是清除杂草以利幼苗生长，苗期可施少量氮磷肥或磷肥作为种肥。在温暖、潮湿的天气紫花苜蓿易发生霜霉病，防治方法是在发病初期使用波尔多液喷洒 1～2 次，也可提前刈割，阻止蔓延。另外，也要及时排水，积水易引起苜蓿的烂根死亡。

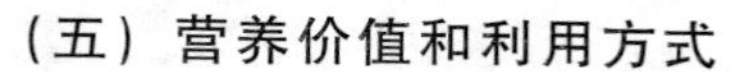

（五）营养价值和利用方式

紫花苜蓿富含粗蛋白质、维生素和矿物质，动物必需氨基酸含量较高，适口性好，为各种家畜所喜食。如青饲紫花苜蓿，则可在株高 40 厘米左右时进行刈割，之后追以磷钾肥，如施过磷酸钙，施量一般为每亩 1.5～2 千克；如制作干草，则在开花初期进行最好，消化率高，适口性好，可与禾本科牧草、玉米混合青贮，饲用效果很好，且可防止家畜因采食过多引起的臌胀病。

（六）品种与品系

紫花苜蓿是应用最广泛的优良牧草，世界上已经育成许多新品种，我国在早期主要以引进国外品种为主，后期也培育出多个自己的新品种。目前我国已经审定登记的紫花苜蓿新品种 58 个，其中育成品种 23 个，引进品种 15 个。

1. 草原 4 号

2015 年育成，抗蓟马品种，株高在 50～85 厘米。每亩鲜草产量达 2000 千克以上，是一种适宜种植在我国华北南部苜蓿蓟马危害严重省区的独特品种。

2. 中苜5号

2014年育成，是以“中苜3号”原始材料和美国耐盐苜蓿种质材料为亲本进行杂交育成。在黄淮海地区表现出明显的耐盐性和丰产性。

3. 甘农7号

2013年育成，该品种生长速度快，产量高，粗纤维含量低，其酸性洗涤纤维（ADF）和中性洗涤纤维（NDF）含量比一般苜蓿低约2个百分点，粗蛋白质含量高约1个百分点，适口性好。适宜黄土高原半干旱、半湿润地区和北方类似地区种植。

4. 维多利亚

国外引进品种，2004年通过审定。该品种适应性强，在中国大部地区均可栽培。牧草丰产性好，北方地区亩产鲜草2500千克以上，南方地区可达4000千克。

需要注意的是，紫花苜蓿在南方长江流域地区种植表现不是很好，土壤酸性较大、夏季高温高湿、地下水位较高等造成苜蓿植株低矮、病害较多、产草量低、品质差，且越夏困难，利用期短。在江苏一些地区被作为一年生饲草利用，可提高土地单位面积产量。

十六、多花木蓝

别名：野蓝枝、马黄梢。

（一）起源与分布

多花木蓝（图4-16）主要分布在我国的河北、山西、河南、江苏、浙江、广东、广西、福建、江西、四川、陕西、甘肃等省区。在湖北分布面积较大，主要在神农架、房县、兴山等地，一般生长在海拔300～1200米处的山沟灌丛中。

图4-16　多花木蓝

（二）植物学特征

多花木蓝是豆科木蓝属多年生灌木，高 80～200 厘米，茎直立，枝条密被白色“丁”字毛。羽状复叶，小叶 7～11 个，倒卵形或卵状矩圆形，全缘，两面被“丁”字毛。

（三）生物学特性

多花木蓝喜温暖湿润气候，适宜在亚热带中、低海拔地区和南温带生长，如夏季高温、雨量充足的地区生长更旺。冬季遇严霜，叶片会脱落，但植株可安全越冬，来年春季植株开始萌发生长。喜湿，耐旱，但不耐水淹，因此低洼地不适合种植多花木蓝。对土壤要求不严，在 pH 值 4.5～7.0 的红壤、黄壤和紫红壤中都能良好生长。喜光，但也有一定的耐阴性，在山坡阴面长势也较好。具有较强的抗逆性，适应种植范围广，且整个生育期病虫害较少。

（四）栽培技术

多花木蓝种子硬实率较高，播种出苗率低，为了提高种子的出苗率，播前可用浓 H_2SO_4 浸泡 15 分钟或用浓度为 100 克/升的 KNO_3 溶液浸泡 6 小时，发芽率可提高到 72%。

播前整地，要求翻耕松土 20 厘米深，每亩可施家畜粪便 1000～1500 千克作基肥，同时加施过磷酸钙 30 千克。春、夏季均可播种，以春播为宜，可直播，也可育苗移栽。条播、穴播均可，播种深度为 1～2 厘米，太深则不利出苗。因苗期生长缓慢，应及时中耕除杂，可追施少量速效氮肥，植株成型后可粗放管理。也可与禾本科牧草混播，但比例不能超过 1/3。当株高达 100 厘米时，可刈割利用，留茬高度不低于 15 厘米。在每年冬季和早春结合收种刈割一次，既可提供家畜牧草，又可使植株变矮，从而加快更新繁殖。

（五）营养价值和利用方式

多花木蓝是优质的饲用灌木，其植株无刺、无异味，茎叶柔嫩，不含有毒有害成分，具甜香味，品质优良，尤其适合山坡栽培用来养羊。多花木蓝富含 18 种家畜所必需的氨基酸，在宜昌地区，白山羊羔羊用多花木蓝育肥，不补精料，当年出栏重达 35 千克，被当地农民称为“壮羊草”。多花木蓝可青饲或青贮，也可晒制干草或干草粉，饲用时，最好与禾本科牧草混喂。鲜草产量每亩一般为1500～2500千克，第一年可刈割2～3次，第二年为4～5次。

（六）品种与品系

鄂西是被广泛栽培的优良地方品种，由野生种子栽培驯化而成，于1991年通过审定。该品种生长快、草质优，多用于牛、羊放牧利用和草地改良，适宜长江中下游低山、丘陵地，江西、福建、浙江等省部分地区种植。

第六节 牧草青贮技术

青绿多汁饲料是草食动物日粮的重要组成部分，它具有柔嫩多汁、营养丰富、适口性好、单位面积产量高、生产成本低等特点。然而，在自然界中，这类饲料的生产夏秋丰富而冬春贫乏，难以一年四季均衡供应。而通过青贮的方法则可将这类饲料较完好地保存到冬春季节，甚至更长的时间使用。

含水量足够高的饲草储存在厌氧环境中就会进行酸性发酵。在发酵过程中，细菌使植物中碳水化合物转化为发酵酸和其他化合物。理想的状态是，这种发酵应该主要产生乳酸，并且乳酸的量足够使pH迅速下降。在低pH条件下，酸性环境能阻止微生物进一步活动和腐败。当青贮窖或青贮捆保持密闭状态时，青贮饲料的营养成分就不会流失。

一、饲草青贮的优点

（一）长期保存饲草

青贮饲料可以保持青绿多汁饲料原有的青绿多汁状态及其营养特性。可实现一年四季均衡地供给家畜青绿多汁饲料的目的，解决了饲料生产的季节性丰歉问题，是草食动物一年四季均衡生产，以及稳产、高产的关键性技术措施之一。

（二）保持营养成分

青贮饲料能较完好地保存青绿多汁饲料的营养成分，在加工过程中机械损失小；在贮藏过程中，氧化分解作用弱，养分损失小，一般不超过10%。与加工调制干草相比，最优质的干草保存75%的营养，而青贮能保存83%的营养。特别是维生素营养，研究表明，如红薯蔓每千克干物质中含158.2毫克胡萝卜素，晒干后只剩下2.5毫克，损失率达98%以上，而青贮后，经过八个月的贮存后仍能保存90毫克，损失率为43%。

（三）改善饲草适口性

青贮饲料经过微生物发酵，芳香可口，适口性好。青绿多汁饲料在发酵过程中，可产生大量芳香族化合物，具有酸甜芳香味，柔软多汁，家畜喜食。特别是秸秆类粗饲料，质地粗硬，家畜一般不愿意采食，但经过青贮发酵后，质地变软，可以成为家畜喜食的粗饲料。青贮料被铡切过，而干草草段较长，因而青贮饲料有更高的采食量。

（四）提高饲草消化率

青贮饲料通过微生物的发酵作用，可提高青贮原料物质的消化率及营养价值。粗硬的农作物秸秆在青贮发酵过程中，变得柔软可口，而且消化利用率大大提高，与干草相比，各项营养物质如干物质、粗蛋白质、脂肪、无氮浸出物、粗纤维等的消化率分别提高6.2%、1.6%、28.3%、5.63%、10.7%。同时在青贮发酵过程中，可降解部分微生物，粗蛋白质含量也略有提高；另外，可提高饲料代谢能含量，改善其有效能利用率。

（五）防治杂草害虫

制作青贮饲料，能消灭部分农田杂草和害虫。许多农作物的害虫可以在植物的茎内越冬，如玉米钻心虫等，经青贮发酵后虫卵在酸和缺氧的条件下丧失生活能力。所以青贮也是防治农作物病虫害的有效措施。另外，杂草种子经青贮后，种皮失去坚韧性，质地变软易于被牲畜消化利用，不但使其失去生活力，而且提高了饲用价值。

二、青贮保存的过程

（一）好氧阶段

当作物被收割后，好氧阶段就开始了。这包括萎蔫期及从密封到窖内厌氧条件形成之间的阶段。饲草组成变化主要是由于植物酶的作用。在这个阶段早期，酶类使复杂的碳水化合物（果糖、淀粉和半纤维素）降解，释放简单小分子糖（水溶性碳水化合物）。植物酶继续利用水溶性碳水化合物进行呼吸直到所有发酵物（水溶性碳水化合物）或可利用氧气耗尽。植物酶也将会继续分解蛋白质将其转变为非蛋白氮化合物、多肽、氨基酸、氨基化合物。

好氧呼吸进行的程度依赖许多因素，包括饲草的特性、萎蔫时间长短、萎蔫条件、收获与压实密封之间的时间间隔及压实的程度。

（二）发酵阶段

青贮窖一旦形成厌氧环境，厌氧发酵立即开始。在这个阶段会产生酸，降低青贮 pH，阻止微生物的进一步活动，以保存青贮。一直暴露于空气中，青贮便会腐败。缓慢的发酵会增加干物质和能量的损失，降低青贮的适口性。

乳酸菌发酵水溶性碳水化合物产生乳酸和少量其他化合物。如果乳酸菌是起支配作用的细菌，该发酵是较为理想的。如果没有足够的乳酸菌或产生得太慢，就会形成梭菌青贮，梭菌在湿润的环境下才能旺盛生长，在干物质含量高于 30% 的萎蔫青贮中，不会存在这个问题。如果梭菌菌群增长，就会产生二次发酵，梭菌会发酵水溶性碳水化合物、乳酸和蛋白质，产生丁酸、丙酸、醋酸和氨基氮，还有许多中间化合物，造成青贮腐败。

（三）饲喂阶段

当青贮暴露在空气中时，在厌氧休眠的好氧微生物会增殖。它们的活动最终导致青贮分解。好氧腐败开始的第一信号是青贮的表面发热，温度可能上升到 50℃ 甚至更高。这个过程会使霉菌开始生长，造成包含大量酵母菌和霉菌孢子的青贮趋向于不稳定。酵母菌和霉菌最初利用剩余水溶性碳水化合物、乳酸及其他有机酸和乙醇生长。随之青贮发生腐败，干物质和能量损失，青贮适口性下降。当青贮继续腐败时，霉菌将降解青贮的一些结构性碳水化合物。

三、青贮原料的评价

饲草的青贮能力，即进行良好乳酸发酵生产青贮的可能性，可用它的干物质含量、水溶性碳水化合物和缓冲能力评价。饲草具有高水溶性碳水化合物含量和低缓冲能力，相对容易青贮成功。反之，饲草具有低水溶性碳水化合物含量和高缓冲能力，则很难青贮成功，尤其在干物质含量也低的情况下。在这种情况下，作物需要萎蔫到适当的干物质含量以获得在鲜作物中适合的最低水溶性碳水化合物。

在实际生产中，优质的青贮原料应具有适当的含糖量（碳水化合物含量），一般含量至少应为鲜重的1.0％～1.5％。根据青贮原料含糖量的多少分为两类：一类是玉米、高粱、禾本科牧草、甘薯藤、南瓜、菊芋、向日葵、芜菁、甘蓝等，这类饲料原料中含有适量或较多水溶性碳水化合物，具有足够的可溶性糖分供制作青贮的乳酸菌发酵，较易青贮成功；另一类是苜蓿、三叶草、草木樨、大豆、豌豆、紫云英、马铃薯（茎叶）等牧草或作物，这类作物含可溶性碳水化合物较少，不能满足青贮发酵对碳水化合物的需要，可制作半干青贮或与禾本科作物混贮。

适宜的干物质含量是青贮能否成功的又一重要因素。如干物质含量过高，青贮时难以踩实压紧，窖内留有较多空气，造成好气菌大量繁殖，使饲料发霉腐烂；干物质含量过低，青贮饲料又易压实结块，利于梭菌活动，易使青贮腐败，品质变坏。

对高水溶性碳水化合物含量的禾本科牧草来说，青贮时最适宜的水分含量为65％～70％。而豆科牧草（如紫花苜蓿、三叶草等）则以含水量55％～60％为好。当然，青贮原料适宜的含水量因原料的质地不同而有差异。质地粗硬的原料，含水量可达75％；收割早、幼嫩、多汁柔软的原料，含水量则以60％为宜。原料水分含量的确定，简单而且有效的方法是手捏，即抓一把切碎的青贮原料，用力捏时只湿手心而不出水滴，即为适宜湿度。

四、青贮饲料的制作

（一）青贮设施

青贮设施建筑物地点应选在地势较高而干燥、排水良好、土质坚硬、避风向阳、没有粪场、距畜舍较近的地方。北方因为冬季寒冷，多用青贮窖（地下），而南方地区潮湿多雨，多用青贮壕（地上），也有的根据实际情况采用堆贮、裹包青贮、罐装青贮、袋装青贮等方式（图 4-17～图 4-22）。

图 4-17　青贮窖

图 4-18　青贮壕

图 4-19　裹包青贮

图 4-20　罐装青贮

图 4-21　堆贮

图 4-22　袋装青贮

青贮窖分为地下式和半地下式，可根据经济条件和土质状况选择砖水泥、石块水泥、混凝土或土质结构。青贮壕为地上式，三面筑墙，一面留进出料口，呈簸箕状。

（二）原料收获

青贮原料要适时收获，保证单位面积上获得最大的营养物质产量，而且水分和碳水化合物含量适当，有利于乳酸菌发酵。如全株玉米（带穗青贮），蜡熟期收割，若有霜害，可提前到乳熟期收割。收果穗后的玉米秸，在果穗成熟之后，要立即收割并制作青贮，见图 4-23。豆科牧草以现蕾至初花期、禾本科牧草以孕穗至抽穗期为宜。

图 4-23　青贮饲料收割

（三）原料切碎

青贮饲草的切碎长度能影响青贮发酵的速度和程度、贮藏和动物生产过程中的损失程度。切碎长度减小，会对植物细胞壁造成更大的伤害，释放为青贮微生物利用的水溶性碳水化合物更快。这可使青贮产生更多的乳酸，pH 下降更迅速，干物质和能量损失更少。

青贮原料切碎的目的是便于装填紧实，取用方便，家畜容易采食。铡切长度取决于原料的性质和饲喂动物的种类。一般而言，对羊来说，细茎植物如禾本科牧草、豆科牧草、草地青草、甘薯藤、叶菜类，切成 2～3 厘米即可；对粗茎植物，如玉米、向日葵等，切成 1～2 厘米较为适宜。

（四）装窖与压实

切碎的青饲料应及时装窖或直接铡入窖内，见图 4-24。装填前，窖底部可填一层 10～15 厘米厚的切短的秸秆或软草，以便吸收青贮汁液。在窖的四周可铺填塑料薄膜，加强密封。此外要根据青贮原料的含水量进行水分调节。原料装填尽量在一天内完成，同时避免下雨天进行。

图 4-24 青贮饲料装填

装填青贮料时，要逐层装填。每层 15～20 厘米厚，装一层压实一层，即装即压，见图 4-25。一直到装满窖并高出窖口 1 米以上为止。青贮料的紧实程度，是青贮成败的关键之一，青贮料紧实程度适当，发酵完成后饲料的下沉一般不超过窖深的 10%。

（五）密封

装窖完成后要及时密封，防止漏水通气。若密封不严，进入空

图 4-25　青贮饲料压实

气和水分，会使腐败细菌、霉菌等大量繁殖，使青贮料变坏。青贮原料装到高出窖口 1 米左右即可加盖封顶。经过整理和多次碾压或镇压后，铺盖塑料薄膜，然后再用潮湿的细土覆盖拍实，土厚约 30～50 厘米，并呈馒头形，以利排水，见图 4-26；也可用轮胎压实，见图 4-27。

图 4-26　利用细土覆盖密封好的青贮饲料

五、青贮饲料的饲喂

当密封的青贮饲料开封并开始饲喂时，厌氧的贮存阶段便结束

图 3-27　黑膜密封、轮胎压实的青贮饲料

了。青贮饲料是一种易腐败的产品，暴露在空气中后好氧腐败也同时开始。腐败的最初标志是饲料开始发热。腐败速度取决于一系列影响因素，包括青贮饲料从青贮饲料表面的搬移速度、用来搬移青贮饲料的设备及操作人员的技术等。可以通过以下措施减少好氧腐败造成的损失。

（一）合理设计饲喂量

管理人员必须清楚地知道要饲喂羊的数量，需要把握大体的饲喂时间和需要处理青贮饲料的数量。当大量的青贮饲料用于饲喂时，需要高效、高生产率的取料体系。当青贮量少的时候，其常常作为补料饲喂，仅要求有基本设施。

（二）减少好氧腐败

在青贮饲料生产过程中要有良好的管理，对于青贮窖或青贮壕中的青贮饲料，包括迅速填充、良好的压实和有效的密封；当好氧腐败是一个潜在的问题时，可以通过青贮添加剂加强青贮饲料的稳定性；在饲喂时，要做到足够快的速度，避免青贮饲料表面产生高温。

（三）减少对青贮饲料表面的干扰

在饲喂期间，尽量减少对青贮饲料表面的干扰将减少空气渗入青贮堆并且减少好氧腐败的发生。青贮饲料表面受干扰的程度受搬移青贮饲料的设备和操作人员技术的影响，也受生产青贮饲料的牧草类型、青贮饲料自身干物质含量、切碎长度和压实程度的影响。所有这些因素都对青贮饲料的搬运特点及其孔隙度产生影响。

(四) 塑料覆盖物的管理

当从青贮壕或青贮窖中移取青贮饲料进行饲喂时，其顶部的塑料覆盖物应向后翻卷，露出的面积至少满足以后 2～3 天家畜对青贮饲料的需求。顶部剩下的覆盖物应牢固地固定在青贮饲料表面。通常情况下，在取走每天的青贮饲料后，顶部覆盖物往往拉下盖住暴露面。但是，对于一些青贮饲料来说，这种方法会在温暖的气候条件下在顶部覆盖物和青贮饲料表面之间产生一个湿热的微环境，加快了好氧腐败。在这种情况下，除非有很强的风直接吹入青贮饲料表面，否则最好使表面暴露在空气中。

如果停止饲喂，青贮饲料表面需要再次密封。要修整好青贮表面，使塑料覆盖物和青贮饲料表面之间保持良好的接触。有效的密封可以减少损失。

第五章 羊的繁育技术

抓好羊繁殖的各个环节，提高繁殖力，是增加养羊收益的关键。羊的繁殖力受遗传、营养、年龄以及其他外界环境因素（如温度、光照等）的影响。提高繁殖力不仅要在羊的遗传方面下功夫，也应重视改进羊的饲养管理、繁殖技术及其他环境条件方面。

第一节 羊的发情与配种

羊为季节性繁殖的家畜，在北半球多在秋季和冬季繁殖。饲养条件优越，地处温暖地区，或经人工高度培养的一部分绵羊或山羊品种可常年发情配种。例如小尾寒羊一年四季都可发情、配种、繁殖，不受季节的限制。公羊没有明显的配种季节，但秋季性欲较强，精液质量较高。

一、性成熟和初配年龄

羊生长发育达到一定年龄，生殖器官发育基本完全，母羊具有成熟的卵子和排卵能力，有交配的愿望（发情）和能力，在发情时配种可受胎；公羊有成熟的精子，出现性欲，具有配种的能力，这时称为性成熟。

羊的性成熟期受品种、气候、个体、饲养管理等方面的影响。我国绵羊性成熟较早。蒙古羊在 5～6 月左右能配种受胎；华北地区小尾寒羊 4～5 月龄即可发情受胎。

山羊的性成熟期一般比绵羊早，有的山羊 3～4 月龄即出现发情表现。在较寒冷的北方，绒山羊及当地品种山羊的性成熟在 4～6 月龄。在温暖地区，大部分山羊品种性成熟期在 3 月龄左右，营养好的青年山羊 60 日龄即发情。奶山羊性成熟也较早，多为 4～5 月龄。

山羊的初配年龄较早，与气候条件、营养状况有很大的关系。南方有些山羊品种 5 月龄即配种，而北方有些山羊品种初配年龄需到 1.5 岁。山羊的初配年龄多为 10～12 月龄，绵羊的初配年龄多为 12～18 月龄。分布于江浙一带的湖羊生长发育较快，母羊初配年龄为 6 月龄。我国广大牧区的绵羊多在 1.5 岁时初配。尽管绵羊和山羊各品种初配年龄不一样，但均以羊的体重达到成年体重的 70％初配为宜。

二、发情与配种

（一）发情周期

在空怀情况下，从一个发情期开始到下一个发情期开始所间隔的时间称为发情周期。绵羊的发情周期为 14～21 天（平均 16 天），山羊为 18～23 天（平均 20 天）。

母羊一次发情持续的时间称为发情持续期。绵羊发情持续期为 24～36 小时（平均 30 小时），山羊为 2 天左右（平均 40 小时）。

（二）发情症状

大多数母羊有明显的行为表现，如鸣叫不安，兴奋活跃，食欲减退，反刍和采食时间明显减少，频繁排尿并不时地摇摆尾巴，母羊间相互爬跨、打响鼻等一些公羊的性行为，接受抚摸按压及其他羊的爬跨，表现静立不动，对人表现温驯。

生殖器官也有如下征状：外阴部充血肿胀，由苍白色变为鲜红色；阴唇黏膜红肿；阴道间断地排出鸡蛋清样的黏液，初期较稀薄，后期逐渐变得浑浊黏稠；子宫颈松弛开放。羊的发情行为表现及生殖器官的外阴部变化和阴道黏液是直观可见的，因此是发情鉴定的几个主要征状。

山羊的发情征状及行为表现很明显，特别是鸣叫、摇尾、相互爬跨等行为很突出。绵羊则没有山羊明显，甚至出现安静发情（母羊卵泡发育成熟至排卵无发情征状和性行为表现称为安静发情，亦称安静排卵）。安静发情与生殖激素水平有关，绵羊的安静发情较多，因此绵羊常采取公羊试情的方法来鉴别母羊是否发情。

（三）母羊发情鉴定的方法

1. 外部观察

直接观察母羊的行为、征状和生殖器官的变化来判断其是否发情，这是鉴定母羊是否发情的基本、常用方法。

2. 阴道检查

将羊用开膣器插入母羊阴道，检查生殖器官的变化，如阴道黏膜的颜色潮红充血、黏液增多、子宫颈松弛等，可判定母羊已发情。

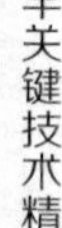

3. 公羊试情

用公羊对母羊进行试情，根据母羊对公羊的行为反应，结合外部观察来判定母羊是否发情。试情公羊要求性欲旺盛，营养良好，健康无病，一般每100只母羊配备试情公羊2～3只。试情公羊需做输精管切断手术或戴试情布。试情布一般宽35厘米、长40厘米，在四角扎上带子，系在试情公羊腹部。然后，把试情公羊放入母羊群，如果母羊已发情便会接受试情公羊的爬跨。

4. “公羊瓶”试情

公山羊的角基部与耳根之间分泌有一种性诱激素，可用毛巾用力揩擦后放入玻璃瓶中，这就是所谓的“公羊瓶”。试验者手持“公羊瓶”，利用毛巾上的性诱激素的气味将发情母羊引诱出来。通过发情鉴定，及时发现发情母羊和判定发情程度，并在母羊排卵受孕的最佳时期输精或交配，可提高羊群的配种受胎率。

（四）配种时机的选择

羊的配种时间，可根据当年每年产羔次数要求及时间而确定，一般有冬季产羔和春季产羔两种。

1. 冬季产羔

产冬羔的时间在1～2月，需要在头一年8～9月配种。冬季产羔可利用当年羔羊生长快、饲料效益高的特点，搞肥羔生产，当年出售，加快羊群周转，提高商品率，从而减轻草原压力和保护草场。其好处有：

① 母羊配种季节一般在8～9月，青草野菜茂盛，母羊膘情好，发情旺盛，受胎率高。

② 妊娠母羊营养好，有利于羔羊的生长发育，产的羔体大，结实，容易养活。

③ 母羊产羔期膘情还未显著下降，产羔后奶汁足，保障羔羊生长快，发育好。

④ 冬季产的羔羊，到青草长出后，已有4～5月龄，能跟群放牧，舍饲羊也能吃上青饲料。当年过冬时体格大，能抵御风寒，保育率高。

产冬羔需保障提供必要的饲草及圈舍条件。例如，冬季产羔，在哺乳后期正值枯草季节，如缺乏良好的冬季牧草，充足的饲草、饲料准备，母羊容易缺奶，影响羔羊生长发育。因此，无论牧区还是农区都要备足草料；冬季产羔时气候寒冷，需要保温的产羔圈舍，否则影响羔羊成活。一般在农区和条件较好的牧区可产冬羔。

2. 春季产羔

产春羔有其优点和缺点。

其优点是：春季产羔时气候已转暖，母羊产羔后，很快就可吃到青草，母羊奶足，这样有利于羔羊生长发育；羔羊生长发育快，要求的营养条件能得到满足；春羔出生不久，就能吃到青草，有利于羔羊获得较充足的营养，体壮、发育好，春季气候比较暖和，集中产羔不需建产羔保暖圈舍。

春季产羔也有一定缺点：①春季气候多变，常有风霜，甚至下雪，母羊及羔羊容易得病，羊群发病率较高；②春季产的羔羊，在牧草长出时年龄尚小，不易跟群放牧；③春季产的羔羊，特别是晚春羔，当年过冬死亡较多。

因此，在气候寒冷或饲养条件较差的地区适宜产春羔。

3. 产羔体系

由于地理生态、羊的品种、饲料资源、管理条件、设备基础、投资需求、技术水平等因素不同，有以下几种产羔形式供选择：

（1）一年一产　10 月下旬配种，来年 3 月下旬产羔。

（2）一年两产　10 月初配种，来年 3 月初产羔；4 月底配种，9 月底产羔。这种安排，母羊利用率最高。

（3）两年三产　11 月初配种，来年 4 月初产羔；8 月初配种，第三年 1 月初产羔；3 月配种，8 月产羔。这种计划是两年产三胎，每 8 个月产一次羔。为了达到全年均衡生产、科学管理的目的，在生产中，羊群被分成 8 个月产羔间隔错开的 4 个组。每 2 个月安排一次生产，这样每隔 2 个月就有一批羔羊屠宰上市。如果母羊在其组内配种未受胎，2 个月后与下一组一起参加配种。用该方法进行生产，羔羊生产效率提高，设备等成本降低。

一年两产、两年三产、三年五产以及空怀及时补配尽早产羔的这几种形式称为频繁产羔体系（或密集繁殖体系），是随着现代集约化肉羊及肥羔生产而发展的高效生产体系。其优点是：最大限度发挥母羊的繁殖性能；全年均衡供应羊肉上市；提高设备利用率，降低固定成本支出；便于集约化科学管理。

4. 配种授精时间

繁殖季节中，母羊发情后要适时配种才能提高受胎率和产羔率。绵羊排卵的时间一般在发情开始后 20～30 小时，山羊为 24～36 小时。所以最适当的配种授精时间是发情后 12～24 小时。一般应在早晨试情后，挑出发情母羊立即配种。为了提高母羊的受胎率，尤其是增加一胎多羔的机会，以一个情期配种两次为宜，即第一次配种授精后间隔 12 小时再配种一次。

5. 配种方法

羊的配种方法可分为自由交配、人工辅助交配和人工授精三种。前两种又称为本交。

（1）自由交配　这是养羊业上原始的交配方法，即将公羊放在母羊群中，让其自行与发情母羊交配。这种方法省力省事，但存在许多缺点：1只公羊只能配15～20只母羊，浪费种公羊；不能掌握母羊配种时间，无法推算预产期；不能选种选配；消耗公羊体力，影响母羊抓膘；容易传播疾病。这种方法应尽量避免采用。

（2）人工辅助交配　是人为地控制，有计划地安排公、母羊配种。公、母羊全年都是分群放牧或分群舍饲。在配种季节内，通过试情将发情母羊挑出与指定的公羊交配。这种方法可准确记载母羊交配时间、与配公羊和进行选配，同时也可提高种公羊的利用率，一般每只公羊可配种60～70只母羊。

（3）人工授精　即用器械将精液或冻精颗粒输入发情母羊的子宫颈内，使母羊受胎。这种方法可大大提高优良品种公羊的利用率，一个配种季节内每只种公羊的精液经稀释后能给300～500只以上的母羊授精。河北省畜牧兽医研究所曾通过鲜精大倍稀释10～15倍，鲜、冻精结合，错开配种季节，一次输精等措施，创出了一只良种公羊配种6655只、受胎率93%的优异成绩。

人工授精包括：采精→精液检查→精液稀释和保存（包括冷冻保存）→解冻→输精（用冷冻精液则需经解冻）。

三、人工授精方法

（一）准备工作

准备一间向阳、干净的配种间，室温要求18～25℃。采精、输精前各种输精器械必须清洗和消毒；要用肥皂水洗刷除去污物，对新购入的金属器具必须先除去防锈油污，再用清水冲洗净，然后用蒸馏水冲洗一次，消毒备用。玻璃器械采用干热消毒法，其余器械可用蒸汽消毒。

（二）采精

种公羊的精液多采用假阴道采取。假阴道为筒状结构，主要由外壳、内胎和集精杯组成。外壳是硬胶皮圆筒，长20厘米、直径

4厘米、厚约0.5厘米；筒上有灌水小孔，孔上安有橡皮塞，塞上有气嘴。内胎为薄橡胶管，长30厘米、扁平直径4厘米。用时将内胎装入外壳，两端向假阴道两端翻卷，并用橡皮圈固定。内胎要展平，松紧适度。集精杯装在假阴道的一端。

采精前，将安装好的假阴道内胎先用肥皂水清洗，后用温清水冲洗，外壳用毛巾擦干，内胎最好晾干。干后用95%酒精棉球涂抹内胎，装上集精杯，用蒸馏水或温开水和1%生理盐水冲洗。然后，由小孔注入50℃热水150～180毫升，再用消毒过的玻璃棒蘸上一些消毒过的凡士林，涂在内胎上，注意涂均匀，深度不超过阴道的2/3。由小孔上的气嘴向小孔吹气，使内胎臌胀，以恰好装进公羊的阴茎为宜。临采精前，内层的温度应在40～42℃，温度过高或过低都会影响公羊射精。

公羊爬跨迅速，射精动作快。因此，采精人员应动作迅速、准确。采精时，采精人员右手拿假阴道，蹲伏在母羊右侧后方。公羊爬跨并伸出阴茎时，迅速将假阴道靠在母羊右侧盆部与地面呈35～40°角，左手托住公羊阴茎包皮，将阴茎快速导入假阴道内。当公羊身体剧烈耸动，表明已经射精。采精人员应将假阴道顺从公羊向后移下，然后竖起，使有集精杯的一端向下，及时打开气嘴放气，使精液流入集精杯。取下集精杯，加盖，送室内做精液品质检查。

采精后，假阴道外壳、内胎及集精杯要洗净，用肥皂、碱水洗刷，再用过滤开水洗刷3～4次，晾干备用。

(三) 精液品质检查

最少在一个配种季节的开始、中期、末期检查3次。主要检查色泽、气味、射精量、活力、密度。采得的精液倒入量精瓶，查色、味、量。正常精液呈乳白色或略带淡黄色，浓稠，无味或略带腥味。一次射精量为0.5～2毫升，1毫升精液有20亿以上个精子。

(四) 精液稀释

检查合格的精液，稀释后才可输精。稀释液配方应选择易于抑制精子活动、减少能量消耗、延长精子寿命的弱酸性稀释液。常用的稀释液有：

（1）奶汁稀释液　奶汁先用7层纱布过滤后，再煮沸消毒10～15分钟，降至室温，去掉表面脂肪即可。稀释液与精液一般以（3～7）：1稀释。

（2）生理盐水卵黄稀释液　1%氯化钠溶液90毫升，加新鲜卵黄10毫升，混合均匀。

精液稀释要根据精子密度、活力而定稀释比例。稀释后的精液，每毫升有效精子不少于7亿个。

精液与稀释液混合时，二者的温度必须保持一致，防止精子受温度剧烈变化的影响。因此，稀释前将两种液体置于同一水温条件下，同时在20～25℃时进行稀释。把稀释液沿着精液瓶缓缓倒入，为使混合均匀，可稍加摇动或反复倒动1～2次。在进行高倍稀释时需分两步进行，即先进行低倍稀释，等数分钟后再做高倍稀释。稀释后，立即进行活力镜检，如活力不好要查出原因。

（五）精液分装、运输与保存

（1）精液分装　将稀释好的精液根据各输精点的需要量分装于2～5毫升小细试管中，精液面距试管口不少于0.5～1厘米，然后用玻璃纸和胶圈将试管口扎好，在室温下自然降温。

（2）短途运输　将降温到10～15℃已分装好精液的小试管用脱脂棉、纱布包好，套上塑料袋，放在盛满凉水的小保温瓶内，即可运到输精点。农村用此方法靠自行车运输，5～10千米对精子活力影响不显著。

（3）精液保存　精液运到输精点，不能马上用的精液或当晚、第二天早晨用的精液需妥善保存。可用盛满凉水的大缸、保温瓶保存36小时，水温的上升不超过10℃，精子活力下降不足一级。

（六）输精

将洗干净的输精器用70%酒精消毒内部，再用温开水洗去残余酒精，然后用适量生理盐水冲洗数次后使用。开膣器洗净后放在

酒精火焰上消毒，冷却后外涂消毒过的凡士林。配种母羊置于固定架上，用20%煤酚皂溶液洗净外阴部，用清水冲洗干净后，将开膣器轻轻插入阴道，轻轻转动张开，找到子宫颈，然后将装有精液的输精器通过开膣器插入子宫颈内0.5～1厘米处，轻轻按其活塞，把精液注入到子宫颈内。最后抽出输精器，闭合开膣器，转成侧向抽出。

为提高母羊受胎率，每次发情输精两次，在输精后的8～12小时再重复输一次。一般每只母羊每次输精0.1毫升，有效精子不少于0.6亿个。若稀释4～8倍，应增加到0.2毫升，处女羊进行阴道输精时，输精量也应加倍。

（七）山羊人工授精注意事项

山羊人工授精方法与绵羊大致相同，但应注意几个技术问题：山羊比绵羊行动敏捷，种公羊性行为和性冲动反应快，一般配种室最好装一个长30厘米、宽60厘米、高20厘米的斜架台为采精台；成年公羊采精一周休息一天，每天可采2～3次，连续采两次间隔15～30分钟；采精前用温水清洗公羊包皮，然后用干净毛巾擦净；山羊精液密度大，一般以稀释2～5倍后输精为宜，主要视精液密度和活力而定。

第二节 妊娠与分娩

一、妊娠期

羊从开始怀孕到分娩的这段时间称为妊娠期，一般约为152天，即5个月左右，但随品种、个体、年龄、饲养管理条件的不同而有所差别。例如，早熟的肉毛兼用或肉用绵羊品种多在饲料优裕的条件下育成，妊娠期较短，平均145天左右；细毛羊在草原地区繁育，特别是我国北方草原条件较差，妊娠期150天左右。

母羊妊娠后，为做好分娩前的准备工作，应准确推算产羔期，即预产期。羊的预产期可用公式推算，即配种月加5，配种日期数减2。

例一　某羊于2008年3月26日配种，它的预产期为：

3+5=8（预产月）

26−2=24（预产日）

即该羊的预产日期是2008年8月24日。

例二　某羊于2008年10月9日配种，它的预产期为：

配种月加5，等于15，超过一年的12个月，可将分娩年份推迟一年，是次年的3月；将配种日数减去2等于7，就是下一年预产日数。

9−2=7（预产日）

即该母羊的预产期是2009年3月7日。

二、妊娠特征

母羊配种后经1～2个发情周期不再发情，即可初步认为已妊娠。妊娠羊性情安静、温驯，举动小心迟缓，食欲好，吃草和饮水增多，被毛有光泽，腹部逐渐变大，乳房也逐渐胀大。

一般2月后可用腹壁探测法检查母羊是否妊娠。检查在早晨空腹时进行，将母羊的头颈夹在两腿中间，弯下腰将两手从两侧放在母羊的腹下乳房的前方，将腹部微微托起。左手将羊的右腹向左侧微推，左手的拇指、食指叉开就能触摸到胎儿。60天以后的胎儿能触摸到较硬的小块，90～120天就能摸到胎儿的后腿腓骨，随着日龄的增长，后腿腓骨由软变硬。

当手托起腹部手感觉有一硬块时，胎儿仅有1羔；若两边各有一硬块时为双羔，在胸的后方还有一块时为3羔；在左胸或右胸的上方又有一块时为4羔。检查时手要轻巧灵活，仔细触摸各个部位，切不可粗暴生硬，以免造成胎儿受伤、流产。

三、分娩接羔

（一）产羔前的准备

大群养羊的场户，要有专门的接产育羔舍，即产房。舍内应有采暖设施，如安装火炉等，但尽量不要在产房内点火升温，以免因烟熏而使羊患肺炎和其他疾病。产羔期间要尽量保持恒温和干燥，一般以 5～15℃为宜，湿度保持在 50％～55％。

产羔前应把产房提前 3～5 天打扫干净，墙壁和地面用 5％碱水或 2％～3％来苏儿消毒，在产羔期间还应消毒 2～3 次。

产羔母羊尽量在产房内单栏饲养，因此在产羔比较集中时要在产房内设置分娩栏，既可避免其他羊干扰又便于母羊认羔，分娩栏一般可按产羔母羊数的 10％设置。提前将栏具及料槽和草架等用具检查、修理，用碱水或石灰水消毒。

准备充足碘酊、酒精、高锰酸钾、药棉、纱布及产科器械。

（二）分娩征象观察

母羊临产时，骨盆韧带松弛，腹部下垂，尾根两侧下陷。乳房胀大，乳头竖立，手挤时有少量浓稠的乳汁。阴唇肿大潮红，有黏液流出。肋窝凹陷，经常爬卧在圈内一角，或站立不安，常发出鸣叫。时常回头看其腹部，排尿次数增多，临产前有努责现象。有以上现象即说明即将临产，应准备接产。

（三）正常接产

首先剪去临产母羊乳房周围和后肢内侧的毛，以免妨碍初生羔羊哺乳和吃下脏毛。有些品种细毛羊眼睛周围密生有毛，为不影响视力，也应剪去。用温水洗净乳房，并挤出几滴初乳。再将母羊的尾根、外阴部、肛门洗净，用 1％来苏儿消毒。

正常分娩的经产母羊，在羊膜破后 10～30 分钟，羔羊即能顺利产出。一般两前肢和头部先出，若先看到前肢的两个蹄，接着是嘴和鼻，即是正常胎位。到头也露出来后，即可顺利产出，不必助产。

产双羔时，先后间隔 5～30 分钟，也有长达 10 小时以上的。母羊产出第一只羔羊后，如仍表现不安，卧地不起，或起立后又重新躺下、努责等，可用手掌在母羊腹部前方适当用力向上推举。如是双羔，则能触到一个硬而光滑的羔体，应准备助产。

羔羊产出后，应迅速将羔羊口、鼻、耳中的黏液抠出，以免呼吸困难窒息死亡，或者吸入气管引起异物性肺炎。羔羊身上的黏液必须让母羊舔净，如母羊恋羔羊，可把胎儿黏液涂在母羊嘴上，引诱母羊把羔羊身上舔干。如天气寒冷，则用干净布或干草迅速将羔羊身体擦干，免得受凉。不能用一块布擦同时产羔的几只母羊的羔羊。

羔羊出生后，一般母羊站起，脐带自然断裂，这时在脐带断裂端涂 5%碘酊消毒。如脐带未断，可在离脐带基部 6～10 厘米处将内部血液向两边挤，然后在此处剪断，涂抹浓碘酊消毒。

四、难产及助产

初产母羊应适时予以助产。一般当羔羊嘴已露出阴门后，以手用力捏挤母羊尾根部，羔羊头部就会被挤出，同时用手拉住羔羊的两前肢顺势向后下方轻拖，羔羊即可产出。

阴道狭窄、子宫颈狭窄、母羊阵缩及努责微弱、胎儿过大、胎位不正等，均可引起难产。在破水后 20 分钟左右，母羊不努责，胎膜也未出来，应及时助产。助产必须适时，过早不行，过晚则母羊精力消耗太大，羊水流尽不易产出。

助产的方法主要是拉出胎羔。助产员要剪短、磨光指甲，洗净手臂并消毒、涂抹润滑剂。先帮助母羊将阴门撑大，把胎儿的两前肢拉出来再送进去，重复 3 次。然后手拉前肢，一手扶头，配合母羊的努责，慢慢向后下方拉出，注意不要用力过猛。

难产有时是由于胎势不正引起的，一般常见的胎势不正，有头出前肢不出、前肢出头不出、后肢先出、胎儿上仰、臀部先出、四肢先出等。首先要弄清楚属于哪种不正常胎势，然后将不正常胎势变为正常胎势，即用手将胎儿轻轻摆正，让母羊自然产出胎儿。

五、假死羔羊救治

有些羔羊产出后，心脏虽然跳动，但不呼吸，称为“假死”。抢救“假死”羔羊的方法很多。首先应把羔羊呼吸道内吸入的黏液、羊水清除掉，擦净鼻孔，向鼻孔吹气或进行人工呼吸。可把羔羊放在前低后高的地区仰卧，手握前肢，反复前后屈伸，用手轻轻拍打胸部两侧。或提起羔羊两后肢，使羔羊悬空并拍击其背、胸部，使堵塞咽喉的黏液流出，并刺激肺呼吸。

有的群众把救治“假死”羔羊的方法编成顺口溜：“两前肢，用手握，似拉锯，反复做，鼻腔里，喷喷烟，刺激羔，呼吸欢”。

严寒季节，放牧离舍过远或对临产母羊护理不慎，羔羊可能产在室外。羔羊因受冷，呼吸迫停、周身冰凉。遇此情况时，应立即移入温暖的室内进行温水浴。洗浴时水温由38℃逐渐升到42℃，羔羊头部要露出水面，切忌呛水，洗浴时间为20～30分钟。同时要结合急救“假死”羔羊的其他办法，使其复苏。

六、产后母羊及新生羔羊护理

（一）产后母羊护理

母羊产后，应让其很好地休息，并饮一些温水，第一次不宜过多，一般1～1.5升即可。最好喂一些麸皮和青干草。若母羊膘情较好，产后3～5天不要喂混合精料，以防消化不良或发生乳房炎。胎衣在分娩后3～4小时注意及时拿走，防止母羊吞食。

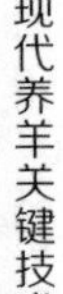

产后母羊应注意保暖，避免贼风，预防感冒。在母羊哺乳期间，要勤换垫草，保持羊舍清洁、干燥。

（二）初生羔羊护理

初生羔羊体质较弱，适应能力低，抵抗力差，容易发病。因此要加强护理，保证成活及健壮。

（1）吃好初乳　初乳含丰富的营养物质，容易消化吸收，还含有较多的抗体，能抑制消化道内病菌繁殖。如吃不足初乳，羔羊抗病力降低，胎粪排出困难，易发病，甚至死亡。

羔羊出生后，一般十几分钟即能站起，寻找母羊乳头。第一次哺乳应在接产人员护理下进行，使羔羊尽早吃到初乳。如果一胎多羔，不能让第一个羔羊把初乳吃净，要使每个羔羊都能吃到初乳。

（2）羔舍保温　羔羊出生后体温调节机能不完善，羔舍温度过低，会使羔羊体内能量消耗过多，体温下降，影响羔羊健康和正常发育。一般冬季羔舍温度以保持在5℃为宜。冬季注意产后3～7天内不要把羔羊和母羊牵到舍外有风的地区。7日龄后母羊可到舍外放牧或食草，但不要走得太远。千万不要让羔羊随母羊去舍外。

（3）代乳或人工哺乳　一胎多羔或产羔母羊死亡或因母羊乳房疾病无奶等原因引起羔羊缺奶，应及时采取代乳或人工哺乳的方法解决。

在饲养高产羊品种，如小尾寒羊时，三产以后的成年母羊，一胎产3～5只不足为奇。所以在发展小尾寒羊等高产羊的同时，应饲养一些奶山羊作为代乳母羊。当产羔多时，要人工护理使初生羔普遍吃初乳7天以上，然后为产羔母羊留下2～3只羔羊，把多余的羔羊移到代乳的母山羊圈内。用人工辅助羔羊哺乳，并在羔羊吃完奶后，挤出一些山羊奶抹到羔羊身上，若经5～10天母山羊不拒绝为羔羊哺乳，再过一段时间即可放回大群。

人工初乳的奶源包括牛奶、羊奶、代乳品和全脂奶粉。应定时、定量、定温、定次数。一般7日龄内每天5～9次，8～12日龄每天4～7次，以后每天3次。

人工哺乳在羔羊少时用奶瓶，多时用哺乳器（一次可供8只羔羊同时吸乳）。使用的牛奶、羊奶应先煮沸消毒。10日龄以内的羔羊不宜补喂牛奶。若使用代乳品或全脂奶粉，宜先用少量羔羊初试，证实无腹泻、消化不良等异常表现后，再大面积使用。

（4）疫病防治　羔羊出生后一周，容易患痢疾，应采取综合措施防治。在羔羊出生后12小时内，可喂服土霉素，每只每次0.2～0.5克，每天1次，连喂3天。

对羔羊要经常仔细观察，做到有病及时治疗。一旦发现羔羊有病，要立刻隔离，认真护理，及时治疗。羊舍粪便、垫草要焚烧。被污染的环境及土壤、用具等要用3%～5%来苏儿喷雾消毒。

第三节　提高羊繁殖力的措施

现代肉羊业的一个突出特点就是要在种羊选择、培育、科学管理、授精、保胎、羔羊育成等方面采用最新技术，有效地提高肉羊的繁殖性能。

一、提高公羊的繁殖力

公羊的繁殖力主要表现在交配能力、精液的数量、精液的质量以及公羊本身具有的遗传结构。

（一）选择繁殖力高的种公羊

公羊个体的繁殖力不同，繁殖力高的公羊，其后代多具有同样高的繁殖力。据研究，经多产性选择的公羔，含有较多的促黄体素（LH），而睾丸生长的差异主要取决于促黄体素的作用。睾丸的大小可作为多产性最有用的早期标准，大睾丸公羊的初情期也比小睾丸公羊初情期早。同时，阴囊围大的公羊，其交配能力较强。

选留公羔和年青公羊时，注重在不良环境条件下进行抗不育性的选择，因为在不良环境下更容易显示和发现繁殖力低的种羊。要选留品质好、繁殖力强的种公羊，以提高羊群遗传素质。

选留公羊，除要注意血统、生长发育、体质外形和生产性能外，还应对睾丸情况严加检测，凡属隐睾、单睾、睾丸过小、睾丸畸形、质地坚硬、雄性特征不强的，都不能留种。

经常检查精液品质，包括 pH 值、精子活力、密度等。长期性欲低下、配种能力不强、射精量少、精子密度稀、精子活力差、畸形精子多、受胎率低等，都不能作为种羊使用。

（二）科学管理

包括繁殖前进行训练、调教。每只公羊本交母羊不超过 50 只，在配种前每隔 15～30 天检查睾丸一次，在配种 3～6 周前剪毛。配种时，每天采精一次，隔 5～6 天休息一次。

（三）全年均衡饲养种公羊

种公羊在非配种季节应有中等或中等以上的营养水平，配种季节期间要求更高，保持健壮，精力充沛，又不过肥。由于精子从发生到成熟的时间为 49 天，因此在配种前的 30～45 天就要加强营养和饲养管理，按配种季节的营养标准饲喂。

一般在配种季节，每日每头供青饲料 1～1.3 千克、混合精料 1～1.5 千克、干草适量。若采精次数多，每日再补鸡蛋 2～3 个或脱脂乳 12 千克。

种公羊应集中饲养，科学补饲草料，保证种公羊有良好的种用体况。提高种公羊繁殖力要从多方面努力，不断采用先进技术，有效地提高其繁殖性能。

二、加强母羊的选择

同一品种的母羊平均排卵水平达到 2 个以上，个体间就可出现 1～6 个，甚至更大的差异，这为选择提供了机会。第一胎产双羔的母羊，具有较大的繁殖力，所以要选择第一胎产双羔和头三胎产多羔或终生繁殖力高的母羊留种。根据家系选留多胎母羊也是一种选择方法。

据资料，单、双胎的公、母羊按不同组合配种，其后代双羔率不同，如单×双为 51.9％，双×单为 38％，双×双为 52.4％。因此，采用双胎公羊配双胎母羊，可有效地提高双羔率。

光脸型母羊（脸部裸露、眼下无细毛）比毛脸型母羊（脸部被覆细毛）产羔率高 11％。年轻、体形较大而且脸部裸露的母羊所生双羔应优先利用。

初配就空怀的处女羊，以后也易空怀。连续两年发生难产、产后弃羔、母性不强、所生羔羊断奶后重量过小的母羊应淘汰。

产羔率还与年龄有关。如绵羊在 3.5～7.5 岁时的蛋白质代谢过程最旺盛，一般到 4 岁前后才能达到排卵的最高峰。双羔率 2 岁左右即 1～2 胎时较低，3～6 岁时最高，7 岁以后逐渐下降，因此 7 岁以上母羊要及时淘汰。通过合理调整羊群结构，使 2～7 岁羊占 70％，1 岁羊占 25％，保持羊群最佳结构和繁殖力。

三、提高母羊的营养

体重和排卵之间有正相关关系，据资料报道，配种前体重每增加1千克，产羔率相应可提高2.1%。提高母羊各阶段营养，保证其良好体况，直接影响繁殖率。实践表明，配种前2～3周提高羊群的饲养水平，可增加10%的一胎多羔。

配种前期要催情补饲，使母羊到配种季节达到满膘，全群适龄母羊全部发情、排卵；妊娠母羊，特别是胎儿快速发育的妊娠后期2个月，不仅要使母羊吃饱，而且要满足母羊对各种营养的需要。坚持补饲混合精料（玉米、饼粕、麸皮、微量元素等）以及优质青干草、多汁饲料（萝卜等块根块茎）。为保障泌乳期有充足的乳汁及母羊体况，需根据母羊膘情及产单双羔的不同，在泌乳期补饲混合精料和青干草等。一般双羔母羊日补混合精料0.4千克、青干草1.5千克；单羔母羊补混合精料0.2千克、青干草1千克。

加强妊娠后期和哺乳期母羊的饲养，可明显提高羔羊初生体重，加快其发育。妊娠期母羊体重增加7～8千克以上，所产单羔体重可达4千克以上，双羔体重3.5千克以上，哺乳日增重180克以上。

四、同期发情控制技术

同期发情就是使用激素等药物，使母羊在1～3天内同时发情排卵。

目前比较实用的方法是孕激素阴道栓塞法：取一块泡沫塑料，大小如墨水瓶盖，拴上细线，浸入孕激素制剂溶液，塞入母羊子宫颈口，细线的一端引至阴门外（便于拉出），放置10～14天后取出，当天肌内注射孕马血清促性腺激素（PMSG）400～500国际单位，一般30小时左右即有发情表现，在发情当天和次日各输精一次，或放进公羊自然交配。

孕激素制剂可选用以下任何一种：孕酮，500～1000毫克；甲孕酮（MAP），50～70毫克；氯孕酮（FGA），20～40毫克；氯地孕酮（CAP），20～30毫克。后三种制剂效力大大超过孕酮。孕马血清促性腺激素可诱发发情。

其他同期发情控制技术还有前列腺素（$PGF_{2\alpha}$）注射法，15-甲基前列腺素（15-甲基$PGF_{2\alpha}$）、孕马血清促性腺激素（PMSG）

注射法，孕激素-前列腺素注射法，但因成本高，应用不多。

五、繁殖季节的控制

绵羊的繁殖季节是晚夏、秋季及气候温和地区的早冬，繁殖季节的控制就是在集约化肥羔生产中，延长繁育季节。这方面包括：对由于季节原因处于乏情的空怀母羊或由于哺乳处于乏情的带羔母羊，采取技术措施，引诱其正常发情、排卵、受精；在正常配种季节到来之前1个月左右，采取一定措施，使配种季节提前开始，合理安排生产计划和提高繁殖率，目的是缩短产羔间隔增加产羔频率。

（一）羔羊实行早期断奶（4周）

断奶之后对母羊用孕激素制剂处理10余天，停药时再注射孕马血清促性腺激素。具体做法与同期发情处理相同，处理时间可多几天，用药量适当提高。但在乏情季节诱导发情配种，排卵率、受胎率和产羔率都比正常繁殖季节低。

（二）调节光照周期

即在配种前进行短日照处理（8小时日照，16小时黑暗），可改善乏情季节公、母羊的繁殖力和性欲，使配种季节提前到来。

（三）公羊效应

公、母羊分群1个月以上，然后在正常配种繁育季节开始之前将结扎输精管的试情公羊放入母羊群中，可对母羊产生性刺激，使母羊提前发情、排卵。新西兰试验用此办法可使80%的母羊在6天内发情配种。若使用种公羊，还能刺激其睾丸发育和性驾驭能力，并改善种公羊精液质量。

六、诱产双胎

最迟在配种前1个月改进日粮，催情补饲，抓好膘情。配种体重每增加5千克，双羔率可提高9%。

孕马血清促性腺激素（PMSG）对提高母羊繁殖率有明显的效果。在发情周期的第12～13天，一次皮下注射孕马血清促性腺激素500～

1000 国际单位，可促使单羔母羊排双卵。适宜剂量因品种而异。

给配种季节母羊肌内注射孕马血清促性腺激素 800 国际单位和 15-甲基前列腺素 1 毫克，双羔率明显提高。注射后 3 天内发情率 95%以上，繁殖率 156.3%。

在同期发情处理后的第 12～13 天注射促性腺激素释放激素（GnRH）可使垂体释放促黄体素和促卵泡素，诱发母羊发情排卵，一般以 4 毫克静脉注射或肌内注射。

除用以上激素处理方法外，还可用免疫法提高排卵率，即以人工合成的外源性固醇类激素作抗原，给母羊进行主动免疫，使机体产生生殖激素抗体，减弱绵羊卵巢固醇类激素对下丘脑垂体轴的负反馈作用，导致促性腺激素释放激素的释放增长，从而提高排卵率。国内产品有：兰州畜牧研究所和内蒙古等地生产的双羔苗（素），于母羊配种前 5 周和 2～3 周颈部皮下各注射一次，每次每只 1 毫升，可提高排卵率 55%左右，提高产羔率 20%以上。

七、分娩控制

在产羔季节，控制分娩时间，有针对性地提前或延后，有利于统一安排接羔工作，节约劳力和时间，并提高羔羊成活率。

诱发分娩提前到来，常用的药物有地塞米松（15～20 毫克）、氟米松（7 毫克），在预产前一周内注射，一般 36～72 小时即可完成分娩。晚上注射比早晨注射引产时间快些。

注射雌激素也可诱发分娩。注射 15～20 毫克苯甲酸雌二醇（ODB），48 小时内几乎全部分娩。用雌激素引产对乳腺分泌有促进作用，提高泌乳量，有利于羔羊增重和发育。但有报道说难产增多。

注射前列腺素 $F_{2\alpha}$（$PGF_{2\alpha}$）15 毫克也可诱发母羊分娩，注射后至分娩平均间隔时间 83 小时左右。

在生产中经发情同期化处理，并对配种的母羊进行同期诱发分娩最有利，预产期接近的母羊可作为一批进行同期诱发分娩。例如同期发情配种的母羊妊娠第 142 天晚上注射，第 144 天早上开始产羔，持续到第 145 天全部产完。

第六章　羊的饲养管理

绵羊和山羊属于同科但不同属、种。在生物学特性上，它们既有许多共同点，也存在着一定的差异。科学的饲养管理，对养羊生产实现优质高效和促进养羊业的发展具有重要意义。

第一节　羊饲养管理的一般原则

一、青粗饲料为主，精饲料为辅

羊属草食性反刍动物，应以饲喂青粗饲料为主，根据不同季节和生长阶段，将营养不足的部分用精饲料补充。实践证明，羊的食性很广，能采食乔灌木枝叶及多种植物，也能采食各种农副产品及青贮饲料。对于这样广阔的饲料来源，应该充分加以利用，有条件的地区尽量采取放牧、青刈等形式来满足其对营养物质的需要，而在枯草期或生长旺期可用精饲料加以补充。这样既能广泛利用粗饲料，又能科学地满足其营养需要。配合饲料时应以当地的青绿多汁饲料和粗饲料为主，尽量利用本地价格低、数量多、来源广、供应稳定的各种饲料。这样，既符合羊的消化生理特点，又能利用植物性粗饲料，从而达到降低饲料成本、提高经济效益的目的。

二、合理地搭配饲料，力求多样化，保证营养的全价性

为了提高羊的生产性能，应依据本场羊的种类、年龄、性别、生物学不同时期和饲料来源、种类、贮备量、质量以及羊的管理条件等，科学合理地搭配饲料，以满足羊对营养物质的需要。做到饲料多样化，可保证日粮的全价性，提高机体对营养物的利用效率，这也是提高羊生产性能的必备条件。同时，饲料的多样化和全价性，能提高饲料的适口性，增强羊的食欲，促进消化液的分泌，提高饲料利用效率。

三、坚持饲喂的规律性

羊在人工圈养条件下，其采食、饮水、反刍、休息都有一定的规律性。每日定时、定量、有顺序地饲喂精、粗饲料，投喂要有先后顺序，使羊建立稳固的条件反射，有规律地分泌消化液，促进饲料的消化吸收。现羊场多实行每昼夜饲喂三次、自由饮水终日不断的饲喂方式。先投粗饲料，吃完后再投混合精料。对放牧饲养的羊群，应在归牧后补饲精饲料。羊在饲养过程中，严格遵守饲喂的时间、顺序和次数，就会给羊形成良好的进食规律，减少疾病的发生，提高生产力。

四、保持饲料品质、饲料量及饲料种类的相对稳定

养羊生产具有明显的季节性，季节不同，羊所采食的饲料种类也不同。因此，饲养中要随季节变更饲料。羊对采食的饲料具有一种习惯性。瘤胃中的微生物对采食的饲料也有一定的选择性和适应性，当饲料组成发生骤变时，不仅会降低羊的采食量和消化率，而且可影响瘤胃中微生物的正常生长和繁殖，进而使羊的消化机能紊乱和营养失调，因此，饲料的增、减、变换应有一个相适应的渐进过程。这里必须强调的是，混合精料量的增加一定要逐渐进行，谨

防加料过急引起消化障碍，使羊在以后的很长时间里吃不进混合精料，即所谓的“顶料”。为防止顶料，在增加饲料时最好每四五天加料一次。减料可适当加大幅度。

五、充分供应饮水

水对饲料的消化吸收、机体内营养物质的运输和代谢、整个机体的生理调节均有重要作用。羊在采食后，饮水量大而且次数多，因此，每日应供给羊只足够的清洁饮水。夏季高温时要加大供水量，冬季以饮温水为宜。要注意水质清洁卫生，经常刷洗和消毒水槽，以防各种疾病的发生。

六、合理布局与分群管理

应根据羊场规模与圈舍条件、羊的性别与年龄等进行科学合理的布局和分群。一般在生产区内公羊舍占上风向，母羊舍占下风向，幼羊居中。

根据羊的种类、性别、年龄、健康状况、采食速度等进行合理的分群，避免混养时强欺弱、大欺小、健欺残的现象，使不同的羊只均得到正常的生长发育、生产性能发挥和有利于弱病羊只体况的恢复。

第二节　各类羊的饲养管理

一、种公羊的饲养

种公羊是发展养羊生产的重要生产资料，对羊群的生产水平、产品品质都有重要的影响。在现代养羊业中，人工授精技术得到广泛的应用，需要的种公羊不多，但对种公羊品质的要求越来越高。养好种公羊是使其优良遗传特性得以充分表现的关键。饲养的种公羊应常年保持结实健壮的体质，达到中等以上的种用体况，并具有旺盛的性欲和良好的配种能力，精液品质好。要达到这样的目的，必须做到：

第一，应保证饲料的多样性，精粗饲料合理配比，尽可能保证青绿多汁饲料全年较均衡地供给。在枯草期较长的地区，要准备较充足的青贮饲料。同时，要注意矿物质、维生素的补充。

第二，日粮应保持较高的能量和粗蛋白质水平，即使在非配种季节内，种公羊也不能单一饲喂粗料或青绿多汁饲料，必须补饲一定的混合精料。

第三，种公羊必须有适度的放牧和运动时间，这对非配种季节种公羊的饲养尤为重要，以免因过肥而影响配种能力。

（一）非配种季节的饲养

种公羊在非配种季节，虽然没有配种任务，但仍不能忽视饲养管理工作。种公羊在非配种季节的饲养以恢复和保持其良好的种用体况为目的。配种结束后，种公羊的体况都有不同程度的下降，为使体况很快恢复，在配种刚结束的1～2月内，种公羊的日粮应与配种季节基本一致，但对日粮的组成可做适当调整，增加优质青干草或青绿多汁饲料的比例，并根据体况的恢复情况，逐渐转为饲喂非配种季节的日粮。

在我国的北方地区，羊的繁殖季节很明显，大多集中在9～11月（秋季），非配种季节较长。在冬季，种公羊的饲养要保持较高的营养水平，既有利于体况恢复，又能保证其安全越冬度春。做到精粗料合理搭配，补喂适量青绿多汁饲料（或青贮料），在混合精料中应补充一定的矿物质微量元素。混合精料的用量不低于0.5千克，优质干草2～3千克。种公羊在春、夏季以放牧为主，每日补喂少量的混合精料和干草。

在我国南方大部分低山地区，气候比较温和，雨量充沛，牧草的生长期长，枯草期短，加之农副产品丰富，羊的繁殖季节可表现为春、秋两季，部分母羊可全年发情配种。因此，对种公羊全年均衡饲养尤为重要。除搞好放牧、运动外，每天应补饲0.5～1.0千克混合精料和一定的优质干草。

(二) 配种季节的饲养

种公羊在配种季节内要消耗大量的养分和体力，因配种任务或采精次数不同，个体之间对营养的需要量相差很大。对配种任务繁重的优秀种公羊，每天应补饲 1.5～3.0 千克的混合精料，并在日粮中增加部分动物性蛋白质饲料（如蚕蛹粉、鱼粉、血粉、肉骨粉、鸡蛋等），以保持其良好的精液品质。配种季节种公羊的饲养管理要做到认真、细致，要经常观察羊的采食、饮水、运动及粪、尿排泄等情况。保持饲料、饮水的清洁卫生，如有剩料应及时清除，减少饲料的污染和浪费。青干草要放入草架饲喂。

在南方部分省、区，夏季高温、潮湿，对种公羊不利，会造成精液品质下降。种公羊的放牧应选择高燥、凉爽的草场，尽可能充分利用早、晚进行放牧，中午将公羊赶回圈内休息。种公羊舍要通风良好。如有可能，种公羊舍应修成带漏缝地板的双层式楼圈或在羊舍中铺设羊床。

在配种前 1.5～2 个月，逐渐调整种公羊的日粮，增加混合精料的比例，同时进行采精训练和精液品质检查。开始时，每周采精检查一次，以后增至每周两次，并根据种公羊的体况和精液品质来调节日粮或增加运动。

对精液稀薄的种公羊，应增加日粮中蛋白质饲料的比例；当精子活力差时，应加强种公羊的放牧和运动。

种公羊的采精次数要根据羊的年龄、体况和种用价值来确定。对 1.5 龄左右的种公羊以每天采精 1～2 次为宜，不要连续采精；成年公羊每天可采精 3～4 次，有时可达 5～6 次，每次采精应有 1～2小时的间隔时间。特殊情况下（种公羊少而发情母羊多），成年公羊可连续采精 2～3 次。采精较频繁时，也应保证种公羊每周有 1～2 天的休息时间，以免因过度消耗养分和体力而造成体况明显下降。

二、繁殖母羊的饲养

母羊是羊群发展的基础。母羊数量多，个体差异大。为保证母羊正常发情、受胎，实现多胎、多产，羔羊全活、全壮，母羊的饲养不仅要从群体营养状况来合理调整日粮，对少数体况较差的母羊应单独组群饲养。对妊娠母羊和带仔母羊，要着重搞好妊娠后期和哺乳前期的饲养和管理。

（一）空怀和妊娠前期的饲养

羊的配种繁殖因地区及气候条件的不同而有很大的差异。

北方牧区，羊的配种集中在9～11月。母羊经春、夏两季放牧饲养，体况恢复较好。对体况较差的母羊，可在配种开始前1～1.5个月放到牧草生长良好的草场进行抓膘。对少数体况很差的母羊，每天可单独补喂0.3～0.5千克混合精料，使其在配种季节内正常发情、受胎。

南方地区，母羊的发情相对集中在晚春和秋季（4～5月，9～11月）或四季均可发情。为保持母羊良好的配种体况，应尽可能做到全年均衡饲养，尤其应搞好母羊的冬春补饲。据多年的观察，四川省某地高山（海拔1800～2000米）的羊场饲养的绵羊，在体况较好时，每年4月中下旬开始出现发情，5月中下旬达到发情高峰期，所产羔羊初生重大、成活率高、生长发育快，到10月龄时平均体重达36千克以上，部分母羔可发情配种。

母羊配种受胎后的前3个月内，对能量、粗蛋白质的要求与空怀期相似，但应补喂一定的优质蛋白质饲料，以满足胎儿生长发育和组织器官分化对营养物质（尤其是蛋白质）的需要。初配母羊的营养水平应略高于成年母羊，日粮的混合精料比例为5%～10%。

（二）妊娠后期的饲养

妊娠后期胎儿的增重明显加快，母羊自身也需储备大量的养分，为产后泌乳做准备。妊娠后期母羊腹腔容积有限，对饲料干物质的采食量相对减小，饲料体积过大或水分含量过高均不能满足母羊的营养需要。因此，要搞好妊娠后期母羊的饲养，除提高日粮的营养水平外，还必须考虑组成日粮的饲料种类，增加混合精料的比例。在妊娠前期的基础上，能量和可消化蛋白质分别提高20%～

30%和40%～60%，钙、磷增加1～2倍［钙磷比例为（2～2.5）：1］。产前8周，日粮的混合精料比例提高到20%，产前6周为25%～30%，而在产前1周，要适当减少混合精料用量，以免胎儿体重过大而造成难产。妊娠后期母羊的管理要细心、周到，在进出圈舍及放牧时，要控制羊群，避免拥挤或急驱猛赶；补饲、饮水时要防止拥挤和滑倒，否则易造成流产。除遇暴风雪天气外，母羊的补饲和饮水均可在运动场内进行，增加母羊户外活动的时间，干草或鲜草用草架投喂。产前1周左右，夜间应将母羊放于待产圈中饲养和护理。

（三）哺乳前期的饲养

母羊产羔后泌乳量逐渐上升，在4～6周内达到泌乳高峰，10周后逐渐下降（乳用品种可维持更长的时间）。随着泌乳量的增加，母羊需要的养分也应增加，当草料所提供的养分不能满足其需要时，母羊会大量动用体内储备的养分来弥补。泌乳性能好的母羊往往比较瘦弱，这是一个重要原因。在哺乳前期（羔羊出生后2个月内），母乳是羔羊获取营养的主要来源。为满足羔羊生长发育对养分的需要，保持母羊的高泌乳量是关键。在加强母羊放牧的前提下，应根据带羔的多少和泌乳量的高低，搞好母羊补饲。带单羔的母羊，每天补喂混合精料0.3～0.5千克；带双羔或多羔的母羊，每天应补饲0.5～1.5千克。对体况较好的母羊，产后1～3天内可不补喂混合精料，以免造成消化不良或发生乳房炎。为调节母羊的消化机能，促进恶露排出，可喂少量轻泻性饲料（如在温水中加入少量麦麸喂羊）。3日后逐渐增加精饲料的用量，同时给母羊饲喂一些优质青干草和青绿多汁饲料，可促进母羊的泌乳机能。

（四）哺乳后期的饲养

哺乳后期母羊的泌乳量下降，即使加强母羊的补饲，也不能继续维持其高的泌乳量，单靠母乳已不能满足羔羊的营养需要。此时羔羊也已具备一定的采食和利用植物性饲料的能力，对母乳的依赖程度减小。在哺乳后期应逐渐减少对母羊的补饲，到羔羊断奶后母羊可完全

采用放牧饲养，但对体况下降明显的瘦弱母羊，需补喂一定的干草和青贮饲料，使母羊在下一个配种季节到来时能保持良好的体况。

三、羔羊的饲养管理

哺乳期的羔羊是一生中生长发育强度最大而又最难饲养的一个阶段，稍有不慎不仅会影响羊的发育和体质，还可造成羔羊发病率和死亡率增加，给养羊生产造成重大损失。羔羊在哺乳前期主要依赖母乳获取营养，母乳充足时羔羊发育好、增重快、健康活泼。母乳可分为初乳和常乳，母羊产后第一周内分泌的乳叫初乳，以后的为常乳。初乳浓度大，养分含量高，尤其是含有大量的抗体球蛋白和丰富的矿物质元素，可增强羔羊的抗病力，促进胎粪排泄。应保证羔羊在产后 15～30 分钟内吃到初乳。羔羊的早期诱食和补饲，是羔羊培育的一项重要工作。

羔羊出生后 7～10 天，在跟随母羊放牧或采食饲料时，会模仿母羊的行为，采食一定的草料。此时，可将大豆、蚕豆、豌豆等炒熟，粉碎后撒于饲槽内对羔羊进行诱食。初期，每只羔羊每天喂 10～50 克即可，待羔羊习惯以后逐渐增加补喂量。羔羊补饲应单独进行，当羔羊的采食量达到 100 克左右时，可用含粗蛋白质 24%左右的混合精料进行补饲。到哺乳后期，羔羊在白天可单独组群，划出专用草场放牧，结合补饲混合精料；优质青干草可投放在草架上任其自由采食，以禾本科和豆科青干草为好。

羔羊的补饲应注意以下几个问题：①尽可能提早补饲；②当羔羊习惯采食饲料后，所用的饲料要多样化、营养好、易消化；③饲喂时要做到少喂勤添；④要做到定时、定量、定点；⑤保证饲槽和饮水的清洁卫生。

要加强羔羊的管理，适时去角（山羊）、断尾（绵羊）、去势，搞好防疫注射。羔羊出生时要进行称重；7～15 天内进行编号、去角或断尾；2 月龄左右对不符合种用要求的公羔进行去势。生后 7 天以上的羔羊可随母羊就近放牧，增加户外活动的时间。对少数因母羊死亡或缺奶而表现瘦弱的羔羊，要搞好人工哺乳或寄养工作。

羔羊一般采用一次性断奶。断奶时间要根据羔羊的月龄、体重、补饲条件和生产需要等因素综合考虑。在国外工厂化肥羔生产中，羔羊的断奶时间为4～8周龄；国内常采用4月龄断奶。

对早期断奶的羔羊，必须提供符合其消化特点和营养需要的代乳饲料，否则会造成巨大损失。羔羊断奶时的体重对断奶后的生长发育有一定影响。根据实践经验，半细毛改良羊公羔体重达15千克以上，母羔达12千克以上，山羊羔体重达9千克以上时断奶比较适宜。体重过小的羔羊断奶后，生长发育明显受阻。如果受生产条件的限制，部分羔羊需提早断奶时，必须单独组群，加强补饲，以保证羔羊生长发育的营养需要。

羔羊时期发生最多的是“三炎一痢”，即肺炎、肠胃炎、脐带炎和羔羊痢。要减少羔羊发病死亡，提高羔羊的成活率，应注意做到：

（1）尽早吃好吃饱初乳　当母羊舔干黏液、羔羊能站立时，就应人工辅助使羔羊吃到初乳。初乳和常乳相比有许多优点：初乳具有较高的酸度，能有效刺激胃肠黏膜产生消化液和抑制肠道细菌活动；初乳中含有γ-球蛋白和溶菌酶较多，还含有一种K抗原凝集素，能抵抗特殊品系的大肠杆菌；初乳比常乳的矿物质和脂肪含量高1倍，维生素含量高10～20倍；初乳中所含钙盐和镁盐较多，镁盐有轻泻作用，能促使胎粪排出。

（2）加强对缺乳羔羊的补饲　无母羊的羔羊应尽早找保姆羊。对缺乳羔羊进行牛乳或人工乳补饲时，要掌握好温度、时间、喂量和卫生。初生羔羊不能喂玉米糊或小米粥。

（3）搞好圈舍卫生　羔羊舍应宽敞，干燥卫生，温度适中，通风良好。羔痢的发生多在产羔开始10日后增多，原因就在于此时的棚圈污染程度加重。此时应认真做好脐带消毒以及哺乳和清洁用具的消毒工作，严重病羔要隔离，死羔和胎衣要集中处理。

（4）安排好吃乳和放牧时间　母仔分群放牧时，应合理安排放牧母羊的时间，使羔羊吃乳的时间均匀一致。初生羔饲养5～7天后可将羔羊赶到日光充足的地区自由活动，3周后可随母羊放牧，开始走近些，选择平坦、背风向阳、牧草好的地区放牧；30 日龄后，羔羊可编群游牧，不要去低湿、松软的牧地放牧。放牧时，注意从小就训练羔羊听从口令。

（5）杜绝人为事故发生　主要是管理人员缺乏经验，责任心不强。事故主要是放牧丢失、下夜疏忽、看护不周等。

（6）适时断乳　断乳应逐渐进行，一般经 7～10 天完成。开始断乳时，每天早晚仅让母仔在一起哺乳两次，以后每天一次，逐渐断乳。断乳时间在 3～4 月龄，断乳羔羊应按性别、大小分群饲养。

为使初生羔羊少受冻，可将麸皮撒在羔羊体上，这样可使母羊加快舔干舔净，特别是具有黄色黏稠胎脂的羔羊更应如此。

对停止呼吸活动的假死羔羊，可提起后肢，用手拍打胸部两侧，同时对鼻孔吹气，可望解救假死羔羊。母羊识别亲生羔羊主要靠嗅闻气味，当母羊亲生羔已死而要寄养它羔时，只要将寄养的羔羊混有亲生羔羊气味就可达到目的。

羔羊是否吃饱，可用手摸腹腔胃容积大小而定，若羔羊频繁哺乳，边吸乳边顶撞乳房，而且伴有鸣叫，表明母羊可能缺乳。

羊舍温度以 5℃左右为宜。舍温合适不合适，可根据母仔表现来判断，若羔羊卧在母体上，表明室温低；母仔相卧距离很远，表明舍温过高。

哺乳前期羔羊不能喂大量的粗饲料，羔羊舍应常有青干草、粉碎饲料和盐砖，让其自由采食，并保证充足饮水。

因此，只要对羔羊认真做到早喂初乳，早期补饲，生后 7～10 天开始喂青干草和饮水，10～20 天喂混合精料，早断乳，及时查食欲、查精神、查粪便，就能保证羔羊成活，减少死亡发生。

四、育成羊的饲养管理

育成羊是指断奶后至第一次配种前这个年龄段的幼龄羊。在生产中一般将羊的育成期分为两个阶段，即育成前期（4～8 月龄）和育成后期（8～18 月龄）。

育成前期，尤其是刚断奶不久的羔羊，生长发育快，瘤胃容积有限而且机能不完善，对粗料的利用能力较弱。这个阶段是影响羊的体格大小、体形和成年后的生产性能的重要阶段，必须引起高度重视，否则会给整个羊群的品质带来不可弥补的损失。育成前期羊的日粮应以混合精料为主，结合放牧或补喂优质青干草和青绿多汁饲料，日粮的粗纤维含量以15%～20%为宜。

育成后期羊的瘤胃消化机能基本完善，可采食大量的牧草和农作物秸秆。这个阶段，育成羊可放牧为主，结合补饲少量的混合精料或优质青干草。粗劣的秸秆不宜用来饲喂育成羊，即使要用，在日粮中的比例不可超过20%～25%，使用前还应进行合理的加工调制。

五、肉羊的饲养管理

肉羊的育肥是在较短的时期内采用不同的育肥方法，使肉羊达到体壮膘肥，适于屠宰。根据肉羊的年龄，肉羊的育肥分为羔羊育肥和成年羊育肥。羔羊育肥是指1周岁以内没有换永久齿幼龄羊的育肥；成年羊育肥是指成年羯羊和淘汰老弱母羊的育肥。

（一）绵羊和山羊的育肥

我国绵羊、山羊的育肥方法有放牧育肥、舍饲育肥和半放牧半舍饲育肥三种形式。

1. 放牧育肥

放牧育肥是我国常用的最经济的肉羊育肥方法。通过放牧让肉羊充分采食各种牧草和灌木枝叶，以较少的人力物力获得较高的增重效果。放牧育肥的技术要点是：

（1）选育放牧草场，分区合理利用　根据羊的种类和数量，选择适宜的放牧地。育肥绵羊宜选择地势较平坦、以禾本科牧草和杂类草为主的放牧地；而育肥山羊宜选择灌木丛较多的山地草场。充分利用夏秋季天然草场牧草和灌木枝叶生长茂盛、营养丰富的时期搞好放牧育肥。放牧地较宽的，应按地形划分成若干小区实行分区轮牧，每个小区放牧2～3天后再移到另一个小区放牧，使羊群能经常吃到鲜绿的牧草和枝叶，同时也使牧草和灌木有再生的机会，有利于提高产草量和利用率。

（2）加强放牧管理，提高育肥效果　放牧育肥的肉羊要尽量延长每日放牧的时间。夏秋时期气温较高，要做到早出牧晚收牧，每天至少放牧12小时以上，甚至可采用夜间放牧，让肉羊充分采食，加快增重长膘。在放牧过程中要尽量减少驱赶羊群，使羊能安静采食，减少体能消耗。中午阳光强烈气温过高时，可将羊群驱赶到背阴处休息。

（3）适当补饲，加快育肥　在雨水较多的夏秋季，牧草含水分较多，干物质含量相对较少，单纯依靠放牧的肉羊，有时不能完全满足快速增重的要求。因此，为了提高育肥效果，缩短育肥时期，增加出栏体重，在育肥后期可适当补饲混合精料，每天每只羊约0.2～0.3千克，补饲期约1个月，育肥效果可明显提高。

2. 舍饲育肥

舍饲育肥就是以育肥饲料在羊舍饲喂肉羊。其优点是增重快，肉质好，经济效益高。适于缺少放牧草场的地区和工厂化专业肉羊生产使用。舍饲育肥的羊舍可建造成简易的半敞式羊舍，或利用旧房改造，并备有草架和饲槽。舍饲育肥的关键，是合理配制与利用育肥饲料。育肥饲料由青粗饲料、农副业农副产品和各种混合精料组成，如干草、青草、树叶、作物秸秆，以及各种糠、糟、油饼、食品加工糟渣等。

育肥期大约2～3个月。初期青粗饲料大约占日粮的60%～70%，混合精料占30%～40%，后期混合精料可加大到60%～70%。为了提高饲料的消化率和利用率，秸秆饲料可进行氨化处理，粮食籽粒要粉碎，有条件的可加工成颗粒饲料。青粗饲料要任羊自由采食，混合精料可分为上午、下午两次补饲。

舍饲育肥期的长短要因羊而异，羔羊断奶后大约经60～100天，体重达到30～40千克即可出栏。成年羊约经40～60天短期舍饲育肥出栏。育肥时期过短，增重效果不明显；时间过长，到后期肉羊体内积蓄过多的脂肪，不适合市场要求，饲料报酬也不高。育肥饲料中要保持一定数量的蛋白质营养。蛋白质不足，肉羊体内瘦

肉比例会减少，脂肪的比例会增加。为了补充饲料中的蛋白质或弥补蛋白质饲料的缺乏，可补饲尿素。补饲尿素的数量只能占饲料干物质总量的2%，不能过多，否则会引起尿素中毒。尿素应加在混合精料中充分混匀后饲喂，不能单独喂，也不能加在饮水中喂。一般羔羊断奶后每天可喂10～15克，成年羊可喂20克。

3. 半放牧半舍饲育肥

半放牧半舍饲育肥是放牧与补饲相结合的育肥方式，我国农村大多数地区可采用这种方式，既能利用夏秋牧草生长旺季进行放牧育肥，又可利用各种农副产品及少量混合精料进行后期催肥，提高育肥效果。半放牧半舍饲育肥可采用两种方式：一种是前期以放牧为主、舍饲为辅，少量补料，后期以舍饲为主，多补混合精料，适当就近放牧采食；另一种是前期利用牧草生长旺季全天放牧，使羔羊早期骨骼和肌肉充分发育，后期进入秋末冬初转入舍饲催肥，使肌肉迅速增长，贮积脂肪，大约经30～40天催肥即可出栏。一些老残羊和瘦弱的羯羊在秋末集中1～2个月舍饲育肥，可利用农副产品和少量混合精料补饲催肥，这也是一种费用较少、经济效益较高的育肥方式。

(二) 现代专业化肉羊生产

专业化肉羊生产是近代养羊科技发展形成的一种集约化肉用绵羊生产，体现了养羊科技与经营管理的最高水平，在美国、英国、法国、澳大利亚、新西兰以及俄罗斯等国被广泛采用。各国根据本国的绵羊品种特性、饲草资源和生产条件组织肉羊生产，具有很高的经济效益。这种先进的肉羊生产方式，必将在我国逐步推广开来。

专业化肉羊生产有以下特点：

1. 人工控制环境条件，采用最佳环境参数按市场需要组织生产

一些国家采用现代化手段建筑羊舍，人工控制环境温度、湿度、光照，羊群不受自然气候环境变化的影响。采用高度机械化、自动化生产流程，按工厂化形式组织生产劳动，尽量减少人羊直接接触，同时，根据绵羊营养需要组织饲料生产，按饲养标准进行饲喂；或建设高产优质人工草场，围栏分区放牧，饲喂和饮水均实现自动化，尽量提高劳动生产率。

2. 采用现代化良种，实行多品种杂交，保持高度杂种优势

各国均选择适合本国条件的优秀品种，研究出最佳杂交组合方案，实行三四个品种的杂交，把高繁殖性能、高泌乳性能和高产肉性能有机地结合起来，保持高度的杂种优势，组织商品肉羊生产。

3. 密集产羔，全年繁殖，批量生产

一些国家利用多胎品种或采用人工控制母羊繁殖周期，缩短产羔间隔，组织母羊全年均衡产羔，密集繁殖，实行一年两产、两年三产和三年五产制，或实行母羊轮流配种繁殖，一月一批，终年产羔。羔羊早期断奶，断奶后母羊立即配种，充分利用母羊最佳繁殖年龄，快速更新，实现商品肉羊批量生产，均衡供应市场。

4. 羔羊早期断奶，快速强度育肥

在美国、俄罗斯等国采取羔羊超早期（1～3 日龄）或早期（30～45 日龄）断奶。超早期断奶羔羊用人工乳（由脱脂乳、脂肪、磷脂、微量元素、矿物质、维生素、氨基酸、抗生素配制而成）或代乳粉（按羊奶成分配制而成）进行哺育，同时用特制羔羊配合饲料进行补饲，实行集约化强度育肥或放牧育肥。集约化强度育肥是以混合精料、干草、添加剂组成育肥日粮（不喂青饲料）进行舍饲育肥，一般是在专门化育肥场进行。按育肥体重或育肥日期，成批育肥，定时出栏，每年育肥 4～6 批，每批育肥 60 天，轮流供应市场。放牧育肥是将断奶羔羊在优质人工草场自由放牧，并补饲一定数量的干草、青贮饲料和混合精料，达到一定体重时即出栏销售。一些国家推行羔羊断奶后便进行剪毛，然后开始育肥，剪毛后有利于促进生长，增加出栏体重。

六、羊放养技术

绵羊、山羊放牧采食能力强，适宜放牧饲养。羊只在放牧的过程中不断地游走，增加了运动量，也能长时间地接受太阳光的照射，这些都有利于羊只的健康。天然牧草是羊重要的饲料来源。放牧养羊符合羊的生物学特性，又可节约粮食、降低饲养成本和管理费用，增加养羊生产的经济效益。

羊的放牧饲养方式在世界养羊业中仍占主导地位，可充分、合理地利用天然草地资源来生产大量的优质蛋白质食品和轻工业、毛纺工业原料，其重要作用不可替代。

（一）四季牧场的规划与合理利用

四季牧场的规划与合理利用，既是确保天然牧场可持续高产的前提，也是实行科学养羊的要求，还是保护草地资源和人类生存环境的需要。

牧场的划分要做到因地制宜，根据不同地区的气候特点、草场面积、地形地貌、水源分布、牧草生长状况和羊群数量等因素综合考虑，达到合理利用和保护草地资源、提高载畜量、减少和防止疾病危害、便于羊的放牧和管理的目的。

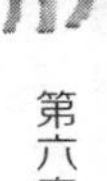

采用按季节转场轮牧的生产方式，可充分、合理地利用不同类型的草地资源。放牧后的牧场有较长的休闲期，有利于牧草的恢复和再生，使牧场保持较高的生产力。部分牧场采用放牧后封育、增加施肥的方法，可作为割草地，在夏、秋季晒制大量干草，以备冬、春季补饲之用。牧场在休闲期间应严禁放牧，否则会由于过度放牧而引起草场退化。

1. 春季牧场

在补饲条件相对较差的北方牧区和西南高寒山区，春季羊的体况普遍较差。春季是母羊产羔和哺乳的时期，气候变化频繁、草料匮乏，稍有不慎就会造成羊只大量损失。春季牧场要求地势平坦，或选在缓坡和阳坡、有一定水源的地块。牧场积雪较少，融雪早，有利于牧草的萌发。在西南地区，春季牧场多选在浅丘地带。

春季牧草萌发较早，但养分储备有限，过早进场放牧，不利于牧草的生长。进入春季牧场放牧的时间不要过早，较为适合的时期是禾本科冬牧草分蘖至拔节初期、豆科牧草及杂草在长出腋芽时，草丛高度 8～10 厘米。进场初期，可早晨放冬季牧场，下午放春季牧场，尽可能利用冬季牧场上残存的枯草，以减轻对春季牧场的压力。即使冬季牧场面积受限，也应限制在春季牧场的放牧时间，可给羊补饲一定的草料。也可将春季牧场划区后进行轮牧，保证部分牧场在早春有一定的休闲期。春季牧场放牧结束的时间相对要早一些，“晚进早出”是春季牧场放牧利用应遵循的原则。

2. 夏季牧场

夏季牧场要因地制宜。北方干旱草原或半荒漠草原区，应选择在地势较为低洼的凹地或河流两岸水源较充足的地块；在西南高寒牧区，应选择高山牧场作为夏季牧场。总的要求是：接近水源，受旱程度低，牧草生长良好，有利于羊的放牧抓膘。

夏季牧场牧草生长的好坏，对羊的体况恢复有重要影响。在高山牧场放牧时放牧地段可由高到低分段利用。夏季中午气温较高，放牧时应选择可遮阴的地块，防止蚊蝇骚扰，并尽可能延长在夏季牧场放牧的时间。在高寒山区，由于牧草生长周期较短，放牧时间不宜太长。一般在开始降霜或下雪之前，使羊群逐渐向中低山牧场转移，避免牧场放牧过度。

3. 秋季牧场

在北方牧区，一般选择在其他季节因缺水而不能利用的牧场。在西南山区，可选择中低山牧场或农作物收获后的茬地。

对秋季牧场利用的时间长短和强度，要根据各地的气候特点来确定。一般在牧草结束生长前30天左右转场，使牧草能储备一定的养分，有利于牧草的越冬和第二年的再生。也可采用划区放牧，地势较高、离牧场较远的地块先放，再逐渐向地势低或距离近的地块转移。这样，既有利于充分、合理地利用草地资源，又可避免羊只的往返奔波和掉膘。

4. 冬季牧场

选择地势较平坦、靠近水源、牧草生长良好、积雪较少的牧场。在北方纯牧区，冬季牧场一般靠近人的定居点。牧场积雪厚度应不超过15～20厘米，过厚会给羊的采食造成困难。

冬季牧场一般采用分段放牧。初冬时可将羊放于地势低洼或避风较差的地块，以免因积雪过厚而不能利用。此外，要先利用距离较远的地块。遇暴风雪天气，应将羊赶入圈内进行补饲。近年来，我国北方地区在冬季采用塑料大棚养羊，能较显著地改善羊的放牧饲养条件，取得较高的经济效益，值得在高寒地区广泛推广。

(二) 放牧羊群的组织和放牧方式

1. 放牧羊群的组织

合理组织羊群，有利于羊的放牧和管理，是保证羊吃饱草、快长膘和提高草场利用率的一个重要技术环节。在我国北方牧区和西南高寒山区，草场面积大，人口稀少，羊群规模一般较大；而在南方丘陵和低山区，草场面积小而分散，农业生产较发达，羊的放牧条件较差，在放牧时必须加强对羊群的引导和管理，才能避免对农作物的啃食，羊群规模一般较小。羊群的组织应根据羊的类型、品种、性别、年龄阶段（如羔羊、育成羊、成年羊）、健康状况等综合考虑，也可根据生产和科研的特殊需要组织羊群。生产中，羊群一般可分为公羊群、母羊群、育成公羊群、育成母羊群、羔羊群（按性别分别组群）、阉羊群等。阉羊数量很少时，可随成年的母羊组群放牧。在羊的育种工作中，还可按选育性状组建核心育种群，即把育种过程中产生的理想型个体单独组群和放牧。

采用自然交配时，配种前1个月左右，将公羊按1∶(25～30)的比例放入母羊群中饲养，配种结束后，公羊再单独组群放牧。

在南方部分省区，养羊一般采用放牧与补饲相结合的方式，除组织羊群的一般要求，还必须考虑羊舍面积、补饲和饮水条件、牧工的劳动强度等因素，羊群的大小要有利于放牧和日常管理。

2. 放牧技术

要使羊生长快、不掉膘，羊的放牧要立足于“抓膘和保膘”，使羊常年保持良好的体况，充分发挥羊的生产性能。要达到这样的目的，必须了解和掌握科学的放牧方法和技术。

在绵羊的放牧中，除应了解和熟悉草场的地形、牧草生长情况和气候特点外，还要做到两季慢（春、秋两季放牧要慢）、三坚持（坚持跟群放牧、早出晚归、每日饮水）、三稳（放牧、饮水、出入羊圈要稳)、四防(防"跑青"、防"扎窝子"、防病、防兽害);同时,要根据不同季节的气候特点,合理地调整放牧的时间和距离,以保证羊能吃饱、吃好。

在南方地区,夏季气候炎热,应延长羊的早、晚放牧时间,午间将羊赶回羊舍或其他庇荫处休息。此外,在我国广大的农区和半农半牧区发展了一些简便、实用的山羊放牧方法,适合小规模分散养羊的特点。现简要介绍如下:

(1)领着放　羊群较大时,由放牧员走在羊群前面,带领羊群前进,控制其游走的速度和距离。适用于平原、浅丘地区和牧草茂盛季节,有利于羊对草场的充分利用。

(2)赶着放　即放牧员跟在羊群后面进行放牧,适合于春、秋两季在平原或浅丘地区放牧,放牧时要注意控制羊群游走的方向和速度。

(3)陪着放　在平坦牧地放牧时,放牧员站在羊群一侧;在坡地放牧时,放牧员站在羊群的中间;在田边放牧时,放牧员站在地边。这种方法便于控制羊群,四季均可采用。

(4)等着放　在丘陵山区,当牧地相对固定,而且羊群对牧道熟悉时,可采用此法。出牧时,放牧员将羊群赶上牧道后,自己抄近路走到牧地等候羊群。采用这种方法放牧,要求牧道附近无农田、无幼树、无兽害,一般在植被稀疏的低山草场或在枯草期采用。

(5)牵牧　利用工余时间或老、弱人员用绳子牵引羊只,选择牧草生长较好的地块,让羊自由采食,在农区使用较多。

(6)拴牧　又叫系牧,即用一条长绳,一端系在羊的颈部,另一端拴一小木桩,选择好牧地后,将木桩打入地下固定,让羊在绳子长度控制的范围内自由采食。一天中可换几个地区放牧,既能使羊吃饱、吃好,又节省人力,多在农区采用。南方农区这种放牧方式较多。

羊的放牧要因地、因时制宜,采用适当的放牧技术。在春、秋季放牧时,要控制好羊群的游走速度,避免过分消耗体力,引起羊只掉膘。夏季放牧时，羊群可适当松散，午间气温较高时，应将羊赶到能遮阴的地区采食或休息；在有条件的地区，可在牧地上搭建临时遮阴棚架，作为羊中午休息或补饲、饮水的场所。冬季放牧时，要随时了解天气的变化，晴好天气可放远一些，雪后初晴时就近放牧；大风雪天应将羊群赶回圈舍饲养。

3. 山羊放牧应注意的事项

山羊放牧要着眼于抓膘和保膘，要注意：

（1）要训练好带头山羊　山羊合群性强，放牧时，群体山羊总是跟随在头羊后面。要选择全群中最健康、精力充沛的山羊作头羊，加强训练。训练时要严格，也要有感情，要注意口令严厉、准确。

（2）要注意数羊　每天出牧前、收牧后都要清点山羊数，以防落队。

（3）要防野兽、毒蛇、毒草危害　防兽害就是防止野兽危害放牧山羊。在山地放牧防兽害的经验是："早防前，晚防后，中午要防洼洼沟"，即早上要防野兽从羊群前面出现，晚上要防野兽从羊群后面出现，中午要防野兽从低洼沟出现。防毒蛇危害，牧民的经验是：冬季挖土找群蛇、放火烧死蛇；其他季节是"打草惊蛇"。防毒草危害，这些毒草多生长在潮湿的阴坡上，幼嫩时毒性大。牧民的经验是："迟牧、饱牧"，即等毒草长大后，让山羊吃饱草后再放入这些混生毒草的地区，可免受其害。

（三）四季放牧要点

1. 春季放牧

春季气候逐渐转暖，枯草逐渐转青，是羊只由补饲逐渐转入全放牧的过渡时期。初春时，绵羊经漫长的冬季，膘情差，体质弱，产冬羔的母羊处于哺乳期，加之气候不稳定，容易出现"春乏"的现象。这时，牧草刚开始萌发，羊看到一片青，却难以采食，疲于奔青找草，增加了体力消耗，更易加速瘦弱羊的死亡。因此，羊的春季放牧要突出一个"稳"字，放牧员应走在羊群的前面，控制好羊群的游走速度，防止羊只因"跑青"而掉膘。对弱羊和带仔母羊要单独组群、就近放牧、加强补饲。

在南方农区和半农半牧区，牧草返青早、生长快，有利于羊的放牧，但当草场中豆科牧草比例较大时，放牧要特别小心。因此时的豆科牧草生长旺盛、质地细嫩，含有较多的非蛋白氮，而其他牧草多处于枯黄或刚开始萌芽阶段，产量有限，羊采食过多豆科牧草会引起瘤胃胀气，常造成羊只死亡。在这些地区，春季是臌胀病的高发期，必须引起重视。出牧前，可先补饲一定量的干草或混合精料，适量饮水，使羊在放牧时不致大量抢食豆科牧草。发现胀气的羊只要及时处理。

2. 夏季放牧

夏季牧草茂盛、营养价值高，是羊恢复体况和抓膘的有利时期。春末的5～6月是牧区最繁忙的阶段。羊的整群鉴定、剪毛抓绒、防疫注射、药浴驱虫及冬羔的断奶、组群等工作，都需在此期间完成，还要做好转场放牧的准备工作。因此，必须精心组织和合理调配劳动力，做到不误时节。

夏季一般选择干燥凉爽的山坡地放牧，可减少蚊蝇的侵袭，使羊能安心吃草；中午气温较高时，要把羊赶到阴凉的场地休息或采食，要经常驱动羊群，防止出现“扎窝子”现象；应避免在有露水或雨水的苜蓿草地放羊，防止臌胀病的发生；尽量延长羊群早、晚放牧的时间；在山顶上放牧，采用“满天星”的放牧队形（即散放）。

放牧绵羊时，上山下山要盘旋而行，避免直上直下和紧迫快赶；要经常检查羊只的采食情况和体况；对病、弱羊要查明原因，及时进行治疗或补饲，确保母羊进入繁殖季节后能正常发情和受胎；加强羔羊、育成羊的放牧和补饲，搞好春羔的断奶工作。

3. 秋季放牧

羊秋季放牧的重点是抓膘、保膘、搞好羊的配种。

秋季气候凉爽、蚊蝇较少，牧草正值开花、结实期，营养丰富。秋季抓膘的效果比夏季好，也是羊放牧育肥的有利时期。

经夏季放牧后，羊的体况明显恢复，精力旺盛，活动量大，再加之逐渐进入繁殖季节，公羊吃草不专心、游走范围增大，争斗增加，常对母羊进行骚扰，影响母羊采食。为使羊群不掉膘，应加强放牧管理，控制好羊群的放牧速度和游走范围。

群众的经验是："夏抓肉膘，秋抓油膘，抓好夏膘放肥羊，抓好秋膘奶胖羔"。为此，秋季放牧要延长时间，做到"早出、晚归、中午不休息"。配种开始前，要对羊群进行一次全面的健康检查，开展驱虫、修蹄等工作。

秋季放牧时，要避免将羊放在以有芒、有刺植物为主的草场，以免带刺的种子落入羊的被毛而刺入皮肤和内脏器官，造成损伤。同时，要充分利用打草和农作物收获后的茬地放牧，使羊能吃到鲜嫩的牧草。秋季要搞好母羊的配种繁殖工作。

4. 冬季放牧

冬季放牧的主要任务是保膘、保胎、防止母羊发生流产。

入冬前，对羊的体况进行一次检查，并根据冬草场的面积、载畜量和草料贮备情况，确定存栏规模，淘汰部分年老、体弱羊和"漂沙"母羊（指连续两年以上不能配种受胎的母羊）；在干旱年份更应该适当加大出栏，以减轻对草场的压力。每只成年母羊的年干草贮备量为250～300千克，混合精料50～150千克。

在冬季积雪较多的地区，首先要利用地势低洼的草地放牧，然后利用地势较高的坡地或平地，以免积雪过厚羊不能利用而造成牧草浪费；天气晴好放远处，雪后初晴放近处，大风雪天将羊留在圈内饲养。在放牧中突遇暴风雪，应将羊及时赶回或赶到山坡的背风面，不能让羊四处逃跑，以免造成丢失和死亡。冬季早晨出牧的时间可稍推迟，待牧草上的水分稍干后再放牧，可减少母羊的流产。

羊的棚、圈设施要因地制宜、大小适当、防寒保暖、方便管理。入冬前，要对圈舍进行检查、维修，避免"贼风"的侵袭。近年来，我国北方采用的塑料大棚，增温效果好，建造成本低，经济实用，在高寒牧区很有推广价值。

第三节　羊的日常管理

一、编号

羊的个体编号是开展绵羊、山羊育种不可缺少的技术工作。总的要求是简明、便于识别，不易脱落或字迹不清，有一定的科学性、系统性，便于资料的保存、统计和管理。

羊的编号常采用金属耳标或塑料标牌，也有采用墨刺法的。农区或半农半牧区饲养山羊，由于羊群较小，可采用耳缺法或烙角法编号。

（一）耳标法

耳标法即用金属耳标或塑料标牌在羊耳的适当位置（耳上缘血管较少处）打孔、安装。金属耳标可在使用前按规定统一打号后分戴。耳标上可打上场号、年号、个体号，个体号可单数代表公羊，双数代表母羊。总字符数不超过8位，有利于资料微机管理。现以“48～50只半细毛羊”育种中采用的编号系统为例加以说明。

① 场号以场名的两个汉字拼音字母代表，如“宜都种羊场”，取“宜都”两字的汉语拼音“Y”和“D”作为该场的场号，即“YD”。

② 年号取公历年份的后两位数，如“2009”取“09”作为年号，编号时以畜牧年度计。

③ 个体号根据各场羊群大小，取三位或四位数，尾数单号代表公羊，双号代表母羊。可编出1000～10000只羊的耳号。

例如“YD09034”代表宜都种羊场2009年度出生的母羔，个体号为34。

塑料标牌在佩戴前用专用书写笔写上耳号，编号方法同上。对在丘陵山区或其他灌丛草地放牧的绵羊和山羊，编号时提倡佩戴双耳标，以免因耳标脱落给育种资料管理造成损失。使用金属耳标时，可将打有字号的一面戴在耳廓内侧，以免因长期摩擦造成字迹缺损和模糊。

（二）耳缺法

不同地区在耳缺的表示方法及代表数字大小上有一定差异，但原理是一致的，即用耳部缺口的位置、数量来对羊进行个体编号。数字排列、大小的规定可视羊群规模而异，但同一地区、同一羊场的编号必须统一。耳缺法一般遵循“上大、下小、左大、右小”的原则。编号时尽可能减少缺口数量，缺口之间的界线清晰、明了，编号时要对缺口认真消毒，防止感染。

（三）墨刺法

墨刺法即用专用墨刺钳在羊的耳廓内刺上羊的个体号。这种方法简便经济，无掉号危险。但常常由于字迹模糊而难于辨认，目前已较少使用。

（四）烙角法

烙角法即用烧红的钢字将编号依次烧烙在羊的角上。此法对公、母羊均有角的品种较适用。在细毛羊育种中，可作为种公羊的辅助编号方法。此法无掉号危险，检查起来也很方便，但编号时较耗费人力和时间。

二、断尾

断尾仅针对长瘦尾型的绵羊品种，如纯种细毛羊、半细毛羊及其杂种羊。目的是保持羊体清洁卫生、保护羊种品质、便于配种。羔羊出生后 2～3 周龄内断尾。断尾应该选择晴天的早上，用断尾铲进行断尾。具体方法有：

（一）热断法

这种方法使用较普遍。断尾时，需一特制的断尾铲和两块 20 厘米见方（厚 3～5 厘米）的木板，在一块木板的一端中部，锯一个半圆形缺口，两侧包以铁皮。术前，用另一块木板衬在条凳上，由一人将羔羊背贴木板进行保定，另一人用带缺口的木板卡住羔羊尾根部（距肛门约 4 厘米），并用烧至暗红色的断尾铲将尾切断，下切的速度不宜过快，用力应均匀，使断口组织在切断时受到烧烙，起到消毒、止血的作用。尾断下后，如有少量出血，可用断尾铲烫一烫即可止住，最后用碘酊消毒。

(二) 结扎法

用橡胶圈在距尾根 4 厘米处将羊尾紧紧扎住，阻断尾下段的血液流通，约经 10 天，尾下段自行脱落。此法在国内尚不普及，但值得提倡。

三、去角

羔羊去角是奶山羊饲养管理的重要环节。奶山羊有角，容易发生创伤，不便于管理，个别性情暴烈的种公羊可攻击饲养员，造成人身伤害。因此，采用人工方法去角十分重要。羔羊一般在生后 7～10 天内去角，对羊的损伤小。人工哺乳的羔羊，最好在学会吃奶后进行。有角的羔羊出生后，角蕾部呈漩涡状，触摸时有一较硬凸起。去角时，先将角蕾部分的毛剪掉，剪的面积要稍大一些（直径约 3 厘米）。去角的方法主要有：

(一) 烧烙法

将烙铁于炭火中烧至暗红色（亦可用功率为 300 瓦左右的电烙铁）后，对保定好的羔羊的角基部进行烧烙，烧烙的次数可多一些，但每次烧烙的时间不超过 10 秒钟，当表层皮肤破坏，并伤及角原组织后可结束，对术部应进行消毒。在条件较差的地区，也可用 2～3 根 40 厘米长的锯条代替烙铁使用。

(二) 化学去角法

化学去角法即用棒状苛性碱（氢氧化钠）在角基部摩擦，破坏其皮肤和角原组织。术前应在角基部周围涂抹一圈医用凡士林，防止碱液损伤其他部分的皮肤。操作时先重、后轻，将角基部擦至有血液浸出即可。摩擦面积要稍大于角基部。术后应将羔羊后肢适当捆住（松紧程度以羊能站立和缓慢行走即可）。由母羊哺乳的羔羊，在半天以内应与母羊隔离；哺乳时，也应尽量避免羔羊将碱液污染到母羊的乳房上而造成损伤。去角后，可给伤口撒上少量的消炎粉。

四、去势

凡不宜作种用的公羔要进行去势，去势时间一般为 1～2 月龄，多在春、秋两季气候凉爽、晴朗的时候进行。幼羊去势手术简单、操作容易，去势后羔羊恢复较快。去势的方法有阉割法和结扎法。

（一）阉割法

将羊保定后，用碘酊和酒精对术部消毒，术者左手握紧阴囊的上端将睾丸压迫至阴囊的底部，右手用刀在阴囊下端与阴囊中隔平行的位置切开，切口大小以能挤出睾丸为宜；睾丸挤出后，将阴囊皮肤向上推，暴露精索，采用剪断或拧断的方法均可。在精索断端涂以碘酊消毒，在阴囊皮肤切口处撒上少量消炎粉即可。

（二）结扎法

术者左手握紧阴囊基部，右手撑开橡皮圈将阴囊套入，反复扎紧，以阻断下部的血液流通。约经 15 天，阴囊连同睾丸自然脱落。此法较适合 1 月龄左右的羔羊。在结扎后，要注意检查，以防止橡皮圈断裂或结扎部位发炎、感染。

五、剪毛

（一）剪毛次数

细毛羊和半细毛羊及其生产同质毛的杂种羊，一般每年在春季剪毛一次，如果一年进行两次剪毛，则羊毛的长度达不到精纺的要求，羊毛价格低，影响经济收入。粗毛羊和生产异质毛的杂种羊，可在春、秋季节各剪毛一次。

（二）剪毛时间

剪毛具体时间主要取决于当地的气候条件和羊的体况，春季剪毛，要求在气候变暖、并趋于稳定的时候进行。剪毛过早和过迟对羊体均不利。过早剪毛，羊体易受冻害；过迟，一则会阻碍羊体热散发，羊只感到不适而影响放牧抓膘，二则羊毛自行脱落造成经济损失，再则绵羊皮肤受到烈日照射易招致皮肤病。北方牧区（包括西南高寒山区），在5月中下旬剪毛；而在气候较温暖的地区，可在4月中下旬剪毛。在生产上，一般按羯羊、公羊、育成羊和带仔母羊的顺序来安排剪毛，患有疥癣、痘疹的病羊留在最后剪，以免感染其他健康羊。

(三) 剪毛方法

绵羊剪毛的技术要求高，劳动强度大，有条件的大、中型羊场应提倡采用机械剪毛。化学脱毛的方法在国内外都有研究，但仍未能普遍采用。

剪毛应在干净、平坦的场地进行，将羊保定后，先从体侧至后腿剪开一条缝隙，顺此向背部逐渐推进（从后向前剪）一侧剪完后，将羊体翻一下，由背向腹剪毛（以便形成完整的毛套），最后剪下头颈部、腹部和四肢下部的羊毛，毛套去边后单独堆放打包，边角毛、头腿毛和腹毛装在一起，作为等外毛处理。

剪毛时，羊毛留茬高度为0.3～0.5厘米，尽可能减少皮肤损伤；当因技术不熟练而留茬过长时，切不要补剪，因为剪下的二刀毛几乎没有纺织价值，既会造成浪费，又会影响织品的质量，必须在剪毛时引起重视。

剪毛前，绵羊应空腹12小时，以免在翻动羊体时造成肠扭转。剪毛后一周内，尽可能在离羊舍较近的草场放牧，以免突遇降温降雪天气而造成损失。

六、抓绒

山羊抓绒的时间依各地的气候条件而异。一般在5～6月，当羊绒的毛根开始出现松动时进行，在生产中，常通过检查山羊耳根、眼圈四周绒毛的脱落情况来判断抓绒的时间。这些部位绒毛毛根松动较早。山羊脱绒的一般规律是：体况好的羊先脱，体弱的羊后脱；成年羊先脱，育成羊后脱；母羊先脱，公羊后脱。

抓绒的方法有两种：①先剪去外层长毛后抓绒；②先抓绒后剪

毛。抓绒工具是特制的铁梳，有两种类型：密梳，由12～14根钢丝组成，钢丝相距0.5～1.0厘米；稀梳，由7～8根钢丝组成，钢丝相距2.0～2.5厘米。钢丝直径0.3厘米左右，弯曲呈钩状，尖端磨成圆秃形，以减轻对羊皮肤的损伤。

抓绒时，需将羊的头部及四肢固定好，先用稀梳顺毛沿颈肩、背、腰、股等部位由上而下将毛梳顺，再用密梳作反方向梳乱。抓绒时，梳子要贴紧皮肤，用力要均匀，不能用力过猛，防止抓破皮肤。第一次抓绒后，过7天左右再抓一次，尽可能将绒抓净。

七、修蹄

修蹄是重要的保健工作内容，对舍饲奶山羊尤为重要。羊蹄过长或变形，会影响羊的行走，产生蹄病，甚至造成羊只残废。奶山羊每1～2月应检查和修蹄1次，其他羊只可每半年修蹄1次。

修蹄可选在雨后进行，此时蹄壳较软，容易操作。修蹄的工具主要有蹄刀、蹄剪（也可用其他刀、剪代替）。修蹄时，羊呈坐姿保定，背靠操作者；一般先从左前肢开始，术者用左腿架住羊的左肩，使羊的左前膝靠在人的膝盖上，左手握蹄，右手持刀、剪，先除去蹄下的污泥，再将蹄底削平，剪去过长的蹄壳，将羊蹄修成椭圆形。

修蹄时要细心操作，动作准确、有力，要一层一层地往下削，不可一次切削过深；一般削至可见到淡红色的微血管为止，不可伤及蹄肉。修完前蹄后，再修后蹄。修蹄时若不慎伤及蹄肉造成出血，可视出血多少采用压迫止血或烧烙止血方法；烧烙时应尽量减少对其他组织的损伤。

八、药浴

药浴的目的是为了预防和治疗羊体外寄生虫病，如羊疥癣、羊虱病等。

疥癣等外寄生虫病对绵羊的产毛量和羊毛品质都有不良影响，一旦发生疥癣，就很容易在羊群内蔓延，造成巨大的经济损失。除对病羊及时隔离并严格进行圈舍消毒、灭虫外，药浴是防止疥癣等外寄生虫病的有效方法。定期药浴是绵羊饲养管理的重要环节。

药浴时间一般在剪毛后10～15天。这时羊皮肤的创口已基本愈合，毛茬较短，药液容易浸透，防治效果很好。药浴常用的药品有螨净、双甲脒、蝇毒灵等，在专门的药浴池或大的容器内进行。目前，国内外也在推广喷雾法药浴，但设备投资较高，国内中、小羊场和农户一时还难以采用。

为保证药浴安全有效，除按不同药品的使用说明书正确配制药液外，在大批羊只药浴前，可用少量羊只进行试验，确认不会引起中毒后，才能让大批羊只药浴。在使用新药时，这点尤其重要。

羊只药浴时，要保证全身各部位均要洗到，药液要浸透被毛，要适当控制羊只通过药浴池的速度。对头部需用人工浇一些药液淋洗，但要避免将药液灌入羊的口腔。药浴的羊只较多时，中途应补充水和药液，使其保持适宜的浓度。对疥癣病患羊可在第一次药浴后7天，再进行一次药浴，结合局部治疗，使其尽快痊愈。

九、挤奶

挤奶技术要求高、劳动强度大。技术的好坏，不仅影响羊奶产量，而且可能会由于操作不当而造成羊患乳房疾病。挤奶的程序是：

（一）羊固定在挤奶台

将羊牵引上挤奶台（已习惯挤奶的母羊，可自动走上挤奶台）用颈枷或绳子固定，在挤奶台前方的小食槽内撒上一些混合精料，使其安静采食，便于挤奶。

（二）擦洗乳房

用清洁毛巾在温水中打湿后擦洗乳房2～3遍，再用干毛巾擦干。

（三）按摩

在擦洗乳房时、挤奶前和挤奶过程中要对乳房进行按摩，以柔和的动作左右对揉几次，再由上而下进行按摩，促使羊的乳房充盈而变得有一定的硬度和弹性。每次挤奶需按摩3～4次，挤出部分奶汁后，可再按摩1次，有利于将奶挤干净。

(四) 挤奶

最初挤出的几把奶不要。挤奶一般采用拳握法或滑挤法，以拳握法较好。每天挤奶2～3次。

(五) 称奶和记录

每次挤完奶后要及时称重，并做好记录，尤其在奶山羊的育种工作中，母羊的产奶量记录最为重要，必须做到准确、完整，并符合育种资料记录记载的具体要求。

(六) 过滤、消毒羊奶

称重后，经四层纱布过滤，装入盛奶桶，及时送往收奶站或经消毒处理后短期保存。消毒一般采用低温巴氏消毒法，即将羊奶加热（最好是间接加热）至60～65℃，并保持30分钟，可起到灭菌和保鲜的作用。羊奶鲜销时必须经巴氏消毒处理后才能上市。

(七) 清扫

挤奶完毕后，须将挤奶间的地面、挤奶台、饲槽、清洁用具、毛巾、奶桶等清洗干净，毛巾等可煮沸消毒后晾干，以备下次挤奶使用。

十、捉羊、抱羊、引羊方法

在饲养山羊的过程中，经常需要捉羊、抱羊、引羊，所以捉羊、抱羊、引羊是每个饲养员应掌握的实用技术。如果乱捉、乱抱、乱引山羊，方法和姿势不对，都会造成不良后果。特别是种公羊，胆子大、性烈，搞不好将会伤羊、伤人，这种现象在生产上常有发生。

(一) 捉羊

捉羊的正确方法是趁羊没有防备的时候，迅速地用一手捉住山羊的后肋，因为此处皮肤松软容易抓住。或者用手迅速抓住后肢飞节以上部位，但不要抓飞节以下部位，以免引起脱臼。除这两个部位外，其他部位不可乱抓，特别是背部的皮肤最容易与肌肉分离，如果抓羊时不够细心，往往会使皮肤下的微细血管破裂，受伤的皮肤颜色变深，要两周后才能恢复正常。

（二）抱羊

抱羊是饲养羔羊时常用的一种管理技术。正确的方法是把羔羊捉住后，人站在羔羊的左侧，左手由两前腿中间伸进托住胸部，右手先抓住右侧后腿飞节，把羊抱起后再用胳膊由后侧把羔羊抱紧，这样羔羊紧贴人身，抱起来既省力，羔羊又不会乱动。

（三）引羊

引羊就是牵引山羊前进。山羊性情固执，不能强拉前进，而应用一手扶在山羊的颈下部，以便左右其前进方向；另一手在山羊尾根部搔痒，山羊即随人意前进。如此方法不生效，可用两手分别握山羊的两后肢，将后躯提高，使两后肢离地。因其身体重心向前移，再加上捉羊人用力向前推，山羊就会向前推进。

第七章　羊场的建造

第一节　羊场选址的基本要求和原则

一、建造羊场的必备条件

① 场址不得位于《中华人民共和国畜牧法》明令禁止的区域，并符合相关法律法规及区域内土地使用规划。

② 具备县级以上畜牧兽医部门颁发的《动物防疫条件合格证》，两年内无重大疫病和产品质量安全事件发生。

③ 具备县级以上畜牧兽医行政主管部门的备案登记证明；按照《畜禽标识和养殖档案管理办法》要求，建立养殖档案。

二、羊场选址的基本要求

（一）地形、地势

绵羊、山羊均喜干燥、厌潮湿，所以干燥通风、冬暖夏凉的环境是羊只最适宜的生活环境。因此羊舍地址要求地势较高、避风向阳、地下水位低、排水良好、通风干燥、南坡向阳，切忌选在低洼涝地、山洪水道、冬季风口之地。

（二）水源

羊的生产需水量比较大，除了羊只饮用以外，羊舍的冲洗也需要大量的水。水源在选择场址时应该重点考虑。水源供应充足，清洁无严重污染源，上游地区无严重排污厂矿，无寄生虫污染危害区。主要以舍饲为主时，水源以自来水为最好，其次是井水。日需水量舍饲羊大于放牧羊，夏、秋季大于冬、春季。

（三）交通便利，能保证防疫安全

距离公路支线不小于 500 米，距离公路主干线不小于 1500 米，直接进场的道路不应与其他道路公用，距离居民点、其他养殖场、饲料厂 1000 米以上，距离屠宰场、畜产品加工厂 1500 米以上。有专用道路与公路相连，避免将养殖区连片建在紧靠主要公路的两侧。有良好的水、电、路等公用设施配套条件。

（四）避免人畜争地

选择荒坡闲置地或农业种植区域，禁止选择基本农田保护区。选择有广袤的种植区域、较大的粪污吸纳量及建设有配套的排污处理设施的场地，使有机废弃物经处理达标后能够循环利用。禁止在旅游区、自然保护区、人口密集区、水源保护区和环境公害污染严重的地区及国家规定的禁养区建设。

（五）符合国家有关规定

根据国家有关规定，羊场场址选择必须经环境保护、土地资源管理以及畜牧主管部门联合做出畜禽养殖环境影响评价，并在一定范围向区域内民众进行公众调查和公示。

三、修建羊场应遵循的原则

（一）因地制宜

羊场的规划、设计及建筑物的营造绝对不可简单模仿，应根据当地的气候、场址的形状、地形地貌、小气候、土质及周边实际情况进行规划和设计。例如平地建场，必须搭棚盖房；而在沟壑地带建场，挖洞筑窑作为羊舍及用房将更加经济适用。

（二）适用经济

建场修圈不仅必须能够适应集约化、程序化肉羊生产工艺流程的需要和要求，投资还必须要少。也就是说，该建的一定要建，而且必须建好，与生产无关的绝对不建，绝不追求奢华。因为肉羊生产毕竟仅是一种低附加值的产业，任何原因造成的生产经营成本的增加，要以微薄的盈利来补偿都是不易的。

（三）急需先建

羊场的选址、规划、设计全都搞好以后，一般不可从一开始就全面开放，等把全部场舍建设齐全以后再开始养羊，应当根据经济能力办事，先根据达到能够盈利规模的需要进行建设，并使羊群尽快达到这种规模。

（四）逐步完善

由于一个羊场，特别是大型羊场，基本设施的建设一般是分期分批进行的，像后备母羊舍、配种室、妊娠母羊舍、产房、带仔母羊舍、种公羊舍、隔离羊舍、兽医室等设计、要求、功能各不相同的设施，绝对不能一下都修建齐全以后才开始养羊。在这种情况下，为使功用问题不致影响生产，若为复合式经营，可先建一些功能比较齐全的带仔母羊舍以代别的羊舍之用。至于办公用房、产房、配种室、种公羊圈，可在某栋带仔母羊舍某一适当的位置留出一定的间数，暂改他用，以备生产急需之用。等别的专用羊舍、建筑建好并腾出来以后，再把这些临时占用的带仔母羊舍逐渐恢复正常使用，用于饲养带仔母羊。

四、羊场的布局

羊场主要分管理区、辅助区、生产区、隔离区四部分。各区布局要从人畜卫生防疫和工作方便的角度考虑，符合科学管理、清洁卫生的原则。管理区和辅助区处于上风处，生产区和隔离区（兽医室、粪污处理区、病死畜处理区等）应设在下风处。

管理区主要是从事生产和经营管理等活动的功能区。应设在与外界联系方便的位置，处于上风处和地势较高的地段。场区与外界隔离，边界清晰，有隔离设施。生产区四周设围墙，大门出入口设值班室、人员更衣消毒室、车辆消毒池。管理区与生产区距离为30～50米。

辅助区主要包括饲料库、维修室、配电室、贮水池、青贮窖等。辅助区应设在生产区旁边且地势高燥处。

生产区主要包括羊舍、人工授精室、兽医室等建筑，是羊场主要的组成部分。

隔离区一般位于地势较低的下风处，应远离生产区。隔离区包括病羊隔离区、病死羊处理区及粪污处理区。病羊隔离区、粪污处理区应有单独通道和出入口，便于病羊隔离、消毒和污物处理。

第二节　羊舍建造的基本要求

一、地面

羊运动、采食和排泄的地面，按建筑材料不同有土质地面、砖砌地面、水泥地面和漏缝地板等。

（一）土质地面

土质地面属于暖地（软地面）类型。土质地面优点是柔软、富有弹性、不光滑、易于保温、造价低廉；缺点是不够坚固、容易出现小坑、不便于清扫消毒、易形成潮湿的环境。用土质地面时，可混入石灰增强黄土的黏固性，也可用三合土（石灰∶碎石∶黏土＝1∶2∶4）地面。

（二）砖砌地面

砖砌地面属于冷地面（硬地面）类型。因砖的空隙较多，导热性小，具有一定的保温性能。成年母羊舍粪尿相混的污水较多，容易造成不良环境。又由于砖砌地面易吸收大量水分，可破坏其本身的导热性而变冷变硬。砖砌地面吸水后，经冻易破碎，加上本身磨损的特点，容易形成坑穴，不便于清扫消毒。用砖砌地面时，砖宜立砌，不宜平铺。

（三）水泥地面

水泥地面属于硬地面。其优点是结实、不透水、便于清扫消毒；缺点是造价高、地面太硬、导热性强、保温性能差。为防止地面湿滑，可将水泥地面表面做成麻面。

（四）漏缝地板

集约化饲养的羊舍可建造漏缝地板，用厚3.8厘米、宽6～8厘米的水泥条筑成，间距为1.5～2.0厘米。漏缝地板羊舍需配以污水处理设备，造价较高，国外大型羊场和我国南方一些羊场已普遍采用。

二、羊床

羊床是羊躺卧和休息的地方，要求洁净、干燥、不残留粪便和便于清扫，可用木条或竹片制作，木条宽3～4厘米、厚3～3.5厘米，缝隙宽1.5～2.0厘米，重点是要略小于羊蹄的宽度，以免羊蹄漏下折断羊腿。羊床大小可根据圈舍面积和羊的数量而定。

商品漏缝地板是一种新型畜床材料，其保温性好，便于清扫和消毒，但成本较高。

三、墙体

墙体对羊舍的保温与隔热起着重要作用，一般多采用土、砖和石等材料。近年来，建筑材料科学发展很快，许多新型建筑材料如金属铝板、钢构件和隔热材料等，已经用于各类羊舍建筑中。用这些材料建造的羊舍，不仅外形美观、性能好，造价也不比传统的砖瓦结构建筑高多少，是未来大型集约化羊场建筑的发展方向。

四、屋顶和天棚

屋顶应具备防雨和保温隔热功能。挡雨层可用陶瓦、石棉瓦、金属板和油毡等制作。在挡雨层的下面，应铺设保温隔热材料，常用的有玻璃丝、泡沫板和聚氨酯等保温材料。

五、运动场

单列式羊舍应坐北朝南排列，所以运动场应设在羊舍的南面；双列式羊舍应南北向排列，运动场设在羊舍的东、西两侧，以利于采光。运动场地面应低于羊舍地面，并向外稍有倾斜，便于排水和保持干燥。

六、围栏

羊舍内和运动场四周均设有围栏，其功能是将不同大小、不同性别和不同类型的羊相互隔离开，并限制在一定的活动范围之内，以利于提高生产效率和便于科学管理。

围栏高度以1.5米较为合适，材料可用木栅栏、铁丝网、钢管等。围栏必须有足够的强度和牢固度，因为与绵羊相比，山羊的顽皮性、好斗性和运动撞击力要大得多。

七、食槽和水槽

食槽和水槽应尽可能设计在羊舍内部，以防雨水和冰冻。食槽可用水泥、铁皮等材料建造，深度一般为15厘米，不宜太深，底部应为圆弧形，四角也要用圆弧角，以便清洁打扫。水槽可用成品陶瓷水池或其他材料，底部应有放水孔。

第三节 羊舍的类型及式样

羊舍的功能主要是保暖、遮风避雨和便于羊群的管理。适用于规模化饲养的羊舍，除了具备相同的基本功能外，还应该充分考虑不同生产类型绵羊、山羊的特殊生理需要，尽可能保证羊群能有较好的生活环境。中国养羊业分布区域广，生态环境条件及生产方式差异大，羊舍主要分为以下几种类型：

一、长方形羊舍

这是中国养羊业采用较为广泛的一种羊舍形式。这种羊舍具有建筑方便、变化样式多、实用性强的特点，可根据不同的饲养地区、饲养方式、饲养品种及羊群种类，设计内部结构、布局和运动场，见图 7-1。

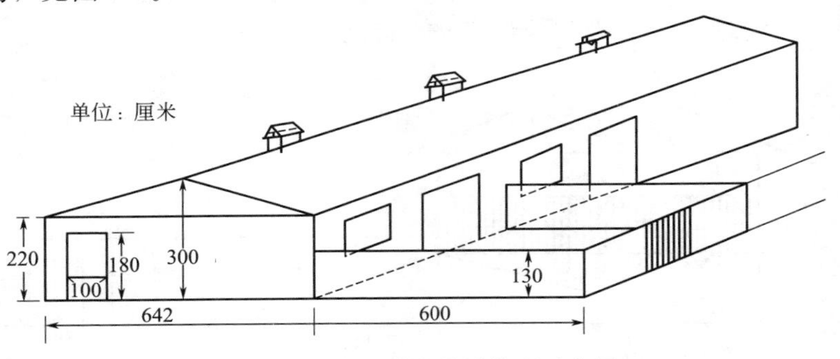

图 7-1　长方形羊舍设计外观示意图

在牧区，羊群以放牧为主，除冬季和产羔季节才利用羊舍外，其余大多数时间均在野外过夜，羊舍的内部结构相对简单些，只需要在运动场安放必要的饮水、补饲及草架等设施。以舍饲或半舍饲为主的养羊区或以饲养奶山羊为主的羊场和专业户，应在羊舍内部安置草架、饲槽和饮水器具等设施。

以舍饲为主的羊舍多修为双列式。双列式又分为对头式和对尾式两种。双列对头式羊舍中间为走道，走道两侧各修一排带有颈枷的固定饲槽，羊只采食时头对头。这种羊舍有利于饲养管理及对羊只采食的观察。双列对尾式羊舍走道和饲槽、颈枷靠羊舍两侧窗户而修，羊只尾对尾。双列式羊舍的运动场可修在羊舍外的一侧或两侧。羊舍内可根据需要隔成小间，也可不隔；运动场同样可分隔，也可不分隔。

二、楼式羊舍

在气候潮湿的地区，为了保持羊舍的通风干燥，可修建楼式羊舍。夏、秋季，羊住楼上，粪尿通过漏缝地板落入楼下；冬、春季，将楼下粪便清理干净后，楼下住羊，楼上堆放干草饲料，防风防寒，一举两得。漏缝地板可用木条、竹子敷设，也可敷设水泥预制漏缝地板，漏缝缝隙为1.5～2厘米，间距3～4厘米，离地面距离为2.0米左右。楼上开设较大的窗户，楼下则只开较小的窗户，楼上面对运动场一侧既可修成半封闭式，也可修成全封闭式。饲槽、饮水槽和补饲草架等均可修在运动场内，见图7-2。

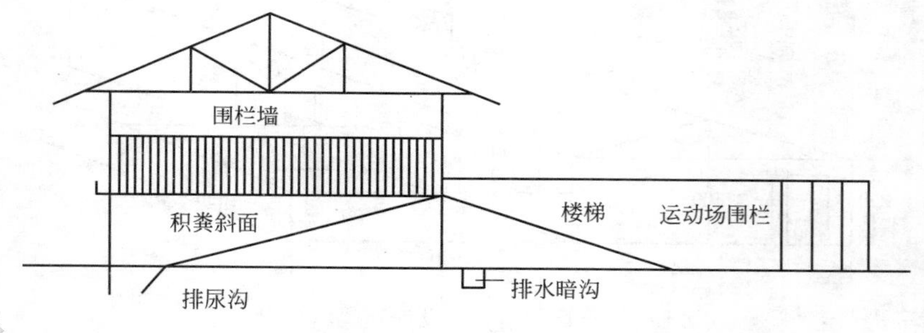

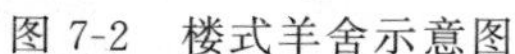
图7-2　楼式羊舍示意图

三、塑料薄膜大棚式羊舍

用塑料薄膜建造羊舍，能提高舍内温度，可在一定程度上改善寒冷地区冬季养羊的生产条件，十分有利于发展适度规模专业化养羊生产，而且投资少，易于修建。塑料薄膜大棚式羊舍（塑膜棚羊舍）的修建，可利用已有的简易敞圈或羊舍的运动场，搭建好骨架后扣上密闭的塑料薄膜而成。骨架材料可选用木材、钢材、竹竿、铁丝、铅丝和铝材等。塑料薄膜可选用白色透明、透光好、强度大、厚度为0.10～0.12毫米、宽度为3～4米、抗老化和保温好的膜，例如聚氯乙烯膜、聚乙烯膜等。塑膜棚羊舍可修成单斜面式、双斜面式、半拱形式和拱形式。薄膜可覆盖单层，也可覆盖双层。棚内圈舍排列，既可修成单列，也可修成双列。结构最简单、最经济实用的为单斜面式单层单列式膜棚。

建筑方向坐北向南。棚舍中梁高2.5米，后墙高1.7米，前沿墙高 1.1 米。后墙与中梁间用木材搭棚，中梁与前沿墙间用竹片搭成弓形支架，上面覆盖单层或双层膜。棚舍前后跨度 6 米、长 10 米，中梁垂直地面与前沿墙距离 2～3 米。山墙一端开门，供饲养员和羊群出入，门高 1.8 米、宽 1.2 米。在前沿墙基 5～10 厘米处留进气孔，棚顶开设 1～2 个排气百叶窗，排气孔数量应为进气孔数量的 1.5～2 倍。棚内可沿墙设补饲槽、产仔栏等设施。棚内圈舍可隔成小间，供不同年龄羊只使用。在北方地区的寒冷季节（1 月、2 月和 11 月、12 月），塑膜棚羊舍内的最高温度可达 3.7～5.0℃，最低温度为－0.7～－2.5℃，分别比棚外温度提高 4.6～5.9℃和 21.6～25.1℃，可基本满足羊的生长发育要求。

第四节　养羊场的基本设施

一、饲槽、草架

饲槽用于冬、春季补饲混合精料、颗粒料、青贮料和提供饮水。草架主要用于补饲青干草。饲槽和草架有固定式和移动式两种。固定式饲槽可用钢筋混凝土制作，也可用铁皮、木板等材料制成，固定在羊舍内或运动场。草架可用钢筋、木条和竹条等材料制作。饲槽、草架设计制作的长度应使每只羊采食时不相互干扰，羊脚不能踏入槽中或架内，并避免架内草料落在羊身上。

二、多用途活动栏圈

多用途活动栏圈主要用于临时分隔羊群及分离母羊与羔羊，可用木板、木条、原竹、钢筋、铁丝等制作。栏的高度视其用途可高可低，羔羊栏 1～1.5 米，大羊栏 1.5～2 米。可做成移动式，也可做成固定式。

三、药浴设备

为绵羊设置的、防治外寄生虫病的药浴池，用砖、石、水泥等建造成狭长的水池，长约10～12米，池顶宽60～80厘米，池底宽40～60厘米，深1～1.2米，以装入药液后不致淹没羊头部为准。入口处设漏斗形围栏，羊群依次滑入池中洗浴，出口有一定倾斜坡度的小台阶，使羊缓慢地出池，让羊在出浴后停留时身上的药液流回池中。

四、青贮设备

（一）青贮袋

青贮袋是用特制塑料大袋作为贮藏工具，国内外使用均较为普遍。这种塑料大袋长度可达数米，例如有一种厚0.2米、直径2.4米、长60米的聚乙烯薄膜圆筒袋，可根据需要剪切成不同长度的袋子。青贮袋制作的青贮料损失少、成本低，很适合农村专业户使用。

（二）青贮窖或青贮壕

选择地势高、干燥、地下水位低、土质坚实、离羊舍近的地区，挖圆形土窖。窖的大小可视情况而定，直径2.5米、深3～4米。长方形青贮壕，宽3.0～3.5米、深10米左右，长度视需要而定，为15～20米。用青贮窖和青贮壕进行青贮，设备成本低，容易制作，尤其适合北方农牧区。其缺点是地势选择不好时窖中容易积水，导致青贮霉烂，开窖后需要尽快用完。

五、不同生产方向所需羊舍的面积

不同生产方向的羊群，以及处于不同生长发育阶段的羊只，所需要的羊舍面积是不相同的。羊舍总面积大小主要取决于饲养量大小。羊舍过小，舍内潮湿，空气污染严重时，会妨害羊的健康生长，影响生产效率，管理也不方便。具体不同方向的羊舍使用面积见表7-1、表7-2。

表7-1　各种羊所需羊舍面积　　单位：米^2/只

项目	细毛羊、半细毛羊	奶山羊	绒山羊	肉羊	毛皮羊
面积	1.5～2.5	2.0～2.5	1.5～2.5	1.0～2.0	1.2～2.0

表 7-2 同一生产方向各类羊只所需羊舍面积

单位：米^2/只

项目	产羔母羊	单饲公羊	群饲公羊	育成公羊	周岁母羊	去势羔羊	3～4月龄断奶羔羊
面积	1～2	4～6	2～2.5	0.7～1	0.7～0.8	0.6～0.8	母羊舍的20%

第八章 羊的疾病防治

第一节 羊场的卫生防疫措施

羊场卫生防疫措施应遵循中华人民共和国农业行业标准——《无公害食品 肉羊饲养兽医防疫准则》(NY 5149—2002)执行。

羊在生活过程中所发生的疾病是多种多样的，根据其性质，一般分为传染病、寄生虫病和普通病三大类。

传染病是由病原微生物（如细菌、病毒、支原体等）侵入羊体而引起的。病原微生物在羊体内生长繁殖，释放出大量毒素或致病因子，破坏或损害羊的机体，使羊发病，如不及时防治，常引起死亡。羊发生传染病后，病原微生物从其体内排出，通过直接接触或间接接触传染给其他羊，造成疫病流行。有些急性烈性传染病，可使羊大批死亡，造成严重的经济损失。

寄生虫病是由寄生虫（如蠕虫、昆虫、原虫等）寄生于羊体而引起的。当寄生虫寄生于羊体时，通过虫体对羊的组织器官造成机械损伤，夺取营养或产生毒素，使羊消瘦、贫血、营养不良，生产性能下降，严重者可导致死亡。寄生虫病与传染病有类似之处，即具有侵袭性，使多数羊发病。某些寄生虫在其生活发育过程中还需要有中间宿主，如肝片吸虫的中间宿主是椎实螺。羊的寄生虫病种类很多，某些寄生虫病所造成的经济损失并不亚于传染病，对养羊业构成严重威胁。

普通病是指除传染病和寄生虫病以外的疾病，包括内科病、外科病、产科病等。这类疾病是由于饲养管理不当、营养代谢失调、误食毒物、机械损伤、异物刺激或其他外界因素如温度、气压、光线等原因所致。普通病与上述两类疾病的不同之处是没有传染性或侵袭性，多为零星发生，羊如误食了某些毒草或毒物，也会大批发病，造成严重的经济损失。

羊病防治必须坚持“预防为主”的方针，认真贯彻《中华人民共和国动物防疫法》和国务院颁布的《家畜家禽防疫条例》，采取加强饲养管理、搞好环境卫生、开展防疫检疫、定期驱虫、预防中毒等综合性防治措施，将饲养管理工作和防疫工作紧密结合起来，以取得防病灭病的综合效果。

一、加强饲养管理

（一）坚持自繁自养

羊场或养羊专业户应选养健康的良种公羊和母羊自行繁殖，以提高羊的品质和生产性能，增强对疾病的抵抗力，并可减少入场检疫的劳务，防止因引入新羊带来病原体。

（二）合理组织放牧

牧草是羊的主要饲料，放牧是羊群获取其营养需要的重要方式。因此，组织放牧是否合理，与羊的生长发育好坏和生产性能的高低有着十分密切的关系。应根据农区、牧区草场的不同情况，以及羊的品种、年龄、性别的差异，分别编群放牧。为了合理利用草场，减少牧草浪费和减少羊群感染寄生虫的机会，应推行划区轮牧制度。

（三）适时进行补饲

羊的营养需要主要来自放牧，但当冬季草枯、牧草营养下降或放牧采食不足时，必须进行补饲，特别是对正在发育的幼龄羊、妊娠期和哺乳期的成年母羊补饲尤其重要。种公羊如仅靠平时放牧，营养需要难以满足，在配种季节则更需要保证较高的营养水平，因此，种公羊多采取舍饲方式，并按饲养标准喂养。

（四）妥善安排生产环节

养羊的主要生产环节是：鉴定、剪毛、梳绒、配种、产羔和育羔、羔羊断奶和分群。每一生产环节的安排，应尽量在较短时间内完成，以尽可能增加有效放牧时间；如某些环节影响放牧，要及时给予适当的补饲。

二、搞好环境卫生

养羊的环境卫生好坏，与疫病的发生有密切关系。环境污秽，利于病原体的滋生和疫病传播。因此，羊舍、羊圈、场地及用具应保持清洁、干燥，每天清除圈舍、场地的粪便及污物，将粪便及污物堆积发酵，30 天左右可作为肥料使用。

羊的饲草应当保持清洁、干燥，不能用发霉的饲草、腐烂的粮食喂羊；饮水也要清洁，不能让羊饮用污水和冰冻水。

老鼠、蚊、蝇等是病原体的宿主和携带者，能传播多种传染病和寄生虫病。应当清除羊舍周围的杂物、垃圾及乱草堆等，填平死水坑，认真开展杀虫灭鼠工作。杀灭蚊、蝇可使用敌百虫、敌敌畏、倍硫磷、马拉硫磷（马拉松）等杀虫药，配成 0.1%～0.2%溶液，或使用蝇毒磷，配成 0.025%混悬液，每月在羊舍内外和蚊蝇容易滋生的场所喷洒 2 次，但不可喷洒于饲料仓库、鱼塘等处。

灭鼠的方法，除使用捕鼠夹捕杀外，常使用药物灭鼠，如敌鼠钠盐、安妥等。敌鼠钠盐对人畜毒性低，常用于住房、羊舍、仓库灭鼠，使用比较安全。常用 0.05%毒饵，即将敌鼠钠盐用开水溶化成 5%溶液，然后按 0.05%浓度与谷物或其他食饵搅拌均匀即可。投放毒饵连续 4～5 天，多次少量食入比一次大量食入效果更好。敌鼠钠盐是一种抗凝血性药物，鼠食入后可使其内脏、皮下等处出血而死亡。使用时应慎防发生人畜中毒，如发生中毒，可用维生素 K 注射液解救。

三、严格执行检疫制度

检疫是应用各种诊断方法（临床的、实验室的），对羊及其产品进行疫病（主要是传染病和寄生虫病）检查，并采取相应的措施，以防疫病的发生和传播。为了做好检疫工作，必须有一定的检疫手续，以便在羊流通的各个环节中，做到层层检疫，环环扣紧，互相制约，从而防止疫病传播蔓延。羊从生产到出售，要经出入场检疫、收购检疫、运输检疫和屠宰检疫，涉及外贸时，还要进行进出口检疫。出入场检疫是所有检疫中最基本、最重要的检疫，只有经检疫而未发生疫病时，方可让羊及其产品进场或出场。羊场或养羊专业户引进羊时，只能从非疫区购入，经当地兽医检疫部门检疫，并签发检疫合格证明；运抵目的地后，再经本场或专业户所在地兽医验证、检疫并隔离观察 1 个月以上，确认为健康羊，经驱虫、消毒，没有注射过疫苗的还要补注疫苗，然后方可与原有羊混群饲养。羊场采用的饲料和用具，也要从安全地区购入，以防疫病传入。

羊大群检疫时，可用检疫夹道，即在普通羊圈内用木板做成夹道，进口处呈漏斗状，与待检圈相连，出口处有两个活动小门，分别通往健康圈和隔离圈。夹道用厚 2 厘米、宽 10 厘米的木板做成 75 厘米高的栅栏，夹道内的宽度和活动小门的宽度均为 45～50 厘米。检疫时，将羊赶入夹道内，检疫人员即可在夹道两侧进行检疫。根据检疫结果，打开出口的活动小门，分别将羊赶入健康圈或隔离圈。这种设备除检疫用外，还可作羊的分群用。

四、有计划地进行免疫接种

免疫接种是激发羊体产生特异性抵抗力，使其对某种传染病从易感转化为不易感的一种手段。有组织、有计划地进行免疫接种，是预防和控制羊传染病的重要措施之一。目前，我国用于预防羊主要传染病的疫苗有以下几种：

1. 无毒炭疽芽孢苗

预防羊炭疽。绵羊皮下注射 0.5 毫升，注射后 14 天产生强免疫力，免疫期 1 年。山羊不能用。

2. 第Ⅱ号炭疽芽孢苗

预防羊炭疽。绵羊、山羊均皮下注射 1 毫升，注射后 14 天产生免疫力，免疫期 1 年。

3. 炭疽芽孢氢氧化铝佐剂苗

预防羊炭疽。此苗一般称浓芽孢苗，系无毒炭疽芽孢苗或第Ⅱ号炭疽芽孢苗的浓缩制品。使用时，以 1 份浓苗加 9 份 20%氢氧化铝胶稀释剂，充分混匀后即可注射。其用途、用法与各自芽孢苗相似。使用该疫苗一般可减轻注射反应。

4. 布鲁氏杆菌猪型 2 号疫苗

预防羊布鲁氏杆菌病。山羊、绵羊臀部肌内注射 0.5 毫升（含菌 50 亿）；阳性羊、3 月龄以下羔羊和妊娠羊均不能注射。

饮水免疫时，用量按每只羊服 200 亿菌体计算，两天内分两次饮服；在饮服疫苗前，一般应停止饮水半天，以保证每只羊都能饮用一定量的水。应当用冷的清水稀释疫苗，并应迅速饮喂，疫苗从混合在水内到进入羊体内的时间越短，效果越好。免疫期暂定 2 年。

5. 布鲁氏杆菌羊型 5 号疫苗

预防羊布鲁氏杆菌病。此苗可对羊群进行气雾免疫。如在室内进行气雾免疫，疫苗用量按室内空间计算，即每立方米用 50 亿菌，喷雾后羊群需在室内停留 30 分钟；如在室外进行气雾免疫，疫苗用量按羊的只数计算，每只羊用 50 亿菌，喷雾后羊群需在原地停留 20 分钟。在使用此苗进行羊气雾免疫时，操作人员需注意个人防护，应穿工作衣裤和胶靴，戴大而厚的口罩，如不慎被感染出现症状，应及时就医。

本苗也可供注射或口服用。注射时，将疫苗稀释成每毫升含菌 50 亿的浓度，每只羊皮下注射 10 亿菌；口服时，每只羊的用量为 250 亿菌。

本苗免疫期暂定为1年半。

6. 破伤风明矾沉降类毒素

预防破伤风。绵羊、山羊各颈部皮下注射0.5毫升。平时均为1年注射1次；遇有羊受伤时，再用相同剂量注射1次，若羊受伤严重，应同时在另一侧颈部皮下注射破伤风抗毒素，可预防破伤风。该类毒素注射后1个月产生免疫力，免疫期1年，第二年再注射1次，免疫力可持续4年。

7. 破伤风抗毒素

供羊紧急预防或防治破伤风之用。皮下或静脉注射，治疗时可重复注射一至数次。预防剂量1200～3000抗毒单位，治疗剂量5000～20000抗毒单位。免疫期2～3周。

8. 羊快疫、猝疽、肠毒血症三联灭活疫苗

预防羊快疫、猝疽、肠毒血症。成年羊和羔羊一律皮下或肌内注射5毫升，注射后14天产生免疫力，免疫期6个月。

9. 羔羊痢疾灭活疫苗

预防羔羊痢疾。妊娠母羊分娩前20～30天第一次皮下注射2毫升，第二次于分娩前10～20天皮下注射3毫升。第二次注射后10天产生免疫力。免疫期：母羊5个月，经乳汁可使羔羊获得母源抗体。

10. 羊黑疫、快疫混合灭活疫苗

预防羊黑疫和快疫。氢氧化铝灭活疫苗，羊不论年龄大小均皮下或肌内注射3毫升，注射后14天产生免疫力，免疫期1年。

11. 羔羊大肠杆菌病灭活疫苗

预防羔羊大肠杆菌病。3月龄至1岁的羊，皮下注射2毫升；3月龄以下的羔羊，皮下注射0.5～1.0毫升。注射后14天产生免疫力，免疫期5个月。

12. 羊厌气菌氢氧化铝甲醛五联灭活疫苗

预防羊快疫、羔羊痢疾、猝疽、肠毒血症和黑疫。羊不论年龄大小均皮下或肌内注射5毫升，注射后14天产生可靠免疫力，免疫期6个月。

13. 肉毒梭菌（C 型）灭活疫苗

预防羊肉毒梭菌中毒症。绵羊皮下注射 4 毫升，免疫期 1 年。

14. 山羊传染性胸膜肺炎氢氧化铝灭活疫苗

预防由丝状支原体山羊亚种引起的山羊传染性胸膜肺炎。皮下注射，6 月龄以下的山羊 3 毫升，6 月龄以上的山羊 5 毫升，注射后 14 天产生免疫力，免疫期 1 年。本品限于疫区内使用，注射前应逐只检查体温和健康状况，凡发热有病的不予注射。注射后 10 天内要经常检查，有反应者，应进行治疗。本品用前应充分摇匀，切忌冻结。

15. 羊肺炎支原体氢氧化铝灭活疫苗

预防绵羊、山羊由绵羊肺炎支原体引起的传染性胸膜肺炎。颈侧皮下注射，成年羊 3 毫升，6 月龄以下幼羊 2 毫升，免疫期可达 1 年半以上。

16. 羊痘鸡胚化弱毒疫苗

预防绵羊痘，也可用于预防山羊痘。冻干苗按瓶签上标注的疫苗量，用生理盐水 25 倍稀释，振荡均匀，羊不论年龄大小，一律皮下注射 0.5 毫升，注射后 6 天产生免疫力，免疫期 1 年。

17. 山羊痘弱毒疫苗

预防山羊痘和绵羊痘。皮下注射 0.5～1.0 毫升，免疫期 1 年。

18. 兽用狂犬病 ERA 株弱毒细胞苗

预防犬类和其他家畜（羊、猪、牛、马）的狂犬病。用灭菌蒸馏水或生理盐水稀释，2 月龄以上羊注射 2 毫升。免疫期半年至 1 年。

19. 伪狂犬病弱毒细胞苗

预防羊伪狂犬病。冻干苗先加 3.5 毫升中性磷酸盐缓冲液稀释，再稀释 20 倍。4 月龄以上至成年绵羊肌内注射 1 毫升，注苗后 6 天产生免疫力，免疫期 1 年。

20. 羊链球菌病活疫苗

预防绵羊、山羊败血性链球菌病。注射用苗以生理盐水稀释，气雾用苗以蒸馏水稀释。每只羊尾部皮下注射 1 毫升（含 50 万活菌），2 岁以下羊用量减半。露天气雾免疫每只剂量 3 亿活菌，室内气雾免疫每只剂量 3000 万活菌。免疫期 1 年。

免疫接种的效果与羊的健康状况、年龄大小、是否正在妊娠或哺乳，以及饲养管理条件的好坏有密切关系。成年的、体质健壮或饲养管理条件好的羊群，接种后会产生较强的免疫力；反之，幼年的、体质瘦弱的、有慢性疾病或饲养管理条件不好的羊群，接种后产生的免疫力就要差些，甚至可能引起较明显的接种反应。妊娠母羊，特别是临产前的母羊，在接种时由于驱赶、捕捉等影响，或者由于疫苗所引起的反应，有时会发生流产或早产，或者可能影响胎儿的发育，哺乳期的母羊免疫接种后，有时会暂时减少泌乳量。免疫过的妊娠母羊所产羔羊通过吮吸初乳后，在一定时间内其体内有母源抗体存在，因而对幼龄羔羊免疫接种往往不能获得满意结果。所以，对那些幼羊、弱羊、有慢性病的羊和妊娠后期母羊，除非已经受到传染的威胁，否则最好暂时不予接种。对那些饲养管理条件不好的羊群，在进行免疫接种的同时，必须创造条件改善饲养管理。

免疫接种须按合理的免疫程序进行，各地区、各羊场可能发生的传染病不止一种，而可用来预防这些传染病的疫苗的性质又不尽相同，免疫期长短不一。因此，羊场往往需用多种疫苗来预防不同的病，也需要根据各种疫苗的免疫特性来合理地安排免疫接种的次数和间隔时间，这就是所谓的免疫程序。目前国际上还没有一个统一的羊免疫程序，只能在实践中总结经验，制定出合乎本地区、本羊场具体情况的免疫程序。

五、做好消毒工作

消毒是贯彻“预防为主”方针的一项重要措施。其目的是消灭传染源散播于外界环境中的病原微生物，切断传播途径，阻止疫病继续蔓延。羊场应建立切实可行的消毒制度，定期对羊舍（包括设备与用具）、地面土壤、粪便、污水、皮毛等进行消毒。

（一）羊舍消毒

羊舍消毒一般分两个步骤：第一步先进行机械清扫；第二步用消毒液消毒。机械清扫是搞好羊舍环境卫生的一种基本方法。据试验，采用该清扫方法，可使羊舍内的细菌数减少 20%左右，如果清扫后再用清水冲洗，则羊舍内的细菌数可减少 50%以上，清扫、冲洗后再用药物喷雾消毒，羊舍内的细菌数可减少 90%以上。

用化学消毒液消毒时，消毒液的用量以羊舍内每平方米面积用 1 升药液计算。常用的消毒药有 10%～20%石灰乳、10%漂白粉溶液、0.5%～1.0%菌毒敌（原名农乐，同类产品有农福、农富、菌毒灭等）、0.5%～1.0%二氯异氰尿酸钠（以此药为主要成分的商品消毒剂有强力消毒灵、灭菌净、抗毒威等）、0.5%过氧乙酸等。消毒方法是将消毒液盛于喷雾器内，先喷洒地面，然后喷墙壁，再喷天花板，最后开门窗通风，用清水刷洗饲槽、用具，将消毒药味除去。如羊舍有密闭条件，可关闭门窗，用福尔马林熏蒸消毒12～24 小时，然后开窗通风 24 小时。福尔马林的用量为每立方米空间用 12.5～50.0 毫升，加等量水一起加热蒸发；无热源时，每立方米空间用 30 克高锰酸钾和 15 毫升福尔马林溶液，即可产生高热蒸发。羊舍消毒每年可进行两次（春、秋季各 1 次）。产房的消毒，在产羔前应进行 1 次，产羔高峰时进行多次，产羔结束后再进行 1 次。在病羊舍、隔离舍的出入口处应放置浸有消毒液的麻袋片或草垫；消毒液可用 2%～4%氢氧化钠、1%菌毒敌（对病毒性疾病），或用 10%克辽林溶液（对其他疾病）。

（二）地面土壤消毒

土壤表面消毒可用 10%漂白粉溶液、4%福尔马林或 10%氢氧化钠溶液。停放过芽孢杆菌所致传染病（如炭疽）病羊尸体的场所，应严格加以消毒，首先用上述漂白粉溶液喷洒地面，然后将表层土壤掘起 30 厘米左右，撒上干漂白粉，并与土混合，将此表层土妥善运出掩埋。其他传染病所污染的地面土壤，则可先将地面翻一下，深度约 30 厘米，在翻地的同时撒上干漂白粉（用量为每平方米 0.5 千克)，然后以水洇湿，压平。如果放牧地区被某种病原体污染，一般利用自然因素（如阳光）来消除病原体；如果污染的面积不大，则使用化学消毒药消毒。

（三）粪便消毒

羊的粪便消毒方法有多种，最实用的方法是生物热消毒法，即在距羊场 100～200 米以外的地区设一堆粪场，将羊粪堆积起来，上面覆盖 10 厘米厚的沙土，堆放发酵 30 天左右即可用作肥料。

（四）污水消毒

常用的方法是将污水引入污水处理池，加入化学药品（如漂白粉或其他氯制剂）进行消毒，用量视污水量而定，一般 1 升污水用 2～5 克漂白粉。

（五）皮毛消毒

羊患炭疽病、口蹄疫、布鲁氏杆菌病、羊痘、坏死杆菌病等，其羊皮、羊毛均应消毒。应当注意，羊患炭疽病时，严禁从尸体上剥皮；在储存的原料皮中即使只发现 1 张患炭疽病的羊皮，也应将整堆与它接触过的羊皮进行消毒。皮毛的消毒，目前广泛利用环氧乙烷气体消毒法。消毒时必须在密闭的专用消毒室或密闭良好的容器（常用聚乙烯或聚氯乙烯薄膜制成的篷布）内进行。在室温 15℃时，每立方米密闭空间使用环氧乙烷 0.4～0.8 千克，维持 12～48 小时，相对湿度在 30%以上。此法对细菌、病毒、霉菌均有良好的消毒效果，对皮毛等产品中的炭疽芽孢也有较好的消毒作用。环氧乙烷对人畜有毒性，而且其蒸气遇明火会燃烧以致爆炸，故必须注意安全，具备一定条件时才可使用。

六、实施药物预防

羊场可能发生的疫病种类很多，其中有些病目前已研制出有效的疫苗，还有不少病尚无疫苗可供利用；有些病虽有疫苗但实际应用还有问题，因此，用药物预防这些疫病是一项重要措施。以安全而价廉的药物加入饲料和饮水中，让羊群自行采食或饮用。

常用的药物有磺胺类药物（如磺胺嘧啶、磺胺甲基嘧啶、磺胺二甲基嘧啶、磺胺脒、磺胺甲基异噁唑等）、抗生素（如青霉素、链霉素、土霉素、四环素、氯霉素、新霉素、卡那霉素、庆大霉素、红霉素、泰乐菌素、多黏菌素B、制霉菌素、克霉唑等）、硝基呋喃类药（如呋喃唑酮、呋喃妥因等）。磺胺类药、四环素族抗生素（土霉素、四环素等）和硝基呋喃类药，常拌入饲料或混于饮水中使用。药物占饲料或饮水的比例一般是：磺胺类药，预防量0.1%～0.2%，治疗量0.2%～0.5%；四环素族抗生素，预防量0.01%～0.03%，治疗量0.05%；硝基呋喃类药，预防量0.01%～0.02%，治疗量0.03%～0.04%。一般连用5～7天，必要时也可酌情延长。如长期使用化学药物预防，容易产生耐药性菌株，影响药物的防治效果，因此，要经常进行药敏试验，选择有高度敏感性的药物用于防治。此外，成年羊口服土霉素等抗生素时，常会引起肠炎等中毒反应，必须注意。

抗菌增效剂是一类新广谱抗菌药，与磺胺类药并用能显著增强疗效，又能与一些抗生素（如四环素、庆大霉素）起协同作用，在疫病防治上具有广阔的应用前景。目前常用的抗菌增效剂有三甲氧苄氨嘧啶（TMP）和二甲氧苄氨嘧啶（DVD，又称敌菌净），按1∶5的比例与磺胺类药混合使用，可使磺胺类药的抗菌效力提高数倍至数十倍。三甲氧苄氨嘧啶和磺胺类药的复方制剂如复方磺胺嘧啶（SD-TMP）和复方新诺明（SMZ-TMP）等，对多种传染病有良好疗效，内服量羊每千克体重每次用20～25毫克，1日2次。二甲氧苄氨嘧啶的抗菌作用与三甲氧苄氨嘧啶相似，其价格比较低廉，毒性反应较小，内服后吸收较差，在胃肠道内可保持较高的抑菌浓度，故常以其复方制剂（复方敌菌净）防治羔羊肠道感染，剂量和用法与复方新诺明相同。

饲料添加剂可促进羊的生长发育，而且可增强其抗感染的能力。目前广泛使用的饲料添加剂中，含有各种维生素、无机盐、氨基酸、抗氧化剂、抗生素、草药等，而且每年都在研究改进添加剂的成分和用量，以便不断提高羊的生产性能和抗病能力。

微生态制剂是根据微生态学原理，利用机体正常的有益微生物或其促进物质制成的一种新型活菌制剂，近年来在国内外发展很快，广泛应用于人类、动物和植物。用于动物者称为动物微生态制剂。目前国内已有促菌生、乳康生、调痢生、健复生等10余种制剂。这类制剂的特点是，具有调整动物肠道菌群比例失调、抑制肠道内病原菌增殖、防止幼畜下痢等功能，并有促进动物生长、提高饲料利用率等作用。本品粉剂可供拌料（用量为饲料的0.1%～2.0%），片剂可供口服。应避免与抗菌药物同时服用。

七、组织定期驱虫

为了预防羊的寄生虫病，应在发病季节到来之前，用药物对羊群进行预防性驱虫。预防性驱虫的时机根据寄生虫病季节动态调查确定。例如，某地的肺线虫病主要发生于11～12月及翌年的4～5月，就应在秋末冬初草枯以前（10月底或11月初）和春末夏初羊抢青以前（3～4月）各进行1次药物驱虫；也可将驱虫药小剂量地混在饲料内，在整个冬季补饲期间让羊食用。

预防性驱虫所用的药物有多种，应视病的流行情况选择应用。丙硫咪唑（丙硫苯咪唑）具有高效、低毒、广谱的优点，对羊常见的胃肠道线虫、肺线虫、肝片吸虫和绦虫均有效，可同时驱除混合感染的多种寄生虫，是较理想的驱虫药物。使用驱虫药时，要求剂量准确，并且要先做小群驱虫试验，取得经验后再进行全群驱虫。驱虫过程中发现病羊，应进行对症治疗，及时解救出现中毒、副作用的羊。

药浴是防治羊的外寄生虫病，特别是羊螨病的有效措施，可在剪毛后10天左右进行。药浴液可用0.1%～0.2%杀虫脒（氯苯脒）水溶液、1%敌百虫水溶液或速灭菊酯（80～200毫克/升）、溴氰菊酯（50～80毫克/升）。药浴可在特建的药浴池内进行，或在特设的淋浴场淋浴，也可用人工方法抓羊在大盆（缸）中逐只洗浴。

八、预防毒物中毒

某种物质进入机体，在组织与器官内发生化学或物理化学的作用，引起机体功能性或器质性的病理变化，甚至造成死亡，此种物质称为毒物。由毒物引起的疾病称为中毒。

（一）预防中毒的措施

① 不在生长有毒植物的地区放牧，山区或草原地区生长有大量的野生植物，是羊的良好天然饲料来源，但有些植物含毒。为了减少或杜绝中毒的发生，要做好有毒植物的鉴定工作，调查有毒植物的分布，不在生长有毒植物的区域内放牧，或实行轮作，铲除毒草。

② 不饲喂霉败饲料，要把饲料贮存在干燥、通风的地区；饲喂前要仔细检查，如果发霉变质，应舍弃不用。

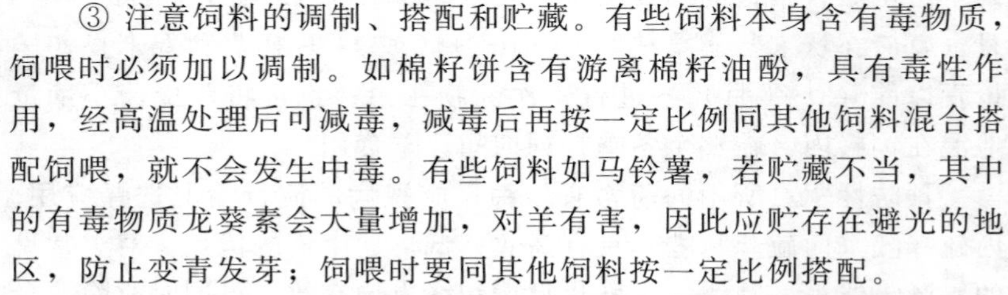

③ 注意饲料的调制、搭配和贮藏。有些饲料本身含有毒物质，饲喂时必须加以调制。如棉籽饼含有游离棉籽油酚，具有毒性作用，经高温处理后可减毒，减毒后再按一定比例同其他饲料混合搭配饲喂，就不会发生中毒。有些饲料如马铃薯，若贮藏不当，其中的有毒物质龙葵素会大量增加，对羊有害，因此应贮存在避光的地区，防止变青发芽；饲喂时要同其他饲料按一定比例搭配。

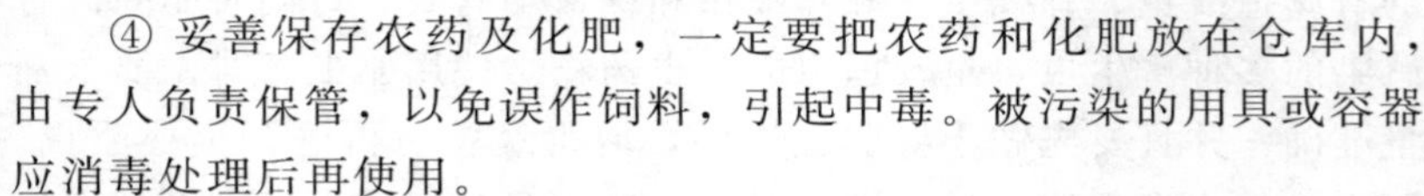

④ 妥善保存农药及化肥，一定要把农药和化肥放在仓库内，由专人负责保管，以免误作饲料，引起中毒。被污染的用具或容器应消毒处理后再使用。

对其他有毒药品如灭鼠药等的运输、保管及使用也必须严格，以免羊接触发生中毒事故。

⑤ 防止水源性毒物，对喷洒过农药和施有化肥的农田排放的水，不应作饮用水；对工厂附近排出的水或池塘内的死水，也不宜让羊饮用。

（二）中毒病羊的急救

羊发生中毒时，要查明原因，及时进行紧急救治，一般原则如下：

1. 除去毒物

有毒物质如系经口摄入，初期可用胃管洗胃，用温水反复冲洗，以排出胃内容物。在洗胃水中加入适量的活性炭，可提高洗胃效果。如中毒发生时间较长，大部分毒物已进入肠道，应灌服泻剂；一般用盐类泻剂，如硫酸钠或硫酸镁，内服50～100克，在泻剂中加活性炭，有利于吸附毒物，效果更好。也可用清水或肥皂水反复给病羊深部灌肠。对已吸收入血液中的毒物，可从颈静脉放血，放血后随即静脉输入相应剂量的5%葡萄糖生理盐水或复方氯化钠注射液，有良好效果。大多数毒物可经肾脏排泄，所以利尿排毒有一定效果，可用利尿素0.5～2.0克或醋酸钾2～5克，加适量水给羊内服。

2. 应用解毒药

在毒物性质未确定之前，可使用通用解毒药。配方及使用：活性炭或木炭末2份，氧化镁1份，鞣酸1份，混合均匀，每只羊内服20～30克。该配方兼有吸附、氧化及沉淀三种作用，对于一般毒物都有解毒作用。如毒物性质已确定，则可有针对性地使用中和解毒药（如酸类中毒内服碳酸氢钠、石灰水等，碱类中毒内服食用醋等）、沉淀解毒药（如2%～4%鞣酸或浓茶，用于生物碱或重金属中毒）、氧化解毒药（如静脉注射1%美蓝，每千克体重1毫升，用于含生物碱类的毒草中毒）或特异性解毒药（如解磷定只对有机磷中毒有解毒作用，而对其他毒物无效）。

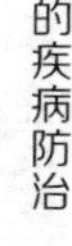

3. 对症治疗

心脏衰弱时，可用强心剂；呼吸功能衰竭时，使用呼吸中枢兴奋剂；病羊不安时，使用镇静剂；为了增强肝脏解毒能力，可大量输液。

九、发生传染病及时采取措施

羊群发生传染病，应立即采取一系列紧急措施，就地扑灭，以防止疫情扩大。兽医人员要立即向上级部门报告疫情，同时要立即将病羊和健康羊隔离，不让它们有任何接触，以防健康羊受到传染；对于发病前与病羊有过接触的羊（虽然在外表上看不出有病，但有被传染的嫌疑，一般叫作“可疑感染羊”），不能再同其他健康羊一起饲养，必须单独圈养，经20天以上的观察不发病，才能与健康羊合群；如有出现病状的羊，则按病羊处理。对已隔离的病羊，要及时进行药物治疗；隔离场所禁止人、畜出入和接近，工作人员出入应遵守消毒制度，隔离区内的用具、饲料、粪便等，未经彻底消毒不得运出；没有治疗价值的病羊，由兽医根据国家规定进行严格处理；病羊尸体要焚烧或深埋，不得随意抛弃。对健康羊和可疑感染羊，要进行疫苗紧急接种或用药物进行预防性治疗。发生口蹄疫、羊痘等急性烈性传染病时，应立即报告有关部门，划定疫区，采取严格的隔离封锁措施，并组织力量尽快扑灭。

第二节　羊病的诊疗和检验技术

一、临床诊断

临床诊断法是诊断羊病的常用方法。通过对问诊、视诊、嗅诊、触诊、听诊、叩诊和大群检查所发现的症状表现及异常变化，综合起来加以分析，往往可对疾病做出诊断，或为进一步检验提供依据。

（一）问诊

问诊是通过询问畜主或饲养员，了解羊发病的有关情况。询问内容一般包括：发病时间，发病头数，病前和病后的异常表现，以往的病史、治疗情况、免疫接种情况，饲养管理情况以及羊的年龄、性别等。在听取其回答时，应考虑所谈情况与当事人的利害关系（责任），分析其可靠性。

（二）视诊

视诊是观察病羊的表现。视诊时，先从离病羊几步远的地方观察羊的肥瘦、姿势、步态等情况，然后靠近病羊详细查看被毛、皮肤、黏膜、结膜、粪尿等情况。

（1）肥瘦　一般急性病，如急性臌胀、急性炭疽等，病羊身体仍然肥壮；相反，一般慢性病，如寄生虫病等，病羊身体多为瘦弱。

（2）姿势　观察病羊的一举一动是否与平时相同，如果不同就可能是有病的表现。有些疾病表现出特殊的姿势，如破伤风表现四肢僵直，行动不灵便。

（3）步态　一般健康羊步态活泼而稳定。当羊患病时，常表现行动不稳，或不喜行走。当羊的四肢肌肉、关节或蹄部发生疾病时，则表现为跛行。

（4）被毛和皮肤　健康羊的被毛平整而不易脱落、富有光泽。在病理状态下，被毛粗乱蓬松、失去光泽，而且容易脱落。患螨病的羊，患部被毛可成片脱落，同时皮肤变厚变硬，出现蹭痒痕迹和擦伤。在检查皮肤时，除注意皮肤的颜色外，还要注意有无水肿、炎性肿胀、外伤以及皮肤是否温热等。

（5）黏膜　一般健康羊的眼结膜、鼻腔、口腔、阴道和肛门黏膜呈光滑粉红色。如口腔黏膜发红，多半是由于体温升高，身体上有发炎的地方；黏膜发红并带有红点、血丝或呈紫色，是由于严重的中毒或传染病引起的；黏膜呈苍白色，多为患贫血病；黏膜呈黄色，多为患黄疸病；黏膜呈蓝色，多为肺脏、心脏患病。

（6）吃食、饮水、口腔、粪尿　羊吃食或饮水忽然增多或减少，以及喜欢舔泥土、吃草根等，也是有病的表现，可能是慢性营养不良。羊反刍减少、无力或停止，表示前胃有病。口腔有病时，如喉头炎、口腔溃疡、舌有烂伤等，打开口腔就可看出来。羊的粪便也要检查，主要检查其形状、硬度、色泽及附着物等。正常时，羊粪呈小球形，没有难闻臭味。病理状态下，粪便有特殊臭味，见于各型肠炎；粪便过于干燥，多为缺水和肠弛缓；粪便过于稀薄，多为肠功能亢进；前部肠管出血粪呈黑褐色，后部出血则呈鲜红色；粪内有大量黏液，表示肠黏膜有卡他性炎症；粪便混有完整谷粒或纤维很粗，表示消化不良；混有纤维素膜时，表示为纤维素性肠炎；混有寄生虫及其节片时，表示体内有寄生虫。正常羊每天排尿3～4次，排尿次数和尿量过多或过少，以及排尿痛苦、失禁，都是有病的征候。

（7）呼吸　正常时，羊每分钟呼吸12～20次。呼吸次数增多，见于热性病、呼吸系统疾病、心脏衰弱及贫血、腹压升高等；呼吸次数减少，主要见于某些中毒、代谢障碍、昏迷。另外，检查呼吸型、呼吸节律以及呼吸是否困难等。

（三）嗅诊

诊断羊病时，嗅闻分泌物、排泄物、呼出气体及口腔气味也很重要。如肺坏疽时，鼻液带有腐败性恶臭；胃肠炎时，粪便腥臭或恶臭；消化不良时，可从呼气中闻到酸臭味。

（四）触诊

触诊是用手或指尖感触被检查的部位，并稍加压力，以便确定被检查的各个器官组织是否正常。触诊常用如下几种方法：

（1）皮肤检查　主要检查皮肤的弹性、温度、有无肿胀和伤口等。羊营养不好或得过皮肤病，皮肤就没有弹性；发高烧时，皮温会升高。

（2）体温检查　一般用手摸羊耳朵或把手插进羊嘴里去握住舌头，可知道病羊是否发烧。准确的方法是用体温表测量。在给病羊量体温时，先把体温表的水银柱甩下去，涂上油或水以后，再慢慢插入肛门里，体温表的1/3留在肛门外面，插入后滞留的时间一般为2～5分钟。羊的体温，一般幼羊比成年羊高一些，热天比冷天高一些，运动后比运动前高一些，这都是正常的生理现象。羊的正常体温是38～40℃。如高于正常体温则为发热，常见于传染病。

（3）脉搏检查　检查时注意脉搏每分钟跳动次数和强弱等。检查羊脉搏的方法，是用手指摸后肢股部内侧的动脉。健康羊每分钟脉搏跳动70～80次。羊有病时脉搏的跳动次数和强弱都和正常羊不同。

（4）体表淋巴结检查　主要检查颌下、肩前、膝上和乳房上淋巴结。当羊发生结核病、伪结核病、羊链球菌病时，体表淋巴结往往肿大，其形状、硬度、温度、敏感性及活动性等也会发生变化。

（5）人工诱咳　检查者立在羊的左侧，用右手捏压气管前3个软骨环，羊有病时，就容易引起咳嗽。羊发生肺炎、胸膜炎、结核时，咳嗽低弱；发生喉炎及支气管炎时，则咳嗽强而有力。

（五）听诊

听诊是利用听觉来判断羊体内正常的和有病的声音。常用的听诊部位为胸部（心、肺）和腹部（胃、肠）。听诊的方法有两种：一种是直接听诊，即将一块布铺在被检查的部位，然后把耳朵紧贴其上，直接听羊体内的声音；另一种是间接听诊，即用听诊器听诊。不论用哪种方法听诊，都应当把病羊牵到清静的地方，以免受外界杂音的干扰。

1. 心脏听诊

心脏跳动的声音，正常时可听到“嘣—咚”两个交替发出的声音。“嘣”音，为心脏收缩时所产生的声音，其特点是低、钝、长、间隔时间短，叫作第一心音。“咚”音，为心脏舒张时所产生的声音，其特点是高、锐、间隔时间长，叫作第二心音。第一、第二心音均增强，见于热性病的初期；第一、第二心音均减弱，见于心脏机能障碍的后期或患有渗出性胸膜炎、心包炎；第一心音增强时，常伴有明显的心搏动增强和第二心音微弱，主要见于心脏衰弱的后期，排血量减少，动脉压下降时；第二心音增强时，见于肺气肿、肺水肿、肾炎等病理过程中。如果在正常心音以外听到其他杂音，多为瓣膜疾病、创伤性心包炎、胸膜炎等。

2. 肺脏听诊

肺脏听诊是听取肺脏在吸入和呼出空气时，由于肺脏振动而产生的声音。一般有下列5种：

（1）肺泡呼吸音　健康羊吸气时，从肺部可听到“夫”的声音；呼气时，可听到“呼”的声音，这称为肺泡呼吸音。肺泡呼吸音过强，多为支气管炎、黏膜肿胀等；过弱时，多为肺泡肿胀、肺泡气肿、渗出性胸膜炎等。

（2）支气管呼吸音　是空气通过喉头狭窄部所发出的声音，类似“赫”的声音。如果在肺部听到这种声音，多为肺炎的肝变期，见于羊的传染性胸膜肺炎等病。

（3）啰音　是支气管发炎时，管内积有分泌物，被呼吸的气流冲动而发出的声音。啰音可分为干啰音和湿啰音两种。干啰音甚为复杂，有咝咝声、笛声、口哨声及猫鸣声等，多见于慢性支气管炎、慢性肺气肿、肺结核等。湿啰音类似含漱音、沸腾音或水泡破裂音，多发生于肺水肿、肺充血、肺出血、慢性肺炎等。

（4）捻发音　这种声音像用手指捻毛发时所发出的声音，多发生于慢性肺炎、肺水肿等。

（5）摩擦音　一般有两种：一种为胸膜摩擦音，多发生在肺脏与胸膜之间，多见于纤维素性胸膜炎、胸膜结核等。因为胸膜发炎，纤维素沉积，使胸膜变得粗糙，呼吸时互相摩擦而发出声音，这种声音像一手贴在耳上，用另一手的手指轻轻摩擦贴耳的手背所发出的声音。另一种为心包摩擦音，当发生纤维素性心包炎时，心包的两叶失去润滑性，因而伴随心脏的跳动两叶互相摩擦而发生杂音。

3. 腹部听诊

腹部听诊主要是听取腹部胃肠运动的声音。羊健康的时候，于左肷窝可听到瘤胃蠕动音，呈逐渐增强又逐渐减弱的“沙沙”音，每两分钟可听到3～6次。羊患前胃弛缓或发热性疾病时，瘤胃蠕动音减弱或消失。羊的肠音类似于流水声或漱口声，正常时较弱；在羊患肠炎初期，肠音亢进，便秘时肠音消失。

（六）叩诊

叩诊是用手指或叩诊锤来叩打羊体表部分或体表的垫着物（如手指或垫板），借助所发声音来判断内脏的活动状态。羊叩诊方法是左手食指或中指平放在检查部位，右手中指由第二指节成直角弯曲，向左手食指或中指第二指节上敲打。叩诊的音响有：清音、浊音、半浊音、鼓音。清音，为叩诊健康羊的胸廓所发出的持续、高而清的声音。浊音，为羊健康状态下，叩打其臀及肩部肌肉时发出的声音；在病理状态下，当羊胸腔积聚大量渗出液时，叩打其胸壁出现水平浊音界。半浊音，为介于浊音和清音之间的一种声音，叩打含少量气体的组织，如肺缘，可发出这种声音。羊患支气管肺炎时，肺泡含气量减少，叩诊呈半浊音、鼓音，如叩打左侧瘤胃处，发鼓响音；若瘤胃臌气，则鼓响音增强。

（七）大群检查

临床诊断时，如羊数不多，可应用上述各种方法直接进行个体检查。但在运输、仓储等生产环节中，羊的数量较多，不可能逐一进行检查，此时应先做大群检查（初检），从大群羊中先剔出病羊和可疑病羊，再对其进行个体检查（复检）。运动、休息和摄食饮水的检查，是对大群羊进行临床检查的三大环节；“眼看、耳听、手摸、检温（即用体温计检查羊的体温）”，是对大群羊进行临床检查的主要方法。运用“看、听、摸、检”的方法，通过三大环节的检查，可把大部分病羊从羊群中检查出来。运动时的检查，是在羊群自然活动和人为驱赶活动时的检查，很少能从正常的动态中找出病羊。休息时的检查，是在保持羊群安静的情况下，进行“看”和“听”，以检出姿态和声音有异常变化的羊。摄食饮水时的检查，是在羊自然摄食、饮水或喂给少量食物、饮水时进行的检查，以检出摄食饮水有异常表现的羊。根据羊群流转情况，由车船卸下或者由圈舍赶往饲喂场所时，可重点检查运动时的状态；当在车厢、船舱及圈舍内休息时，可重点检查休息时的状态。有时在休息时的检查之后，将羊轰赶起来，令其走动，以检查其运动时的状态。因此，这三个环节的检查可根据实际情况灵活运用。

1. 运动时的检查

检查者位于羊群旁边或进入羊群内。首先，观察羊的精神外貌和姿态步样。健康羊精神活泼，步态平稳，不离群，不掉队。病羊多精神不振，沉郁或兴奋不安，步行踉跄或呈旋回状，跛行，前肢软弱跪地或后肢麻痹，有时突然倒地发生痉挛等。发现这些异常表现的羊时，应将其剔出做个体检查。其次，注意观察羊的天然孔及分泌物。健康羊鼻镜湿润，鼻孔、眼及嘴角干净，病羊则表现鼻镜干燥，鼻孔流出分泌物，有时鼻孔周围污染脏土杂物，眼角附着脓性分泌物，嘴角流出唾液，发现这样的羊，应将其剔出复检。

2. 休息时的检查

检查者位于羊群周围，与羊群保持一定距离。首先，有顺序地并尽可能地逐只观察羊的站立和躺卧姿态。健康羊吃饱后多合群卧地休息，时而进行反刍，当有人接近时常起立离去。病羊常独自呆立一侧，肌肉震颤及痉挛，或离群单卧，长时间不见其反刍，有人接近也不理睬。发现这样的羊应做进一步检查。其次，与运动时的检查一样要注意羊的天然孔、分泌物及呼吸状态等，当发现口鼻及肛门等处流出异常分泌物及排泄物，鼻镜干燥和呼吸窘迫时，也应剔出。再次，注意被毛状态，如发现被毛有脱落之处、无毛部位有痘疹或痂皮时，也要剔出做进一步检查。休息时的检查还要听羊的各种声音，如听到磨牙声、咳嗽声或喷嚏声时，也要剔出复检。

3. 摄食饮水时的检查

摄食饮水时的检查是在放牧、喂饲或饮水时对羊的食欲及摄食饮水状态进行的观察。健康羊在放牧时多走在前头，边走边吃草，饲喂时也多抢着吃草，当饮水时或放牧中遇见水时，多迅速奔向饮水处，争先喝水。病羊吃草时，多落在后边，时吃时停，或离群停立不吃草，当全群羊吃饱后，病羊的饥窝（肷部）仍不鼓起，饮水时或不喝或暴饮，如发现这样的羊，应剔出。

二、病料送检

羊群发生疑似传染病时，应采取病料送有关诊断实验室检验。病料的采取、保存和运送是否正确，对疾病的诊断至关重要。

（一）病料的采取

1. 剖检前检查

凡发现羊急性死亡时，必须先用显微镜检查其末梢血液抹片中有无炭疽杆菌存在。如怀疑是炭疽，则不可随意剖检，只有在确定不是炭疽时，方可进行剖检。

2. 取材时间

内脏病料的采取，须于死亡后立即进行，最好不超过6小时，否则时间过长，由于肠内侵入其他细菌，易使尸体腐败，影响病原微生物检出的准确性。

3. 器械的消毒

刀、剪、镊子、注射器、针头等应煮沸30分钟。器皿（玻璃制、陶制、珐琅制等）可用高压灭菌或干烤灭菌。软木塞、橡皮塞置于0.5%石炭酸水溶液中煮沸10分钟。采取1种病料，使用1套器械和容器，不可混用。

4. 病料采取

应根据不同的传染病，相应地采取该病常受侵害的内脏或内容物。如败血性传染病可采取心、肝、脾、肺、肾、淋巴结、胃、肠等；肠毒血症采取小肠及其内容物；有神经症状的传染病采取脑、脊髓等。如无法判定是哪种传染病，可进行全面采取。检查血清抗体时，采取血液，凝固后析出血清，将血清装入灭菌小瓶中送检。为了避免杂菌污染，对病变的检查应待病料采取完毕后再进行。供显微镜检查用的脓、血液及黏液抹片，可按下述方法制作：先将材料置于载玻片上，再用灭菌玻璃棒均匀涂抹或以另一玻片一端的边缘与载玻片成45°角推抹；用组织块作触片时，可持小镊将组织块的游离面在载玻片上轻轻涂抹即可。做成的抹片、触片、包扎载玻片上应注明号码，并另附说明。

（二）病料的保存

病料采取后，如不能立即检验，或需送往有关单位检验，应当装入容器并加入适量的保存剂，使病料尽量保持新鲜状态。

1. 细菌检验材料的保存

将内脏组织块保存于装有饱和氯化钠溶液或30%甘油缓冲盐水的容器中，容器加塞封固。病料如为液体，可装在封闭的毛细玻璃管或试管中运送。饱和氯化钠溶液的配制法是：蒸馏水100毫升、氯化钠38～39克，充分搅拌溶解后，用数层纱布过滤，高压灭菌后备用。30%甘油缓冲盐水溶液的配制法是：中性甘油30毫升、氯化钠0.5克、碱性磷酸钠1克，加蒸馏水至100毫升，混合后高压灭菌备用。

2. 病毒检验材料的保存

将内脏组织块保存于装有50%甘油缓冲盐水或鸡蛋生理盐水的容器中，容器加塞封固。50%甘油缓冲盐水溶液的配制方法是：氯化钠2.5克、酸性磷酸钠0.46克、碱性磷酸钠10.74克，溶于100毫升中性蒸馏水中，加纯中性甘油150毫升、中性蒸馏水50毫升，混合分装后，高压灭菌备用。鸡蛋生理盐水的配制法是：先将新鲜鸡蛋表面用碘酊消毒，然后打开将内容物倾入灭菌容器内，按全蛋9份加入灭菌生理盐水1份，摇匀后用灭菌纱布过滤，再加热至56～58℃，持续30分钟，第二天及第三天按同样的方法再加热1次即可应用。

3. 病理组织学检验材料的保存

送检病料于10%福尔马林溶液或95%酒精中固定，固定液的用量应为送检病料的10倍以上。如用10%福尔马林溶液固定，应在24小时后换新鲜溶液1次。严寒季节为防病料冻结，可将上述固定好的组织块取出，保存于甘油和10%福尔马林等量混合液中。

（三）病料的运送

装病料的容器要一一标号，详细记录，并附病料送检单。病料包装要求安全稳妥，对于危险材料、怕热或怕冻的材料要分别采取措施。一般供病原学检验的材料怕热，供病理学检验的材料怕冻。前者应放入加有冰块的保温瓶内送检，如无冰块，可在保温瓶内放入氯化铵450～500克，加水1500毫升，上层放病料，这样能使保温瓶内保持0℃达24小时。包装好的病料要尽快运送，长途以空运为宜。

三、给药方法

羊的给药方法有多种，应根据病情、药物的性质、羊的大小和头数，选择适当的给药方法。

（一）群体给药法

为了预防或治疗羊的传染病和寄生虫病以及促进羊体发育、生长等，常常对羊群体施用药物，如抗菌药（四环素族抗生素、磺胺类药、硝基呋喃类药等）、驱虫药（如硫苯咪唑等）、饲料添加剂、微生态制剂（如促菌生、调痢生等）等。大群用药前，最好先做小批的药物毒性及药效试验。常用给药方法有以下两种：

1. 混饲给药

将药物均匀混入饲料中，让羊吃料时能同时吃进药物。此法简便易行，适用于长期投药。不溶于水的药物用此法更为恰当。应用此法时要注意药物与饲料的混合必须均匀，并应准确掌握饲料中药物所占的比例；有些药适口性差，混饲给药时要少添多喂。

2. 混水给药

将药物溶解于水中，让羊只自由饮用。有些疫苗也可用此法投服。对因病不能吃食但能饮水的羊，此法尤其适用。采用此法注意根据羊可能饮水的量来计算药量与药液浓度。在给药前，一般应停止饮水半天，以保证每只羊都能饮到一定量的水。所用药物应易溶于水。有些药物在水中时间长了易破坏变质，此时应限时饮用药液，以防止药物失效。

（二）口服法

1. 长颈瓶给药法

当给羊灌服稀药液时，可将药液倒入细口长颈的玻璃瓶、塑料瓶或一般的酒瓶中，抬高羊的嘴巴，给药者右手拿药瓶，左手用食、中二指自羊右口角伸入口内，轻轻压迫舌头，羊口即张开；然后，右手将药瓶口从左口角伸入羊口中，并将左手抽出，待瓶口伸到舌头中段，即抬高瓶底，将药液灌入。

2. 药板给药法

专用于给羊服用舔剂。舔剂不流动，在口腔中不会向咽部滑动，因而不致发生误咽。给药时，用竹制或木制的药板。药板长约30厘米、宽约3厘米、厚约3毫米，表面须光滑没有棱角。给药者站在羊的右侧，左手将开口器放入羊口中，右手持药板，用药板前部刮取药物，从右口角伸入口内到达舌根部，将药板翻转，轻轻按压，并向后抽出，把药抹在舌根部，待羊下咽后，再抹第二次，如此反复进行，直到把药给完。

（三）灌肠法

灌肠法是将药物配成液体，直接灌入直肠内。羊可用小橡皮管灌肠。先将直肠内的粪便清除，然后在橡皮管前端涂上凡士林，插入直肠内，把连接橡皮管的盛药容器提高到羊的背部以上。灌肠完毕后，拔出橡皮管，用手压住肛门或拍打尾根部，以防药液漏出。灌肠药液的温度应与羊体温一致。

（四）胃管法

羊插入胃管的方法有两种：一是经鼻腔插入；二是经口腔插入。

1. 经鼻腔插入

先将胃管插入鼻孔，沿下鼻道慢慢送入，到达咽部时，有阻挡感觉，待羊进行吞咽动作时乘机送入食道；如不吞咽，可轻轻来回抽动胃管，诱发吞咽。胃管通过咽部后，如进入食道，继续深送会感到稍有阻力，这时要向胃管内用力吹气，或用橡皮球打气，如见左侧颈沟有起伏，表示胃管已进入食道。如胃管误入气管，多数羊会表现不安、咳嗽，继续深送，感觉毫无阻力，向胃管内吹气，左侧颈沟看不见波动，用手在左侧颈沟胸腔入口处摸不到胃管，同时，胃管末端有与呼吸一致的气流出现。如胃管已进入食道，继续深送即可到达胃内。此时从胃管内排出酸臭气体，将胃管放低时则流出胃内容物。

2. 经口腔插入

先装好木质开口器，用绳固定在羊头部，将胃管通过木质开口器的中间孔，沿上腭直插入咽部，借吞咽动作胃管可顺利进入食道，继续深送，胃管即可到达胃内。

胃管插入正确后，即可接上漏斗灌药。药液灌完后，再灌少量清水，然后取掉漏斗，用嘴对胃管吹气，或用橡皮球打气，使胃管内残留的液体完全入胃，用拇指堵住胃管管口，或折叠胃管，慢慢抽出。该法适用于灌服大量水剂及有刺激性的药液。患咽炎、咽喉炎和咳嗽严重的病羊，不可用胃管灌药。

（五）注射法

注射法是将灭过菌的液体药物，用注射器注入羊的体内。注射前，要将注射器和针头用清水洗净，煮沸 30 分钟。注射器吸入药液后要直立推进注射器活塞，排除管内气泡，再用酒精棉花包住针头，准备注射。

第三节　羊的主要传染病

一、羊口蹄疫

口蹄疫是由口蹄疫病毒引发的一种急性、热性和传播极为迅速的接触性传染病，在偶蹄动物中多有发生，显著特征为牲畜的蹄、乳头、乳房、口腔黏膜等处形成水疱。该病对幼畜的伤害较大，羔羊患病后的死亡率可达 50%～70%。

（一）流行特点

羊口蹄疫的流行仅次于牛，病羊和潜伏期带毒羊是主要的传染源，病毒大量存在于水疱皮和水疱液内。本病可经消化道、呼吸道以及受损伤的黏膜、皮肤等途径传染，有时可波及整个羊群或某一地区，给养羊业造成巨大损失。

（二）临床症状

病羊流涎，食欲下降或废绝，反刍减少或停止，初期体温升高可达 40～41℃。在病羊的口腔黏膜、阴道、蹄部和乳房部位出现小水疱和烂斑，出现跛行症状。

（三）病理变化

剖检时在气管、支气管、咽喉和前胃黏膜见到水疱和烂斑。在羔羊发现心包膜有散在出血点，前胃和大、小肠黏膜可见出血性炎症，心肌切面呈淡黄色或灰白色斑点或条纹，一般称为“虎斑心”，且心肌松软。如果卫生条件不良，则会造成继发感染，导致败血症和局部化脓、坏死，并使孕羊流产。

（四）防治措施

对于该病重在预防，应在平时做好消毒工作，按时注射疫苗。一旦发病，立即将病畜隔离、严格消毒并及时治疗。

1. 常规性预防措施

（1）接种疫苗　常发生口蹄疫的地区，应根据发生口蹄疫的类型，每年对所有羊只注射相应的口蹄疫疫苗，包括弱毒疫苗、灭活疫苗、康复血清或高免血清、合成肽疫苗、核酸疫苗等。

（2）彻底消毒　采用5%氨水、2%～4%烧碱液、10%石灰乳、0.2%～0.5%过氧乙酸、1%强力消毒灵、环氧乙烷、甲醛气体等进行彻底消毒。

（3）紧急预防措施　坚持“早发现，严封锁，小范围内及时扑灭”的原则，对未发病的家畜进行紧急预防接种。

2. 发生疫情应采取的措施

① 发生疫情立即上报，实行严密的隔离、治疗、封闭、消毒，限期消灭疫情。将病羊隔离治疗，对养殖点进行封锁隔离，并进行全面彻底消毒，可用消毒药农福、卫康或0.2%过氧乙酸溶液消毒，每天2次，外环境可用2%烧碱液消毒。

② 病死羊及其污染物一律深埋，并彻底消毒。

③ 在严格隔离的条件下，及时对病羊进行护理与治疗。护理时，把病羊隔离在清洁的栏内，多饮清水。精心饲养，加强护理，给予柔软的饲料。对吃食有困难的，要耐心饲喂米粥或易消化的食物，或用胃管饲喂。治疗时，口腔溃烂的要用冰硼散或碘甘油涂擦。蹄部用3%臭药水或0.1%高锰酸钾溶液洗涤，擦干后涂松馏油或鱼石脂软膏等，再用绷带包扎。在最后一头病羊痊愈或屠宰后14天内未再出现新的病例，并经全面彻底消毒后方可解除封锁。

二、小反刍兽疫

小反刍兽疫是由小反刍兽疫病毒引起的一种山羊和绵羊的急性、亚急性接触性传染病，山羊高度易感。世界动物卫生组织(OIE)《陆生动物卫生法典》将其列为必须报告的动物疫病，在我国被列为一类动物疫病。该病临床上与牛瘟极其相似，以眼和鼻有浆性分泌物、溃疡和坏死性口腔炎、肺炎及腹泻为特征。

(一) 流行特点

小反刍兽疫是严重危害畜牧业生产安全的重大动物疫病之一，目前主要分布在非洲、中东以及包括南亚次大陆在内的亚洲部分地区。山羊和绵羊对小反刍兽疫具有较高的病死率，在首次暴发流行的动物群里病死率高达50%～80%，可造成破坏性的影响。

(二) 临床症状

通常情况下，小反刍兽疫的潜伏期为4～10天。潜伏期后出现的临床症状，主要表现为高热，可高达40～41.5℃，持续3～5天；动物出现精神萎靡，食欲不振，口鼻干燥。随后，眼鼻出现大量的浆液状分泌物，逐渐转变为黏液化脓性，如果病畜不死亡，这种症状将持续14天左右。在发热开始第4天，可见牙龈充血，口腔内出现糜烂性损伤并伴随着大量的唾液分泌。在稍后的症状中，出现严重的水样带血性腹泻、肺炎、咳嗽、胸膜啰音，动物开始腹式呼吸，最终因脱水而死。幸存的动物需要经历一个漫长的恢复过程才能痊愈。

(三) 病理变化

病畜肺部出现暗红色或紫色区域，触摸手感较硬。这些症状也可能是由于继发其他细菌感染而引起的。口腔黏膜和胃肠道出现大面积坏死，但瘤胃、网胃和瓣胃却很少有损伤，皱胃常出现有规则的出血性坏死糜烂。回肠、盲-瓣区、盲肠-结肠交界处以及直肠表面有严重出血。盲肠-结肠交界处表现为特征性的线状条带出血。鼻腔黏膜、鼻甲骨、喉和气管等处可见小的淤血点。小反刍兽疫病毒对淋巴细胞和上皮细胞有着特殊的亲和性，能够在上皮细胞和多核巨细胞中形成特征性的嗜伊红胞浆包涵体。淋巴细胞和上皮细胞坏死，脾脏肿大、坏死等病理变化在诊断上有重要意义。

（四）防治措施

目前对小反刍兽疫尚无有效的治疗方法，发病初期使用抗生素和磺胺类药物等支持性疗法可以降低死亡率，还能有效预防继发性感染的发生。当小反刍兽疫首次出现在某个地区或国家时，需进行快速鉴定，一旦确诊，立即采取严格的封锁、扑杀、隔离检疫等应急措施。对动物的尸体进行无害化处理，彻底清洁污染区域并使用有效的消毒剂进行消毒处理。根据实际情况对疫苗接种计划做可行性评估，可因地实行疫苗接种策略或者给高危群体接种疫苗。对于小反刍兽疫呈地方性流行的区域，最常用的防控方法是疫苗接种。目前，商品化的疫苗有：①适应细胞的弱毒疫苗，所诱导的免疫力至少可维持 3 年；②弱毒疫苗，所诱导的免疫力可维持终身，对孕畜安全，母源抗体可维持 2～4 个月；③重组疫苗，该疫苗安全、免疫力确实，包括重组羊痘病毒表达的 F 蛋白和 H 蛋白。

三、羊布鲁氏杆菌病

羊布鲁氏杆菌病是由布鲁氏杆菌引起的人畜共患的慢性传染病。主要侵害生殖系统。羊感染后，以母羊发生流产和公羊发生睾丸炎为特征。本病分布很广，不仅感染各种家畜，而且易传染给人。

由于发生流产的病因很多，而该病的流行特点、临床症状和病理变化均无明显的特征，同时隐性感染较多，所以确诊要依靠实验室诊断。

（一）流行特点

母羊较公羊易感性高，性成熟后对本病极为易感。消化道是主要感染途径，也可经配种感染。羊群一旦感染此病，主要表现是孕羊流产，开始仅为少数，以后逐渐增多，严重时可达半数以上，多数病羊流产 1 次。

（二）临床症状

多数病例为隐性感染。妊娠母羊发生流产是本病的主要症状，但不是必有的症状。流产多发生在妊娠后的 3～4 个月。有时患病羊发生关节炎和滑液囊炎而致跛行，公羊发生睾丸炎，少部分病羊发生角膜炎和支气管炎。

（三）病理变化

剖检常见的病变是胎衣部分或全部呈黄色胶样浸润，其中有部分覆有纤维蛋白和脓液，胎衣增厚并有出血点。流产胎儿主要为败血症病变，浆膜与黏膜有出血点与出血斑，皮下和肌肉间发生浆液性浸润，脾脏和淋巴结肿大，肝脏中出现坏死灶。公羊得病时，可发生化脓性坏死性睾丸炎和附睾炎，睾丸肿大，后期睾丸萎缩。

（四）防治措施

本病病羊无治疗价值，一般不予治疗。发病后采取的措施是：用试管凝集或平板凝集反应进行羊群检疫，发现呈阳性和可疑反应的羊均应及时隔离，以淘汰屠宰为宜，严禁与假定健康羊接触；必须对污染的用具和场所进行彻底消毒，流产胎儿、胎衣、羊水和产道分泌物应深埋；凝集反应阴性羊用布鲁氏杆菌猪型 2 号弱毒苗或羊型 5 号弱毒苗进行免疫接种。

四、羊痘

羊痘俗称为“羊天花”，属于一种急性热性病毒性传染病。羊痘病毒是该病的致病病毒，可感染绵羊与山羊，导致病羊皮肤组织发生性状改变与水肿，并降低产奶量与皮毛品质。由于该疫病危害较大，被我国列入一类动物疫病。

（一）流行特点

羊痘病毒可感染任何年龄的羊只，羔羊最易感染且病死率较高，还可导致妊娠母羊流产。该病一般在冬末春初流行，皮肤接触、呼吸与蚊虫叮咬是主要的传播途径。气候寒冷、雨雪霜冻、饲养管理不到位等不利因素均可诱发该病，也可加重病情。

（二）临床症状

该病潜伏期一般在5～6天，发病时病羊体温升高，保持在40～41℃，精神沉郁，食欲差或废绝，呼吸加快，咳嗽。鼻孔流出黏性鼻液，发病后期会流出脓性鼻液，眼结膜充血，流泪，发病后期病羊眼球浑浊，严重的会失明。持续2～4天后便可发现痘疹，主要集中在皮肤无毛或少毛处，包括眼部、唇、鼻、乳房、外生殖器、四肢内侧及尾内侧。初期为红斑逐渐转为水疱，再发展为脓疱。若未出现继发感染，一般在几天后便会逐渐形成棕色痂块，最后留下红斑。大部分羔羊与体弱病羊可继发引起败血症或脓毒败血症，致死率不低于60%。一些病羊可继发相关呼吸道感染，甚至发展为肺炎，致死率不低于50%。

（三）病理变化

剖检病羊后发现皮下严重出血，颜色为暗红色；咽喉、气管、食道等部位均存在一些大小不一的结节，呈圆形或半球形；肺部充血、水肿，并分布有一些结节；可发现有出血性炎症或丘疹样肉变。同时，瘤胃与真胃表面存在不少硬结，呈圆形或半球形。

（四）预防措施

1. 加强饲养管理

打扫羊圈，保持羊圈卫生、干燥、空气畅通。采用福尔马林、烧碱、草木灰水等消毒剂定期对羊圈和饲养管理用具进行消毒。同时，禁止从疫区购买羊只，对新购进羊只必须隔离3周，待确认健康后才能合群。要选择未霉变、营养全面的饲料进行饲喂，提高羊群的抵抗力。秋冬季节做好防寒保暖措施。

2. 定期驱虫，免疫接种

定期对羊群进行体内外驱虫，每年选在母羊空怀期对羊只进行免疫接种。一般从尾根内侧皮下注射羊痘细胞弱毒疫苗，成年羊剂量为1毫升，羔羊剂量减半。接种7天后便能产生抗体，抵御疫病，有效期为1年。对于妊娠中后期的母羊则不建议接种疫苗，避免造成流产。对于接种后出现不良反应的羊只，则应马上采用肾上腺素治疗，皮下注射，剂量为0.2毫升/只。

3. 疫区隔离，控制传染源

一旦发现羊痘病要及时封锁疫区，严禁将疫区内的羊只及肉制品运出。对病死羊进行深埋或焚烧处理。同时，对羊圈和相关用具进行全面消毒，并将疫区内无症状羊只进行紧急疫苗接种。

（五）治疗方法

① 利用0.1%高锰酸钾溶液清洗患处，并涂上紫药水或磺胺软膏、克辽林软膏。

② 对于症状轻微的病羊，肌内注射黄芪多糖注射液，剂量为0.5毫升/千克，青霉素钠8万国际单位/千克，一天两次，持续注射3天。同时，配合口服药物清瘟败毒散，剂量为150克/(天·只)，磺胺类药物剂量为0.8克/(天·只)，持续治疗3天。

③ 对于出现脓疱、痘疹溃烂或感染细菌的病羊，应先清洗创口，一般选择0.5%高锰酸钾水溶液或同浓度的硫酸铜溶液作为清洗剂，然后，利用碘甘油或龙胆紫涂抹创面。口服药物选择清瘟败毒散，剂量为150克/(天·只)，维生素B_2，剂量为0.5毫克/千克。同时，按5毫克/千克的标准取甲硝唑注射液与等渗葡萄糖生理盐水250毫升，将其混合后静脉滴注。可用青霉素钠与病毒唑替代甲硝唑注射液，剂量相同。

④ 对出现继发呼吸道感染的病羊，及时注射卡那霉素，剂量为30毫克/千克。同时，口服维生素C与维生素B_2各0.6克，清瘟败毒散150克/(天·只)，一天2次，持续治疗1周。

五、羊炭疽

炭疽是人畜共患的急性、热性、败血性传染病。羊多呈最急性，突然发病，眩晕，可视黏膜发绀，天然孔出血。

（一）流行特点

各种家畜及人对该病都有易感性，羊的易感性高。病羊是主要传染源，濒死病羊体内及其排泄物中常有大量菌体，若尸体处理不当，炭疽杆菌形成芽孢并污染土壤、水、牧地，则可成为长久的疫源地。羊吃了被污染的饲料或饮水而感染，也可经呼吸道和由吸血昆虫叮咬而感染。本病多发于夏季，呈散发或地区性流行。

（二）临床症状

多为最急性，突然发病，患羊昏迷，眩晕，摇摆，倒地，呼吸困难，结膜发绀，全身战栗，磨牙，口、鼻流出血色泡沫，肛门、阴门流出血液，而且不易凝固，数分钟即可死亡。羊病情缓和时，兴奋不安，行走摇摆，呼吸加快，心跳加速，黏膜发绀，后期全身痉挛，天然孔出血，数小时内即可死亡。

（三）病理变化

死后外观尸体迅速腐败而极度膨胀，天然孔流血。血液呈酱油色煤焦油样，凝固不良，可视黏膜发绀或有点状出血，尸僵不全。对死于炭疽的羊，严禁解剖。

（四）类症鉴别

羊炭疽和羊快疫、羊肠毒血症、羊猝疽、羊黑疫在临床症状上相似，都是突然发病，病程短促，很快死亡，应注意鉴别诊断。其中羊快疫用病羊肝被膜触片，美蓝染色，镜检可发现无关节长链状的腐败梭菌。羊肠毒血症在病羊肾脏等实质器官内可见 D 型魏氏梭菌，在肠内容物中能检出魏氏梭菌 ε 毒素。羊猝疽用病羊体腔渗出液和脾脏抹片，可见 C 型魏氏梭菌，从小肠内容物中能检出魏氏梭菌 β 毒素。羊黑疫用病羊肝坏死灶涂片镜检可见两端钝圆、粗大的 B 型诺维氏梭菌。

（五）防治措施

经常发生炭疽及受威胁地区的易感羊，每年均应作预防接种。目前，我国应用的有两种疫苗：一种是无毒炭疽芽孢苗（对山羊毒力较强，不宜使用），对绵羊可皮下接种 0.5 毫升；另一种是第Ⅱ号炭疽芽孢苗，山羊和绵羊均皮下接种 1 毫升。

山羊和绵羊的炭疽，病程短，常来不及治疗。对病程稍缓和的病羊治疗时，必须在严格隔离条件下进行。可采用特异血清疗法结合药物治疗。病羊皮下或静脉注射抗炭疽血清30～60毫升，必要时于12小时后再注射1次，病初应用效果好。炭疽杆菌对青霉素、土霉素及氯霉素敏感。其中，青霉素最为常用，剂量按每千克体重1.5万单位，每8小时肌内注射1次，直到体温下降后再继续注射2～3天。

有炭疽病例发生时，应及时隔离病羊，对污染的羊舍、用具及地面要彻底消毒，可用10%热氢氧化钠或20%漂白粉连续消毒3次，间隔1小时。病羊群除去病羊后，全群应用抗菌药3天，有一定预防作用。

六、破伤风

破伤风是人畜共患的一种创伤性、中毒性传染病，其特征是患病动物全身肌肉发生强直性痉挛，对外界刺激的反射兴奋性增强。

（一）流行特点

该病的病原破伤风梭菌在自然界中广泛存在，羊经创伤感染破伤风梭菌后，如果创口内具备缺氧条件，病原在创口内生长繁殖产生毒素，作用于中枢神经系统而发病。常见于外伤、阉割和脐部感染。在临床上有不少病例往往找不出创伤，这种情况可能是在破伤风潜伏期中创伤已经愈合，也可能是经胃肠黏膜的损伤而感染。该病以散发形式出现。

（二）临床症状

病初症状不明显，以后表现为不能自由卧下或起立，四肢逐渐强直，运步困难，角弓反张，牙关紧闭，流涎，尾直，常发生轻度肠臌胀。突然的声响，可使骨骼肌发生痉挛，致使病羊倒地。发病后期，常因急性胃肠炎而引起腹泻，病死率很高。

（三）防治措施

治疗时可将病羊置于光线较暗的安静处，给予易消化的饲料和充足的饮水。彻底消除伤口内的坏死组织，用3%过氧化氢、1%高锰酸钾或5%～10%碘酊进行消毒处理。病初应用破伤风抗毒素5万～10万单位肌内或静脉注射，以中和毒素；为了缓解肌肉痉挛，可用氯丙嗪（每千克体重0.002克）或25%硫酸镁注射液10～20毫升肌内注射，并配合应用5%碳酸氢钠100毫升静脉注射。对长期不能采食的病羊，还应每天补糖、补液，当病羊牙关紧闭时，可用3%普鲁卡因5毫升和0.1%肾上腺素0.2～0.5毫升，混合注入咬肌。中药用防风散或千金散，根据病情加减。

预防本病，应注意在发生外伤时立即用碘酊消毒；阉割羊或处理羔羊脐带时，也要严格消毒。

七、羊坏死杆菌病

坏死杆菌病是畜禽共患的一种慢性传染病。在临床上表现为皮肤、皮下组织和消化道黏膜的坏死，有时在其他内脏上形成转移性坏死灶。

（一）流行特点

本病病原体坏死梭杆菌在自然界分布很广，动物的粪便、死水坑、沼泽和土壤中均有存在，通过损伤的皮肤和黏膜而感染，多见于低洼潮湿地区和多雨季节，呈散发性或地区性流行。

1. 临床症状

绵羊患坏死杆菌病多于山羊，常侵害蹄部，引起腐蹄病。初呈跛行，多为一肢患病，蹄间隙、蹄和蹄冠开始红肿、热痛，而后溃烂，挤压肿烂部有发臭的脓样液体流出。随病变发展，可波及到腱、韧带和关节，有时蹄匣脱落。绵羊羔可发生唇疮，在鼻、唇、眼部甚至口腔发生结节和水疱，随后成棕色痂块。轻症病例能很快恢复，重症病例若治疗不及时，往往由于内脏形成转移性坏死灶而死亡。

2. 实验室诊断

从病羊的病灶与健康组织的交界处采取病料涂片，用稀释石炭酸复红或碱性美蓝加温染色、镜检，发现着色不匀、犹如串珠状细长丝状菌即可做出诊断，必要时可进行分离培养及动物试验确诊。

（二）防治措施

对羊腐蹄病的治疗，首先要清除坏死组织，用食醋、3%来苏儿或1%高锰酸钾溶液冲洗，或用6%福尔马林或5%～10%硫酸铜溶液脚浴，然后用抗生素软膏涂抹，为防止硬物刺激，可将患部用绷带包扎。当发生转移性病灶时，应进行全身治疗，以注射磺胺嘧啶或土霉素效果最好，连用5日，并配合应用强心和解毒药，可促进康复，提高治愈率。

预防应加强管理，保持羊圈的干燥，避免发生外伤，如发生外伤，应及时涂擦碘酊。

八、羔羊大肠杆菌病

羔羊大肠杆菌病是由致病性大肠杆菌所引起的一种幼羔急性、致死性传染病。临床上表现为腹泻和败血症。

（一）流行特点

多发生于数日至6周龄的羔羊，有些地区3～8月龄的羊也有发生，呈地区性流行，也有散发的。该病的发生与气候不良、营养不足、场地潮湿污秽等有关。放牧季节很少发生，冬春季舍饲期间常发。多经消化道感染。依据临床症状、病理变化和流行情况，可做出初步诊断，确诊须进行实验诊断。

（二）临床症状

该病潜伏期1～2天，分为败血型和下痢型两型。

1. 败血型

多发生于2～6周龄羔羊。病羊体温41～42℃，精神沉郁，迅速虚脱，有轻微的腹泻或不腹泻，有的带有神经症状，运步失调、磨牙、视力障碍，也有的病例出现关节炎，多于病后4～12小时死亡。

2. 下痢型

多发生于2～8日龄新生羔。病初体温略高，出现腹泻后体温下降，粪便呈半液状，带有气泡，有时混有血液。羔羊表现腹痛，虚弱，严重脱水，不能起立。如不及时治疗，可于24～36小时死亡，病死率15%～17%。

(三) 病理变化

败血型者剖检胸、腹腔和心包见大量积液，内有纤维素样物；关节肿大，内含浑浊液体或脓性絮片；脑膜充血，有许多小出血点。下痢型者主要为急性胃肠炎变化，胃内乳凝块发酵，肠黏膜充血、水肿和出血，肠内混有血液和气泡，肠系膜淋巴结肿胀，切面多汁或充血。

(四) 防治措施

大肠杆菌对土霉素、磺胺类和呋喃类药物都有敏感性，但必须配合护理和其他对症疗法。土霉素按每日每千克体重20～50毫克，分2～3次口服；或按每日每千克体重10～20毫克，分两次肌内注射；或20%磺胺嘧啶钠5～10毫升，肌内注射，每日两次；或口服复方新诺明，每次每千克体重20～25毫克，1日2次，连用3天；或呋喃唑酮，按每日每千克体重5～10毫克，分2～3次内服。也可使用微生态制剂，如促菌生等，按说明书拌料或口服，使用此制剂时，不可与抗菌药物同用。对新生羔再加胃蛋白酶0.2～0.3克；对心脏衰弱的，皮下注射25%安钠咖0.5～1.0毫升；对脱水严重的，静脉注射5%葡萄糖盐水20～100毫升；对有兴奋症状的病羔，用水合氯醛0.1～0.2克加水灌服。预防本病，主要是对母羊加强饲养管理，做好抓膘、保膘工作，保证新生羔羊健壮、抗病力强。同时应注意羔羊的保暖。特异性预防可使用灭活疫苗。对病羔要立即隔离，及早治疗。对污染的环境、用具要用3%～5%来苏儿液消毒。

九、羊钩端螺旋体病

钩端螺旋体病是由钩端螺旋体引起的人畜共患的一种自然疫源性传染病。临床特征为黄疸、血色素尿、黏膜和皮肤坏死、短期发热和迅速衰竭。羊感染后多呈隐性经过。

（一）流行特点

该病的易感动物范围广，包括各种家畜和野生动物，其中鼠类最易感。病畜和带菌动物是传染源，特别是带菌鼠在钩端螺旋体病的传播上起着重要的作用。病原从尿排出后，污染周围的水源和土壤，经皮肤、黏膜和消化道而感染。该病多发于夏秋季节，气候温暖、潮湿和多雨地区尤为多发。

（二）临床症状

该病潜伏期 4～5 天。一般为隐性感染，少数病例可见发热，饮食和反刍停止，腹泻带血，血尿，黄疸，口腔、鼻黏膜发生坏死，妊娠母羊多流产，病羊消瘦。

（三）病理变化

剖检尸体消瘦，黏膜有不同程度的黄染，皮下胶样浸润及出血，肠黏膜及浆膜有大量出血，胸、腹腔有黄色渗出液；肝肿大、松软，呈黄色或色调不均匀，质地脆弱；肾脏增大数倍，皮质有散在的灰白色病灶；淋巴结肿大、出血。

（四）防治措施

一般认为链霉素和四环素族抗生素对本病有一定疗效。链霉素按每千克体重 15～25 毫克，肌内注射，1 天 2 次，连用 3～5 天；土霉素按每千克体重 10～20 毫克，肌内注射，每天 1 次，连用3～5 天。如使用青霉素，必须大剂量才有疗效。

当羊群发生该病时，立即隔离，治疗病羊及带菌羊；对污染的水源、场地、栏舍、用具等进行消毒；及时用钩端螺旋体多价苗进行紧急预防接种。在常发地区，平时应进行预防接种，加强饲养管理，以提高羊群抵抗力。

十、绵羊巴氏杆菌病

巴氏杆菌病主要是由多杀性巴氏杆菌所引起的各种家畜、家禽和野生动物的一种传染病，在绵羊主要表现为败血症和肺炎。

（一）流行特点

本病分布广泛。多种动物对多杀性巴氏杆菌都有易感性。在绵羊多发于幼龄羊和羔羊，山羊不易感染。病羊和健康带菌羊是传染源。病原随分泌物和排泄物排出体外，经呼吸道、消化道及损伤的皮肤而感染。带菌羊在因受寒、长途运输、饲养管理不当等抵抗力下降时，可发生自体内源性感染。

（二）临床症状

按病程长短可分为最急性、急性和慢性三种。

1. 最急性

多见于哺乳羔羊，突然发病，出现寒战、虚弱、呼吸困难等症状，于数分钟至数小时内死亡。

2. 急性

病羊精神沉郁，体温升高到41～42℃，咳嗽，鼻孔常有出血，有时混于黏性分泌物中。初期便秘，后期腹泻，有时粪便全部变为血水。病羊常在严重腹泻后虚脱而死，病期2～5天。

3. 慢性

病程可达3周。病羊消瘦，不思饮食，流黏脓性鼻液，咳嗽，呼吸困难，有时颈部和胸下部发生水肿，有角膜炎、腹泻。临死前极度衰弱，体温下降。

（三）病理变化

剖检一般在皮下有液体浸润和小点状出血，胸腔内有黄色渗出物，肺有淤血、小点状出血和肝变，偶见有黄豆至胡桃大的化脓灶，胃肠道有出血性炎症，其他内脏水肿和淤血，间有小点状出血，但脾脏不肿大。病期较长者尸体消瘦，皮下有胶样浸润，常见纤维素性胸膜肺炎，肝有坏死灶。

（四）防治措施

发现病羊和可疑病羊立即隔离治疗。氯霉素、庆大霉素、四环素以及磺胺类药物都有良好的治疗效果。氯霉素用量为每千克体重10～30毫克，庆大霉素按每千克体重1000～1500单位，四环素每千克体重5～10毫克，20%磺胺嘧啶钠5～10毫升，均肌内注射，每日2次。或使用复方新诺明（或复方磺胺嘧啶），口服，每次每千克体重25～30毫克，1日2次。直到体温下降、食欲恢复为止。预防本病，平时应注意饲养管理，避免羊受寒。发生本病后，羊舍用5%漂白粉或10%石灰乳彻底消毒；必要时用高免血清或疫苗给羊做紧急免疫接种。

十一、肉毒梭菌中毒症

肉毒梭菌中毒症是由于食入肉毒梭菌毒素而引起的急性致死性疾病。其特征为运动神经麻痹和延脑麻痹。

（一）流行特点

肉毒梭菌的芽孢广泛分布于自然界，土壤为其自然居留地，在腐败尸体和腐烂饲料中含有大量的肉毒梭菌毒素，所以该病在各个地区都可发生。各种畜禽都有易感性，主要由于食入霉烂饲料、腐败尸体和已有毒素污染的饲料、饮水而发病。

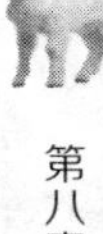

（二）临床症状

患病初期呈现兴奋症状，共济失调，步态僵硬，行走时头弯于一侧或做点头运动，尾向一侧摆动，流涎，有浆液性鼻涕，呈腹式呼吸，终因呼吸麻痹而死。

（三）病理变化

病尸剖检一般无特异变化，有时在胃内发现骨片、木石等物，说明生前有异嗜癖。咽喉和会厌有灰黄色被覆物，其下面有出血点，胃肠黏膜可能有卡他性炎症和小点状出血，心内外膜也可能有小点状出血，脑膜可能充血，肺可能发生充血和水肿。

（四）防治措施

通过调查发病原因和发病经过并结合临床症状和病理变化，可做出初步诊断，确诊必须检查饲料和尸体内有无毒素存在。

特异性治疗可用肉毒毒素多价抗血清，但须早期使用，同时使用泻剂进行灌肠，以帮助排出肠内的毒素。遇有体温升高者，注射抗生素或磺胺类药物以防发生肺炎。预防本病，平时应注意环境卫生，在牧场羊舍中如发现动物尸体和残骸应及时清除，特别注意不用腐败饲料喂羊。平时在饲料中配入适量的食盐、钙和磷等，以防止动物发生异嗜癖，舔食尸体和残骸等。发现该病时，应查明毒素来源，予以清除。

十二、羊沙门菌病

羊沙门菌病包括绵羊流产和羔羊副伤寒。发病羔羊以急性败血症和泻痢为主。

（一）流行特点

沙门菌病可发生于不同年龄的羊，无季节性，传染以消化道为主，交配和其他途径也能感染；各种不良因素均可促进该病的发生。

（二）临床症状和病理变化

该病潜伏期长短不一，依动物的年龄、应激因子和侵入途径等而不同。

1. 羔羊副伤寒（下痢型）

多见于15～30日龄的羔羊，体温升高达40～41℃，食欲减退，腹泻，排黏性带血稀粪，有恶臭；精神委顿，虚弱，低头，弓背，继而倒地，经1～5天死亡。发病率约30％，病死率约25％。剖检见病羔尸体消瘦，真胃与小肠黏膜充血，肠道内容物稀薄如水，肠系膜淋巴结水肿，脾脏充血，肾脏皮质部与心外膜有出血点。

2. 绵羊流产

多见于妊娠的最后两个月，病羊体温升至40～41℃，厌食，精神抑郁，部分羊有腹泻症状。病羊产下的活羔，表现衰弱、委顿、卧地，并可有腹泻，往往于1～7天死亡。病母羊也可在流产后或无流产的情况下死亡。羊群暴发1次，一般持续10～15天。剖检流产、死产胎儿或生后1周内死亡的羔羊，表现败血症病变，组织水肿、充血，肝脾肿胀，有灰色病灶，胎盘水肿、出血。

（三）防治措施

病羊可隔离治疗或淘汰处理。对该病有治疗作用的药物很多，但必须配合护理及对症治疗。首选药为氯霉素，其次是土霉素和新霉素，羔羊按每日每千克体重 30～50 毫克，分 3 次内服；成年羊按每次每千克体重 10～30 毫克，肌内或静脉注射，1 日 2 次。呋喃唑酮也可应用，按每日每千克体重 5～10 毫克，分 2～3 次内服，连续用药不得超过 2 周。也可试用促菌生、调痢生、乳康生等微生态制剂，按说明拌料或口服，使用时不可与抗菌药物同用。预防的主要措施是加强饲养管理。羔羊在出生后应及早吃初乳，并注意保暖；发现病羊应及时隔离并立即治疗；被污染的圈栏要彻底消毒，对发病羊群进行药物预防。

十三、羊快疫

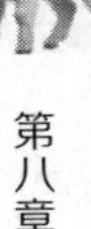

羊快疫是由腐败梭菌经消化道感染引起的主要发生于绵羊的一种急性传染病。本病以突然发病、病程短促、真胃出血性炎性损害为特征。

（一）流行特点

发病羊多为 6～18 月龄、营养较好的绵羊，山羊较少发病。主要经消化道感染。腐败梭菌以芽孢体形式散布于自然界，特别是潮湿、低洼或沼泽地带。羊只采食污染的饲草或饮水，芽孢体随之进入消化道，但不一定引起发病。当存在诱发因素时，特别是秋冬季或早春季节气候骤变、阴雨连绵之际，羊寒冷饥饿或采食了冰冻带霜的草料时，机体抵抗力下降，腐败梭菌即大量繁殖，产生外毒素，使消化道黏膜发炎、坏死并引起中毒性休克，使患羊迅速死亡。本病以散发性流行为主，发病率低而病死率高。

（二）临床症状

患病羊往往来不及表现临床症状即突然死亡，常见在放牧时死于牧场或早晨发现死于圈舍内。病程稍缓者，表现为不愿行走，运动失调，腹痛、腹泻，磨牙，抽搐，最后衰弱昏迷，口流带血泡沫，多于数分钟或几小时内死亡，病程极为短促。

（三）病理变化

病死羊尸体迅速腐败臌胀。剖检见可视黏膜充血呈暗紫色，体腔多有积液。特征性表现为真胃出血性炎症，胃底部及幽门部黏膜可见大小不等的出血斑点及坏死区，黏膜下发生水肿。肠道内充满气体，常有充血、出血、坏死或溃疡。心内、外膜可见点状出血。胆囊多肿胀。

（四）类症鉴别

羊快疫应与羊炭疽、羊肠毒血症和羊黑疫等类似疾病相鉴别。

1. 羊快疫与羊炭疽的鉴别

羊快疫与羊炭疽的临床症状和病理变化较为相似，可通过病原学检查区别腐败梭菌和炭疽杆菌，也可采集病料做炭疽沉淀试验进行区别诊断。

2. 羊快疫与羊肠毒血症的鉴别

羊快疫与羊肠毒血症在临床表现上很相似，可通过以下几方面进行区别：

① 羊快疫多发于秋冬和早春，多见于阴洼潮湿地区，诱因常为气候骤变、阴雨连绵、风雪交加，特别是在采食了冰冻带霜的草料时多发。羊肠毒血症在牧区多发于春夏之交和秋季，农区则多发于夏秋收割季节，羊采食过量谷类或青嫩多汁及富含蛋白质的草料时发生。

② 患肠毒血症时病羊常有血糖和尿糖升高现象，羊快疫则无。

③ 羊快疫有显著的真胃出血性炎症，肠毒血症则多见肾脏软化。

④ 羊快疫病例肝被膜触片可见无关节长丝状的腐败梭菌，肠毒血症病例肾脏等实质器官可检出D型魏氏梭菌。

3. 羊快疫与羊黑疫的鉴别

羊黑疫的发生常与肝片吸虫病的流行有关。羊黑疫病例真胃损害轻微，肝脏多见坏死灶。病原学检查，羊黑疫病例可检出诺维氏梭菌；羊快疫病例则可检出腐败梭菌，而且可观察到腐败梭菌呈无关节长丝状的特征。

（五）防治措施

第一，常发病地区，每年定期接种“羊快疫、肠毒血症、猝疽三联苗”或“羊快疫、肠毒血症、猝疽、羔羊痢疾、黑疫五联苗”，羊不论大小，一律皮下或肌内注射5毫升，注苗后2周产生免疫力，保护期达半年。

第二，加强饲养管理，防止严寒袭击，有霜期早晨出牧不要过早，避免采食霜冻饲草。

第三，发病时及时隔离病羊，并将羊群转移至高燥牧地或草场，可收到减少或停止发病的效果。

第四，本病病程短促，往往来不及治疗。病程稍拖长者，可肌内注射青霉素，每次80万～100万单位，1日2次，连用2～3日；内服磺胺嘧啶，1次5～6克，1日1次，连服3～4次；也可内服10%～20%石灰乳500～1000毫升，1日1次，连服1～2次。必要时可将10%安钠咖10毫升加于500～1000毫升5%～10%葡萄糖溶液中，静脉滴注。

十四、羊肠毒血症

羊肠毒血症又称“软肾病”或“类快疫”，是由D型魏氏梭菌在羊肠道内大量繁殖产生毒素引起的主要发生于绵羊的一种急性毒血症。本病以急性死亡、死后肾组织易于软化为特征。

（一）流行特点

发病以绵羊为多，山羊较少，以2～12月龄、膘情较好的羊只为主。魏氏梭菌为土壤常在菌，也存在于污水中，羊只采食被芽孢污染的饲草或饮水后，芽孢随之进入消化道，一般情况下并不引起发病。当饲料突然改变，特别是从吃干草改为采食大量谷类或青嫩多汁和富含蛋白质的草料之后，导致羊的抵抗力下降和消化功能紊乱，D型魏氏梭菌在肠道内迅速繁殖，产生大量ε原毒素，经胰蛋白酶激活变为ε毒素，毒素进入血液，引起全身毒血症，发生休克而死。本病的发生常表现一定的季节性，牧区以春夏之交抢青时和秋季牧草结籽后的一段时间发病为多；农区则多见于收割抢茬季节或采食大量富含蛋白质饲料时。一般呈散发性流行。

（二）临床症状

本病发生突然，病羊呈腹痛、肚胀症状。患羊常离群呆立、卧地不起或独自奔跑。濒死期发生肠鸣或腹泻，排出黄褐色水样稀粪。病羊全身颤抖，磨牙，头颈后仰，口鼻流沫，于昏迷中死去。体温一般不高，血、尿常规检查有血糖、尿糖升高现象。

（三）病理变化

病变主要限于消化道、呼吸道和心血管系统。真胃内有未消化的饲料；肠道特别是小肠充血、出血，严重者整个肠段肠壁呈血红色或有溃疡；肺脏出血、水肿；肾脏软化如泥样一般，认为是一种死后的变化；体腔积液，心脏扩张，心内、外膜有出血点。

（四）类症鉴别

本病应与炭疽、巴氏杆菌病和羊快疫等相鉴别。

1. 羊肠毒血症与炭疽的鉴别

炭疽可致各种年龄的羊只发病，病羊临床检查有明显的体温反应，死后尸僵不全，可视黏膜发绀，天然孔流血，血液凝固不良。如剖检可见脾脏高度肿大。细菌学检查可发现具有荚膜的炭疽杆菌，炭疽环状沉淀试验也可用于鉴别诊断。

2. 羊肠毒血症与巴氏杆菌病的鉴别

巴氏杆菌病病程多在1天以上，临床表现有体温升高，皮下组织出血性胶样浸润，后期则呈现肺炎症状。病料涂片镜检可见革兰氏阴性、两极染色的巴氏杆菌。

3. 羊肠毒血症与羊快疫的鉴别

参见羊快疫。

（五）防治措施

第一，常发病地区，每年定期接种“羊快疫、肠毒血症、猝疽三联苗”或“羊快疫、肠毒血症、猝疽、羔羊痢疾、黑疫五联苗”，羊只不论大小，一律皮下或肌内注射5毫升，注苗后2周产生免疫力，保护期达半年。

第二，加强饲养管理，农区、牧区春夏之际少抢青、抢茬，秋季避免采食过量结籽牧草。发病时及时转移至高燥牧地草场。

第三，本病病程短促，往往来不及治疗。羊群出现病例多时，对未发病羊只可内服10%～20%石灰乳500～1000毫升进行预防。

十五、羊猝疽

羊猝疽是由C型魏氏梭菌引起的一种毒血症，临床上以急性死亡、腹膜炎和溃疡性肠炎为特征。

（一）流行特点

本病发生于成年绵羊，以1～2岁的绵羊发病较多，常流行于低洼、潮湿地区和冬春季节，主要经消化道感染，呈地区性流行。

（二）临床症状

C型魏氏梭菌随污染的饲料或饮水进入羊只消化道，在小肠特别是十二指肠和空肠内繁殖，主要产生β毒素，引起羊只发病。病程短促，多未及见到症状即突然死亡。有时发现病羊掉群、卧地，表现不安，衰弱或痉挛，于数小时内死亡。

（三）病理变化

剖检可见十二指肠和空肠黏膜严重充血、糜烂，个别区段可见大小不等的溃疡灶。体腔多有积液，暴露于空气中易形成纤维素絮块。浆膜上有小点出血。死后8小时，骨骼肌肌间积聚有血样液体，肌肉出血，有气性裂孔，这种变化与黑腿病的病变十分相似。

（四）防治措施

羊猝疽的防治措施可参照羊快疫、羊肠毒血症。

第四节 羊常见寄生虫病的防治

一、肝片吸虫病

肝片吸虫病又叫肝蛭病，是由肝片吸虫寄生而引起慢性或急性肝炎和胆管炎，同时伴发全身性中毒现象和营养障碍等症状的疾病。本病多发于多雨、温暖的季节里，采食水草的羊更为多见，常造成本病的普遍流行。肝片吸虫呈扁平状，形似树叶，略大于南瓜籽。全身呈淡红色，吸盘在虫的头部。主要寄生于羊的肝脏内，也能进入胆管和胆囊内。一般在胆管内排卵，卵随羊粪排出后，再寄生到一种螺蛳体内。经多次分裂繁殖，最后成为无数具有侵害能力的幼虫而附在水草上。当羊吃了这种草后，幼虫随草进入体内，穿过肠壁，侵入血管和腹腔，再到达胆管。

（一）症状

病羊初期表现体温升高，腹胀，偶有腹泻，很快出现贫血，黏膜苍白。慢性型表现为黏膜苍白，眼睑、下颌及胸腹下部发生水肿，食欲减退，便秘与腹泻交替发生，逐渐消瘦，喜卧；母羊奶汁稀薄，甚至发生流产。有的至次年饲料改善后逐步恢复，有的到后期则严重贫血，出现下痢，最后导致死亡。急性型表现为急性肝炎，病羊衰弱、疲倦，贫血，黏膜苍白，体温增高，并有神经症状，严重者迅速死亡（较少见）。

（二）诊断

观察肝脏和胆管内有无虫体及检查粪便虫卵，即可确诊。

（三）防治措施

1. 预防

① 要保证饮水和饲草卫生。应将水草晾晒干后，集中到冬季利用。羊粪要进行堆积发酵处理，利用发酵产热将虫卵杀死；病羊的肝脏要废弃深埋。

② 采取不同方法灭螺，消灭中间宿主，如药物灭螺、生物灭螺等。可采用 1∶5000 硫酸铜溶液在草地喷洒灭螺，效果良好；可饲养鸭、鹅等水禽，消灭螺蛳。

③ 定期驱虫。每年进行 2 次定期预防性驱虫，一次在秋末冬初，另一次在冬末春初。严重感染时每年定期驱虫 3～4 次。

2. 治疗

① 用硝氯酚（拜耳 9015）治疗，口服，每千克体重 4～6 毫克。此药不溶于水，可拌于混合精料中喂服，或口服片剂。该药毒性低、用量小、疗效高，是较好的驱肝片吸虫药物。

② 用硫双二氯酚（别丁）治疗，每千克体重 100 毫克，加水摇匀后 1 次灌服，疗效确实而安全。

③ 用丙硫咪唑（抗蠕敏）治疗，每千克体重 18 毫克，1 次口服，效果良好，治疗剂量对妊娠母羊无不良影响。

④ 用碘醚柳胺治疗，每千克体重 7.5～10 毫克，1 次口服，对成虫和幼虫效果都好。

⑤ 用硫溴酚治疗，每千克体重 50～60 毫克。此药毒性低、疗效好，并对幼虫有一定效果。

二、羊胃肠线虫病

羊的皱胃及肠道内，经常有不同种类和数量的线虫寄生，羊常见的胃肠线虫有捻转血矛线虫（寄生于皱胃及小肠）、钩虫（寄生于小肠）、食道口线虫（寄生于大肠）和鞭虫（寄生于盲肠）等。各种线虫往往混合感染，可引起不同程度的胃肠炎、消化机能障碍等。各种消化道线虫引起疾病的情况大致相似，其中以捻转血矛线虫为害最为严重。

（一）症状

临床上均以消瘦、贫血、水肿、下痢为特征。急性型的以羔羊突然死亡为特征，患羊眼结膜苍白，高度贫血；亚急性型的特征是显著的贫血，患羊眼结膜苍白，下颌间和下腹部水肿，身体逐渐衰弱、被毛粗乱，甚至卧地不起，下痢与便秘交替出现，病程 2～4

个月，如不死亡，则转为慢性型；慢性型的症状不明显，体温一般正常，呼吸、脉搏频数正常，心音减弱，病程达7～8个月或1年以上。

（二）防治措施

1. 预防

① 羊应饮用干净的流水或井水，粪便应堆积发酵，杀死虫卵。

② 每半年驱虫1次，选用药物有伊维菌素，口服，每千克体重0.2毫克；或敌百虫，口服，每千克体重50毫克；或左旋咪唑，肌内注射，每千克体重5毫克；或丙硫咪唑，口服，每千克体重10毫克。

2. 治疗

治疗可用丙硫咪唑、左旋咪唑、敌百虫等药物，用药量及治疗方法同上。

三、绦虫病

羊绦虫病是由莫尼茨绦虫、曲子宫绦虫及无卵黄腺绦虫寄生在羊体内而引起的，主要危害羔羊。这三种绦虫既可单独感染，也可混合感染。常见的为莫尼茨绦虫，虫长1～5米，虫体由许多节片连成。绦虫主要寄生在羊的小肠里，待节片成熟后随粪便排出。节片中含有大量虫卵，虫卵被一种地螨吞食后，就在地螨体内孵化，再发育成似囊尾蚴。当羊吃草时吞食了含有似囊尾蚴的地螨后，即感染绦虫病。地螨多在温暖和多雨季节活动，所以羊绦虫病在夏、秋两季发病较多。

（一）症状

成年羊轻微感染时病症不明显。羔羊感染初期出现消化功能紊乱、食欲减退而饮水增多，发生下痢和水肿，并出现贫血、淋巴结肿大等症，粪中混有虫体节片；后期病羔表现衰弱，有的肠阻塞而死；有的表现不安、痉挛等神经症状；末期，病羔卧地不起，头向后仰，口吐白沫，反应迟钝直至死亡。严重感染时，或伴有继发病，或并发其他疾病，易死亡。

（二）诊断

采取患羊粪便，检查有无绦虫节片。感染羊的粪便中常可见到黄白色节片，即绦虫脱落的体节。

（三）防治措施

1. 预防

种植优良牧草，进行深耕，能大量减少地螨，以减少感染。

2. 治疗

① 口服丙硫咪唑，按每千克体重 5～20 毫克，制成 1%悬浮液灌服。

② 口服硫双二氯酚（别丁），按每千克体重 100 毫克的用量，加水配成悬浮液，1 次灌服，疗效好。

③ 口服氯硝柳胺（灭绦灵），每千克体重 50～70 毫克。

④ 口服 1%的硫酸铜溶液，按每千克体重 2 毫升的剂量灌服，安全而有效。应注意，硫酸铜一定要溶解在雨水或蒸馏水内，药液要现配，要避免用金属器具盛装药液，喂药前 12 小时和喂药后 2～3小时禁止饮水和吃奶。

⑤ 口服吡喹酮，成年羊每千克体重 30～50 毫克，羔羊不论体重大小均用 1 克，配成悬浮液灌服，连续 5 天，疗效较好。

四、疥癣病

疥癣病又称羊螨病，是由螨侵袭并寄生于羊的体表而引起皮肤剧烈的痒感的一种慢性皮肤疾病。本病多发生于秋冬季节，尤以幼羊易感染而且发病较严重。羊舍阴暗潮湿、饲养管理不当、卫生制度不严、羊群拥挤等都是本病蔓延的重要原因。

（一）症状

患羊先皮肤发痒，患部皮肤最初生成针头大至粟粒大的结节，继而形成水疱，渗出液增多，最后结成浅黄色脂肪样的痂皮，或形成龟裂，常被污染而化脓。多发生在长毛的部位，开始局限于背部或臀部，以后很快蔓延到体侧。病羊因患部奇痒难忍而到处乱擦乱蹭，啃咬患处，用蹄子扒或在墙上擦。引起皮肤发炎和脓肿，最后使皮肤变厚，失去弹性，发皱并盖满大量痂片，严重时可使羊毛大片脱落，甚至全身脱毛。患羊贫血，消瘦，逐渐死亡。

（二）防治措施

1. 预防

① 保持栏舍卫生、干燥和通风良好，对栏舍和用具定期消毒；加强检疫工作，对新调入的羊应隔离检查后再混群；病羊应隔离饲养。

② 每年定期对羊进行药浴。药液可用0.5%～1%敌百虫水溶液，或以50%辛硫磷乳油兑水配制成0.05%的药液，或0.2%甲基杀螨脒水溶液。疥癣病的治疗也常用该法。

2. 治疗

本病的治疗方法分为涂药疗法和药浴疗法两类。药浴适用于病畜数量多而且气候温暖的季节。当在寒冷季节和病畜数量少时，宜用涂药疗法。涂药前，先剪去患部及附近的毛，用温开水擦洗，除去皮表痂皮等脏物。常用的涂药为0.02%～0.03%双甲脒溶液，或0.5%～1%敌百虫溶液，或0.1%～0.2%杀虫脒溶液，或0.1%～0.5%敌杀死，疗效都很好。每次涂药面积不得超过体表面积的1/3，不得把药涂到嘴或眼里，防止羊用舌头舔药而引起中毒。

第五节　普通病的防治

一、瘤胃积食

瘤胃积食是瘤胃充满过量饲料，超过了正常容积，致使胃体积增大，胃壁扩张，食糜滞留在瘤胃中，引起严重消化不良的疾病。

由于羊采食了过多的质量不良、粗硬而且难于消化的饲草或容易膨胀的饲料，或采食干料而饮水不足，或时饥时饱，突然更换草料等所致。常见于贪食大量的青草、紫云英或甘薯、胡萝卜、马铃薯等饲料；或因饥饿采食了大量谷草、稻草、豆秸、花生秧、甘薯藤等，而饮水不足，难于消化；或过食谷类饲料，又大量饮水，饲料膨胀，从而导致发病。如不及时进行治疗，常常引起死亡。

（一）症状

患羊病初不断嗳气，反刍消失，随后嗳气停止，腹痛摇尾，精神沉郁。左侧腹下轻度膨大，肷窝略平或稍凸出，触摸稍感硬实，瘤胃坚实；后期呼吸急促而困难，脉搏增数。黏膜呈深紫红色，全身衰弱，卧地不起。发生脱水和自体中毒，若无并发症，则体温正常。过食豆谷混合精料引起的瘤胃积食，呈急性，主要表现为中枢神经兴奋性增强、视觉障碍、侧卧、脱水及酸中毒症状。

（二）防治措施

1. 预防

定时定量饲喂，防止羊只过食，饲料搭配要合理，不要突然更换饲料，注意适当运动。

2. 治疗

① 一旦确诊，首先应禁食，防止病情进一步恶化。

② 清肠消导，可用石蜡油 100～200 毫升，人工盐 50 克，芳香氨醑 10 毫升，加水 500 毫升，1 次灌服；或用植物油 150～300 毫升灌服。

③ 解除酸中毒，可用 5%碳酸氢钠 100 毫升加 5%葡萄糖 200 毫升，静脉注射。心脏衰弱可用 10%安钠咖 5 毫升或 10%樟脑磺酸钠 4 毫升，肌内注射。

④ 若药物治疗无效，可进行瘤胃切开术，取出内容物，并用 1%的温食盐水洗涤。

二、急性瘤胃臌气

原发性瘤胃臌气是由于过量采食易发酵的饲料，如初春的嫩草、青贮饲料、豆科植物等；或过食大量的豆饼、豌豆、雨后的青草及腐败的或含有霉菌的干草，或饲料在瘤胃中过度发酵，迅速产生大量气体，致使瘤胃的容积急剧增大，胃壁发生急性扩张，并呈

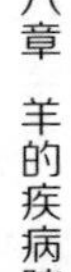

现反刍和嗳气障碍的一种疾病。继发性瘤胃臌气多由前胃疾病和食道阻塞等疾病所致。

（一）症状

急性瘤胃臌气常于采食发酵的饲料之后迅速发生。病羊开始烦躁不安，后呆立弓背，腹部急性臌大，尤其是左腹部急剧膨胀，叩诊左腹部呈现鼓音，按压时感觉腹壁紧张。病羊无食欲，反刍、瘤胃蠕动停止，由于肺脏受压，发生呼吸困难，心跳快而弱，眼结膜先变红后变紫，口吐白沫，站立不稳，如不及时治疗，迅速发生窒息或心脏麻痹而死亡。继发性瘤胃臌气是由于食道阻塞、前胃弛缓、肠阻塞及创伤性网胃炎等疾病引起，发病较慢，症状较轻，时胀时消，病程可长达1周或几个月。

（二）防治措施

1. 预防

草料要干净，搭配要合理，饲喂要定时定量，防偷食精饲料。不大量喂给粗硬、不易消化的饲料，经常给以充足的饮水。在变换草料时，要逐渐变换，限制给量。幼嫩的牧草，特别是豆科植物，应晒干后拌和普通干草饲喂，饲喂多汁和易发酵的饲料应定时、定量，喂后不立即饮水。

2. 治疗

（1）诱发排气　对轻度瘤胃臌气，可将病羊置于前高后低的位置，然后用涂以松节油或食盐的小木棒夹于其口中，以诱发舌头活动或嗳气、呕吐，同时反复按摩瘤胃。还可将胃导管插入胃内导气。

（2）穿刺排气　当臌气严重、病羊呼吸困难时，应立即采取放气措施，用套管针或长针头，穿刺左侧肷部膨胀最明显处。放气时快慢要适中，以防大脑缺氧窒息而昏迷死亡。放气后可用鱼石脂、乳酸各2克，陈皮酊30毫升，溶化后加适量温水注入瘤胃。

（3）制酵

① 泡沫性膨胀，宜用二甲基硅油（消胀片）0.5～1克，或液

体石蜡（或植物油）100～300毫升，1次灌服。

② 用福尔马林3～5毫升加水300～500毫升，1次灌服；或来苏儿2～5毫升，加水200～300毫升，1次灌服；或鱼石脂10克，70%酒精150毫升，水50毫升，用酒精溶解鱼石脂，然后加水1次灌服。

三、前胃弛缓

前胃弛缓是前胃兴奋性和收缩力量降低的疾病。原发性前胃弛缓，由不正确的饲养管理方法引起，如饲料单一、品质不良、长期饲喂难以消化的草料（如秸秆、豆秸）等；突然更换饲养方法，供给混合精料过多，运动不足等。此外，瘤胃臌气、瘤胃积食、肠炎等，以及其他内科、外科、产科疾病，亦可继发该病，为继发性前胃弛缓。

（一）症状

临床以食欲、反刍、嗳气紊乱，胃蠕动减弱为特征。急性前胃弛缓表现为食欲废绝，反刍停止，瘤胃蠕动减弱或停止；瘤胃内容物腐败发酵，产生多量气体，左腹增大，呈间歇性臌气；粪便初期干硬，后期则排恶臭稀粪。慢性前胃弛缓表现为精神沉郁，倦怠无力，被毛蓬乱；体温、呼吸、脉搏无变化，食欲减退，瘤胃蠕动力量减弱、次数减少；瘤胃胀气，便秘和腹泻交替发生，严重者呈现贫血与衰竭，甚至死亡。若为继发性前胃弛缓，常伴有原发病的特征症状。因此，诊断中必须区别该病是原发性还是继发性。

（二）防治措施

1. 预防

合理调配饲料，不喂霉败、冰冻等不良饲料，不突然更换饲料。

2. 治疗

① 急性前胃弛缓，初期应停止喂食1～2天，然后供给易消化的饲料。

② 人工盐20～30克，石蜡油100～200毫升，番木鳖酊2毫升，大黄酊10毫升，陈皮酊5毫升，加水400毫升，1次灌服。

③ 2%毛果芸香碱1毫升，皮下注射。

④ 防止酸中毒可灌服碳酸氢钠10～15克。

⑤ 山楂、麦芽、神曲各50克，研成粉末灌服。

四、羔羊消化不良

由于母羊妊娠后期营养不良，所产羔羊体质虚弱，食欲不振；初乳质量差，羔羊吃不到足够的初乳，抵抗力极差，从而导致消化不良。

（一）症状

本病以腹泻为特征，病初病羔食欲下降或不愿吃奶，喜卧地，腹痛，粪便由稠变稀，呈灰白色或绿色，并附有气泡，严重的带有血液，最后衰竭死亡。

（二）防治措施

1. 预防

加强母羊妊娠后期的饲养管理，增加营养，使母羊奶水充足，羔羊有较强的抵抗力。

2. 治疗

① 促进消化：乳酶生每次2～4克，口服，日服3次。

② 补液健胃：10%高渗盐水20毫升，20%葡萄糖100毫升，维生素C10毫升，一次静脉注射，每日1次，连用2～3次。

③ 抑菌消炎：肌内注射卡那霉素，每千克体重2万单位，或氯霉素片0.1～0.2克，同胃蛋白酶加水灌服，1日3次；脱水时静脉注射糖盐水250～300毫升，10%安钠咖1毫升。

五、瘫痪病

这是羊的一种运动机能障碍疾病，主要是四肢发生瘫痪，尤以后躯瘫痪更为显著。多见于多胎高产的母羊，由于饲料品种单一、营养不全面、搭配不合理，造成蛋白质、脂肪、糖分、矿物质和维生素的不足或不平衡，营养消耗大大超过营养补充，只能依靠分解肌纤维及其组织细胞内的蛋白质来维持机体的能量需要，以致引起新陈代谢的严重失调和组织变性，使机体极度消瘦，导致在妊娠后期或产后哺乳期发病。

（一）症状

病程为渐进性发展。初期病羊食欲减退，瘤胃蠕动、反刍及排粪尿停止；精神委顿，肌肉发颤，站立不稳，步态蹒跚，甚至摇摆；后躯完全麻痹，前躯尚能活动，但前肢趴在地上后，却不能站立，后肢软弱无力；逐渐消瘦，羊毛粗乱而暗灰，黏膜苍白；病程发展后，倒地不能站立，经常躺卧，后肢拖拽。头部经常向一侧弯曲，有的类似角弓反张现象。后期昏睡或昏迷，瞳孔散大，有时四肢痉挛。一般体温多为正常，呼吸浅快，脉搏细弱。

（二）防治措施

1. 预防

加强妊娠母羊的饲养管理，应喂给富含维生素的饲料，尤其在妊娠后期应补喂适量的骨粉、碳酸氢钙等矿物质饲料。栏舍应宽敞，适当增加母羊的活动量，多晒太阳。

2. 治疗

① 本病越早抓紧治疗，治愈率越高。补钙疗法比较有效，10%葡萄糖酸钙 100～200 毫升，缓慢静脉注射；也可静脉注射5%氯化钙 60～80 毫升，最好与 10%葡萄糖注射液一起注射，速度宜慢，3～5 小时后再静脉注射 1.0%葡萄糖酸钙 100～200 毫升。

② 每日口服柠檬酸钠或醋酸钠，每千克体重 300 毫克，即每只羊 15～20 克，连服 4～5 天。

③ 镇跛痛 2～4 毫升，肌内注射。

六、小叶性肺炎

肺炎是肺泡、细支气管以及肺间质的炎症。羊多发小叶性肺炎。小叶性肺炎又可分为卡他性和脓性肺炎，脓性肺炎常由卡他性肺炎继发而来，是支气管与肺小叶或肺小叶群同时发生的炎症。

肺炎多因感冒引起，发生于秋末和冬春季节。羊受到气候剧变等不良因素的刺激，受寒感冒；或受到病原菌，主要是肺炎球菌、链球菌、化脓放线菌、葡萄球菌等的感染，羊体弱时，病原菌大量繁殖，产生毒素而致病。此外，营养不良，维生素和矿物质缺乏，圈舍潮湿，夏季羊群过密、通风不畅、圈舍闷热、有害气体刺激等因素，都可引发此病。尤以妊娠母羊、产后营养不良的泌乳母羊最易感染。

（一）症状

病羊精神不振，低头耷耳，食欲减退，反刍次数减少或停止，饮水增加；心跳加快，结膜发绀，鼻镜干燥。初期有痛性咳嗽，先干咳，后湿咳，流鼻涕，鼻液呈浆液性或黏液性，常伴有喘鸣等急性支气管炎症状。继之为脓性，伴有全身症状，畏寒，蜷缩，浑身发抖，体温高达40℃以上；病羊呼吸急促而困难，鼻孔张大，呼吸浅表、增数，呈混合式呼吸。肺部发炎面积越大呼吸越困难，呈现低弱的痛咳。然后呼吸加重加快，继发胸膜炎。羔羊多为急性发作，后期体温下降，呼吸极度困难，起立不定，出现神经症状，咬牙蹬腿以致死亡。叩诊胸部略带鼓音，有局灶性浊音区，听诊肺区有捻发音。

（二）防治措施

1. 预防

羊舍要干燥、清洁、通风良好、阳光充足，及时注意气候变化，栏内垫草干燥清洁，保持温暖，防止感冒和下痢。合理饲养，多喂营养价值完全的饲料，适当添喂胡萝卜、南瓜等多汁饲料，加强运动。病羊应置于温暖而无风的地区。

2. 治疗

① 用青霉素80万单位、链霉素100万单位肌内注射，每日2～3次；或20%磺胺嘧啶钠20～30毫升，每日2次，连用3～

5天。

② 消炎止咳可用10%磺胺嘧啶20毫升，或青霉素、链霉素等抗生素肌内注射；或卡那霉素0.5克，肌内注射，每日2次，连用5天。

③ 解热强心可用复方氨基比林或安痛定注射液5～10毫升，一次肌内注射；或10%樟脑水注射液4毫升，肌内注射。

七、毛球阻塞病

毛球阻塞病是长期饲喂藤蔓类的粗饲料，粗纤维积贮在真胃内不能消化，形成大小不等绒毛似的球状物，成为真胃异物造成阻塞的一种疾病。例如羊只连续饲喂2个月以上的藤蔓饲料，如甘薯藤、花生藤及野生藤蔓等，因藤蔓茎的粗纤维含量较高，占27%，与表皮外的绒毛纤维一起，在前胃内不能被纤毛虫与微生物所分解，随食糜进入真胃后，食糜经酸、酶和黏液混合，迅速流向肠道，而这些绒毛与粗纤维残渣停留在胃底，不能排出，在胃液的黏附和真胃不断运动的作用下，逐渐滚积形成球状而使真胃阻塞。

（一）症状

病初病羊无明显症状，仅呆立停食，不活跃，不愿行动，反刍缓慢，逐渐消瘦；严重时，反刍完全停止，常出现便秘，不断低头伸颈、张口，体形消瘦；如体弱、极度消瘦的羊，在腹部可触及硬物，触压有痛感。如长期单一饲喂甘薯藤，则发病率较高，死亡率也高。特别是吃鲜藤比吃干藤更容易结团。

（二）防治措施

1. 预防

防止长期单一用甘薯藤等青粗饲料喂羊。当饲喂甘薯藤时，可混喂其他青草或稻草等，甘薯藤的每天饲喂量不超过总饲料量的1/4，或轮换饲喂藤蔓饲料，每隔1～2天喂1餐，甘薯藤的饲喂总天数不能超过两个月。若刚发病，应立即改变饲料，停喂藤蔓饲料，加强运动，可康复。

2. 治疗

本病目前尚无特效疗法。病初期先停食 1～2 天，灌入温水 500 毫升，再按摩腹部。或灌服菜油炒韭菜或直接灌入生菜油 10～20 毫升。

八、胃肠炎

胃肠炎是胃肠黏膜表层或深层的炎症，比单纯性胃或肠的炎症更严重，能引起胃肠消化障碍和自体中毒。青年羊发病较多，羔羊也易发生。

胃肠炎多因喂给品质不良，含有泥沙、霉菌、化学药品及冰冻腐败变质的饲草、饲料或误食农药处理过的种子、饲料和污水所致；也可因过食混合精料、有毒植物中毒以及羊栏地面湿冷等引起；某些传染病、寄生虫病、胃肠病、产科疾病等均可继发胃肠炎。

（一）症状

初期病羊多呈现急性消化不良的症状，其后逐渐或迅速转为胃肠炎症状。病羊食欲减退或废绝，口腔干燥发臭，常伴有腹痛，逐渐转为剧烈的腹泻，排粪次数增多，不断排出稀软状或水样的粪便，气味腥臭或恶臭，粪中混有血液及坏死的组织片，污染臀部及后躯。后期大便失禁，食欲停止，有明显脱水现象，病羊不能站立而卧地，呈衰竭状态。随着病情发展，病羊脉搏快弱，严重时可引起循环和微循环障碍，肌肉震颤、痉挛而死亡。继发性胃肠炎，首先出现原发病症状，而后呈现胃肠炎症状。

（二）防治措施

1. 预防

不喂发霉、冰冻饲料，饲喂要定时、定量，饮水要清洁，栏舍要干燥、通风和卫生，并定期驱虫。

2. 治疗

① 对发病初期的羊只以减食法和绝食法最为有效。轻度下痢

时，给以容易消化的青干草饲料，并可喂给温热米汤水。

② 治疗原则是清理胃肠，保护肠黏膜，制止胃肠内容物腐败发酵，维护心脏机能，解除中毒，预防脱水和加强护理。初期可给人工盐 20～50 克，溶于水中灌服，每天 1 次；或内服菜籽油或蓖麻油 200 毫升。

③ 有腹泻者可用磺胺噻唑 1 克，鞣酸蛋白 3～5 克，乳酶生、重碳酸钠各 5～15 克，口服。

④ 严重时，可用 20%磺胺嘧啶钠注射液 10～15 毫升静脉注射；也可用黄连素注射液 2～5 毫升肌内注射。以上药物均为每天 2 次。

⑤ 排水样粪便的病羊，用活性炭 20～40 克，鞣酸蛋白 2 克，磺胺脒 4 克，水适量，一次灌服。

⑥ 严重脱水的病羊，用 5%葡萄糖生理盐水 500 毫升，内加 10%安钠咖 2 毫升、40%乌洛托品 5 毫升，进行静脉输液。

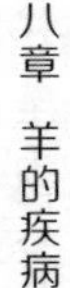

九、瘤胃酸中毒

过食谷类饲料或多糖饲料、酸类渣料等，或饲料突然改变导致瘤胃内异常发酵，生成大量乳酸，易发生以乳酸中毒为特征的瘤胃消化机能紊乱性疾病。

（一）症状

最急性型多突然发病，病羊精神高度沉郁，呼吸短促，心跳加快，体温下降，瘤胃蠕动停止，臌气，并有严重脱水症状。

急性型病羊精神沉郁，食欲废绝，体温轻度升高，腹泻，排出黑褐色稀粪。最急性型和急性型病羊多数在 12～24 小时内死亡。

亚急性型症状轻微，多数病羊不易早期发现，食欲时好时坏，瘤胃蠕动减弱。只要及时消除病因，预后良好。

（二）治疗

① 5%碳酸氢钠溶液 300～500 毫升，5%葡萄糖生理盐水 300 毫升和 0.9%氯化钠溶液 1000 毫升静脉注射。

② 调整瘤胃内酸度。先用清水将瘤胃内容物尽量清洗排出，再投服碳酸氢钠100～200克、氧化镁200克和碳酸钙70克。若有必要，间隔1天后再投服1次。

十、有机磷中毒

误食喷洒过有机磷制剂的青草、蔬菜，或驱虫时使用的有机磷药物（如敌百虫）用量过多而引起中毒。常用的有机磷制剂有敌百虫、敌敌畏、乐果、1605和3911等。当有机磷制剂通过各种途径进入羊只机体时，造成体内的乙酰胆碱大量蓄积，导致副交感神经过度兴奋而出现病状。

（一）症状

发病突然，病羊食欲减退，反刍停止，肠音亢进，腹泻；流涎、流泪，鼻孔和口角有大量白色或粉红色泡沫；瞳孔缩小，眼球斜视，眼结膜发绀；步态蹒跚，反复起卧，兴奋不安，甚至出现冲撞蹦跳；一般在发病数小时后，全身或局部肌肉痉挛，呼吸困难，心跳加快，口吐白沫，昏迷倒地，大小便失禁，常因呼吸肌的麻痹而导致窒息死亡。严重时病羊处于抑制、衰竭、昏迷和呼吸高度困难状态，如不及时抢救会死亡。

（二）防治措施

1. 预防

切实保管好农药，严禁用喷洒有机磷农药的田间野草喂羊。给羊只驱虫或药浴时，应注意护理和观察，以防中毒。

2. 治疗

（1）解毒

① 注射阿托品10～30毫克，其中1/2量静脉注射，1/2量肌内注射。临床上以流涎多少、瞳孔大小情况来增减阿托品用量，黏膜发绀时暂不使用阿托品。

② 皮下注射或静脉注射解磷定，每千克体重20～50毫克。静脉注射时溶于5%葡萄糖或生理盐水中使用，必要时12小时重复

一次。

③ 中毒48小时内，多次给药，疗效较佳。

（2）排毒

① 洗胃。除敌百虫中毒外，可用2%碳酸氢钠1000～2000毫升用胃导管反复洗胃。

② 泻下排毒。用硫酸钠50～100克加水灌服。

③ 静脉注射糖盐水500～1000毫升，维生素C 0.3克。

十一、亚硝酸盐中毒

亚硝酸盐中毒指羊只采食了大量富含硝酸盐的青绿饲料后，在自然条件下，硝酸盐在硝化细菌的作用下，转为亚硝酸盐而发生的中毒。各种鲜嫩青草、叶菜等，均含有较多的硝酸盐成分，若存放时发热和放置过久，可致使饲料中的硝酸盐转化为亚硝酸盐。这类青料若饲喂过多，瘤胃的发酵作用本身也可使硝酸盐还原为亚硝酸盐，从而使羊只中毒。

（一）症状

羊只采食后1～5小时发病，呼吸高度困难，肌肉震颤，步态摆晃，倒地后全身痉挛。初期可视黏膜苍白，表现发抖、痉挛、后肢站立不稳或呆立不动；后期可视黏膜发绀，皮肤青紫，呼吸窘迫，出现强直性痉挛，体温正常或偏低，针刺耳尖仅渗出少量黑褐红色血滴，而且凝固不良。还可出现流涎、疝痛、腹泻、瘤胃臌气、全身痉挛等症状，最后倒地窒息死亡。

（二）治疗

1. 特效疗法

① 1%美蓝每千克体重0.1毫升，10%葡萄糖250毫升，一次静脉注射。必要时2小时后再重复用药。

② 5%甲苯胺蓝每千克体重0.5毫升，配合维生素C 0.4克，静脉或肌内注射。

③ 先用1%美蓝溶液，每千克体重0.1～0.2毫升，静脉注射

抢救；再用5%葡萄糖生理盐水1000毫升，50%葡萄糖注射液100毫升，10%安钠咖20毫升，静脉注射。

2. 对症疗法

① 双氧水10～20毫升，以3倍以上生理盐水或葡萄糖水混合静脉注射。

② 10%葡萄糖250毫升，维生素C 0.4克，25%尼可刹米3毫升，静脉注射。

③ 用0.2%高锰酸钾溶液洗胃，耳静脉放血。

十二、霉饲料中毒

引起霉饲料中毒的霉菌有甘薯黑斑病菌、霉玉米黄曲霉、霉稻草镰刀菌、霉麦芽根棒曲霉等。当羊食用了含上述某种霉菌的霉变饲料后即可引起中毒。

（一）症状

引起中毒的霉菌不同，症状表现不一，或突然发病或呈慢性经过。但通常病羊食欲不振，精神萎靡，消化紊乱；初期便秘后转下痢，粪便带有黏液或血液，瘤胃蠕动减弱，反刍减少。有的出现神经症状，呼吸困难。严重者发生死亡。

霉饲料中毒的诊断要借助于对饲料品质的调查，必要时请有关部门化验后做出诊断并制订防治方案。

（二）治疗

① 霉饲料中毒无特效药，治疗中采取保守疗法，以促进自身恢复。首先去除中毒源，调换新鲜、洁净饲料，防止霉饲料进一步摄入。

② 用50%葡萄糖500毫升，生理盐水1000～2000毫升，另加维生素C 30毫升静脉注射，每天2次，连用数日。

十三、尿素中毒

给羊喂过量的尿素，或尿素与饲料混合不均匀，或喂尿素后立即饮水，都会引起中毒，饮大量的人尿也会引起中毒。

（一）症状

中毒开始时，可见病羊鼻、唇挛缩，表现不安、呻吟、磨牙、口流泡沫性口水，反刍和肠蠕动停止，瘤胃急性臌胀，肠管蠕动和心音亢进，脉搏急速，呼吸困难。很快不能站立，同时全身痉挛和呈角弓反张姿势。严重者可见呼吸极度困难，站立不稳，倒地，全身肌肉痉挛，眼球震颤，瞳孔放大，常因窒息死亡。

（二）防治措施

1. 预防

按规定剂量和方法饲喂尿素，喂后不能立即饮水，防止羊偷吃尿素及饮过量人尿，尿素同其他饲料的配合比例及用量要适当，而且必须搅拌均匀；严禁将尿素溶在水中给羊饮用。

2. 治疗

① 病羊早期灌服1%醋酸溶液250～300毫升或食醋0.25千克，若加入50～100克食糖，效果更佳。

② 硫代硫酸钠3～5毫克，溶于100毫升5%葡萄糖生理盐水静脉注射。

③ 静脉注射10%葡萄糖酸钙50～100毫升和10%的葡萄糖溶液500毫升，同时灌服食醋0.25千克，效果良好。

十四、难产

临产母羊不能正常顺利地产羔叫难产。

（一）病因

引起难产的因素颇多，但发生的原因主要有以下几种情况：分娩母羊产道狭窄；胎儿过大或胎位不正；母羊营养不良或患病；健康状况极差等。

（二）症状

一般表现为母羊分娩开始后虽有阵缩和腹压，羊水外流，但胎儿就是产不出来。母羊痛苦至极，用力努责，鸣叫不已，常回顾腹部，起卧不宁。后期母羊表现极度衰弱，努责无力，卧地不起，遇此情景，羔羊大多窒息而死。

（三）防治措施

1. 预防

① 后备母羊不到配种年龄不能过早配种。

② 避免近亲交配，杜绝畸形胎儿的出现。

③ 加强妊娠后期母羊的饲养管理，保持母羊适度膘情，除此之外还需要适当运动。

④ 配种前必须对母羊生殖器官进行检查，发现有严重生理缺陷的母羊应及时淘汰，不予配种。

2. 治疗

若母羊阵缩微弱，努责无力，可在皮下注射垂体后叶素注射液2～3毫升（每毫升10单位）；母羊身体衰弱时可肌内注射10%安钠咖2～4毫升，或20%樟脑油剂3～8毫升。

母羊产道狭窄，胎儿过大或畸形时，可先向产道内灌注适量菜油或液体石蜡等润滑剂，然后在母羊努责时趁势把胎儿拉出。切忌强拉硬拽，以免伤及胎儿和母羊内外生殖器官。

胎位不正时，如胎儿头部或四肢弯曲不能产出，可将胎儿先推回子宫腔，耐心地加以矫正（胎儿肢体柔软很容易矫正），矫正后随着母羊努责的节奏将胎儿拉出体外。

遇到1胎多羔难产时，常出现先出来的羔羊其后腿夹住第二只羔羊的头部，当摸到第一只时感到胎位和躯体很正常，但就是拉不动。遇到这种情况时，将手经消毒或戴乳胶手套，从羔羊腹部摸进去，推回第二只羔羊，然后才能依次顺利产出。有时也出现另外一种情况，即1只羔羊的头部与另外1只羔羊臀部一起出来。这时要把露出臀部的羔羊推回去，再随着母羊努责的节奏，将露出头部的羔羊拉出来。

十五、胎衣不下

胎衣也叫胎膜，主要包括羊膜、绒毛膜、尿膜和卵黄囊四部分。母羊分娩后不能在正常时间内（羊一般约5～6小时）顺利排出胎衣，就叫胎衣不下。

（一）病因

胎衣不下的原因颇多，常见的有两种情况：①由于母羊体质差，子宫收缩无力；②胎盘发生病变粘连，羊膜、尿膜和脐带的一部分形成索状由阴门垂下，但脉络膜仍留在子宫内。

（二）症状

病羊精神不安，常有努责和哀鸣。若时间拖久则胎膜受细菌感染而腐败，阴道流出褐色恶臭的液体，病羊体温上升，食欲不振，吃草明显减少。

（三）治疗

母羊子宫收缩乏力，可皮下注射垂体后叶素注射液2～3毫升，或麦角碱注射液0.8～1毫升，一般情况下均能顺利排出。

如果胎膜粘连，甚至腐败，可先采用5%～10%生理盐水500～1000毫升注入子宫与胎膜之间，以促进子宫收缩并加速子宫与胎膜的剥离。待胎衣排出后，为防止腐败引起的并发症，再用2%来苏儿稀释液或0.1%高锰酸钾溶液冲洗子宫腔，同时肌内注射青霉素20万～40万单位。

胎衣不下初期，可用红糖250克，黄酒100毫升，加水500毫升灌服；或用2根紫皮甘蔗，捣碎煎汁加红糖250克灌服。此方法简单易行，亦可获得一定的效果。

十六、乳房炎

一般高产的母羊产羔后羔羊死亡或被卖掉，缺乏羔羊吮乳，奶汁不能正常排出，容易被细菌感染，导致发生乳房炎。以链球菌侵入而发病者颇为常见，一般为慢性过程；而由乳房类杆菌引起的急性乳房炎亦有所见。

（一）症状

一般具有乳房炎典型的红、肿、热、痛特征，即乳房局部表现红肿，发热，羊有疼痛感。

乳汁中有絮状或凝乳块，甚或其中混有脓液或血液，并有恶臭。病羊乳腺淋巴结肿大，两后肢外展，步履蹒跚，精神萎靡不振，食欲减退。严重时，还具有体温升高等全身性病变。

（二）防治措施

1. 预防

根本措施在于加强产羔母羊的饲养管理，重视羊舍、羊栏和羊体的清洁卫生，保持清洁干燥并定期消毒。另外对产后丧子（包括羔羊被卖掉）的母羊及时找到代哺的羔羊，使乳汁能正常排出，减轻乳房的肿胀和疼痛，避免滞留乳管的乳汁被细菌感染。若找不到合适的哺乳羔羊则试行人工挤奶，同时降低母羊的饲养标准，少喂或不喂蛋白质饲料和青绿多汁饲料等。

2. 治疗

首先挤出病羊的乳汁，再由乳管注入青霉素溶液 5 万～10 万单位（将青霉素先溶于 100～150 毫升蒸馏水中）；用 0.5%盐酸普鲁卡因溶液在乳房基部周围分点注射 10～15 毫升，即所谓的封闭疗法；乳房有肿块时，可在肿块局部涂抹鱼石脂或樟脑软膏；体温较高时，可肌内注射青霉素 30 万～60 万单位。

第九章　羊场废弃物处理及资源化利用

第一节　羊场废弃物的危害和无害化处理

一、羊场废弃物对环境的危害

羊场废弃物包括羊粪、尿、尸体及相关组织、过期兽药、残余疫苗、一次性使用的医疗器械及包装物和污水等。在实际生产中，羊粪、尿、污水、羊组织是容易对环境造成危害的废弃物，尤其在规模化大型羊场，对这类废弃物的处理要求更加紧迫。

羊粪、尿、污水、废弃组织的随意排放会对环境造成污染。一是污染水源。羊粪、尿、污水中含有大量腐败性有机物，进入水体后，可使地下水源溶氧量减少，水质中毒害成分增多，降低饮用水质量，甚至能使水体浑浊，水质恶化。二是威胁环境质量。随着养羊业的迅速发展和大型羊场的建设，造成羊粪尿过度集中和污水大量增加，直接威胁着水源、生态和空气质量。例如，羊粪尿产生的气体中含甲烷、硫化氢、氨气、二氧化碳等有毒有害成分，会导致空气中含氧量下降，污浊度升高，空气质量降低。三是影响人畜健康。羊粪尿中含有病原微生物、寄生虫、某些化学药物、有毒金属和激素等，不仅会恶化羊场的卫生环境，使羊感染疾病的概率增大，任意排放也会造成农业环境的污染，传播疾病，严重危害到人类的健康。

二、羊场废弃物的无害化处理

如前面所述，羊场废弃物种类很多，但生产中主要集中于羊粪、尿、污水和废弃组织。为了防止羊场废弃物污染环境，杀灭病原体，应对羊场废弃物进行无害化处理。

（一）羊粪便无害化处理

羊粪是养羊业主要的废弃物，也是羊场环境污染治理的主要对象。目前羊场粪便的无害化处理主要通过发酵来完成。发酵是利用各种微生物的活动来分解羊粪中的有机成分，有效地提高某些有机物的利用率，在发酵过程中有形成的特殊理化环境也可杀死粪便中有害病原菌和一些虫卵。根据发酵过程中依靠的主要微生物种类不同，发酵可分为堆肥发酵和沼气发酵。经无害化处理的粪便应符合《粪便无害化卫生要求》的规定，废渣应符合《畜禽养殖业污染物排放标准》的有关规定。

1. 羊粪堆肥发酵技术

堆肥发酵是养羊业常用的粪污处理方式之一，通过以粪便为原料的好氧微生物的活动，在处理过程中，由于有机物的好氧降解，堆内温度可达50～70℃，可杀死绝大部分病原微生物、寄生虫卵和杂草种子。技术优点是设施和方法简单，易操作，无臭味。

（1）场地　水泥地或铺有塑料膜的地面，也可在水泥槽中。

（2）堆积体积　将羊粪堆成长条状，高不超过1.5～2米，宽不超过1.5～3米，长度视场地大小和粪便多少而定。

（3）堆积方法　先比较疏松地堆积一层，待堆内温度达到60～70℃时，保持3～5天，或待堆内温度自然稍降后，将粪堆压实，再堆积一层新鲜粪，如此层层堆积到1.5～2米为止，用泥浆或塑料膜密封。

（4）中途翻堆　为保证堆肥质量，含水量超过75%时应中途翻堆，含水量低于60%时，最好加水满足一定水分要求，有利于提高发酵处理效果。

（5）使用　密封 2 个月或 3～6 个月后使用。

2. 羊粪自然发酵床技术

在我国北方地区，常采用羊圈堆肥自然发酵的方式对羊粪进行无害化处理。羊在卧息时很少排粪尿，一旦由卧息而起立往往就会排粪尿。根据羊的这一习性，每当羊群在圈舍中的休息时间长时，中间可赶起 2～3 次，羊就会将粪尿排在羊圈中；出牧时先把羊群在圈内哄起停留或者运动一会儿，待大部分羊排尿后再出牧，这样可以多积肥。

在积肥过程中，要时常垫圈，常见的方法是以土垫圈，每次清圈后先垫 10 厘米厚的沙壤土，以后每隔 2～3 天垫一层，达到能盖上粪为宜。当圈舍内的粪层到 50 厘米时，1 次全部起出。夏天要勤垫勤起，最好用干的沙壤土垫圈，冬季最好用秸秆、杂草垫圈。羊吃剩下的草渣、杂草或秸秆都可垫圈，既可达到保暖、干燥的目的，还能吸收尿液，增加肥水和有机质。草木灰垫圈比秸秆和沙壤土更为优越，而且其自身也含有相当丰富的有机物，草木灰还有消毒杀菌的作用。垫圈式羊舍见图 9-1。

图 9-1　垫圈式羊舍

该技术省工省力，在积肥过程中羊粪有自然发酵过程，使羊粪自然腐熟，适用于小规模养殖场。

3. 羊粪发酵制沼技术

羊粪是很好的沼气发酵营养源。在一定的温度、湿度、酸碱度和碳氮比等条件下，羊粪有机物质在厌氧环境中，通过微生物发酵作用可产生沼气，参与沼气发酵的微生物数量和质量与产生沼气的多少关系极大。一般在原料、发酵温度等条件一致时，参与沼气发酵的微生物数量越多、质量越好，产生的沼气越多，沼气中的甲烷含量越高，沼气的品质越好。利用羊粪有机物经微生物降解产生沼气，同时可杀灭粪水中的大肠杆菌、蠕虫卵等，是羊粪无害化处理的有效方法。

图 9-2　羊粪沼气池

羊粪发酵制沼技术需要建设沼气池（图 9-2），大小以产生的羊粪多少而定，在厌氧环境下产生的沼气（主要是甲烷）通过管道输送至养殖场用来养羊和基本的生活用能，其分离出的沼渣可用来生产有机肥，剩余的沼液可用于灌溉农田，并且其处理后的粪便符合无害化要求，污水零污染排放。

因为羊粪的自身特性，用其生产的沼气量较小，普通规模的羊场由于羊粪的产量不足以维持沼气的持续产生，目前只有少数羊场建立沼气池。同时，在发酵过程中，羊粪不易下沉，容易漂浮在发酵液上面，使得这些羊粪不能充分地与料液中的微生物及各种酶类接触，不能被充分降解。

（二）病死羊尸体的无害化处理

病死羊尸体含大量病原体，只有及时进行无害化处理，才能防止疫病的传播与流行，严禁随意丢弃、出售或作为饲料。根据病症种类的性质不同，严格按照《病死及死因不明动物处置办法》和《病害动物和病害动物产品生物安全处理规程》的规定处理。

1. 化尸窖法

化尸窖（图 9-3）又称化尸井，是沉积动物尸体的密闭空间，可以将动物尸体自然腐烂，适用于规模化养羊小区、镇村集中处理场所等对批量羊尸体的无害化处理。

化尸窖的类型从建筑材料上分为砖混结构和钢结构两种，一般固定场所建设砖混结构地窖，需要移动的则为钢结构。化尸窖分为湿法发酵池和干法发酵池两种：湿法发酵池的底部有固化，可防止液体渗漏；干法发酵池底部则无固化。钢结构的化尸窖属于湿法发酵池。

图 9-3 化尸窖

化尸窖法要求用砖砌成窖式坑，深度应根据地势而定，一般在 2～3 米深，直径在 2～3 米，建筑形状类似口袋形，底部大，口部适当收小，口部加盖密封性好的窖盖。窖底撒上 2～5 厘米的生石灰，病死畜禽经消毒后扔入窖内。此法优点在于病死畜禽的尸体可以随时扔到窖内，较为方便并且利用年限较长，能在一定程度上避免乱扔病死畜禽尸体的现象，其缺点在于不能循环重复利用，当化尸窖内容物达到容积的 3/4 时，应封闭并停止使用。同时，化尸窖内动物尸体自然降解过程受季节、区域温度影响很大。夏季高温时期动物尸体腐烂快，而冬季寒冷季节尸体腐烂非常慢。

2. 深埋法

深埋法是指通过用掩埋的方法将病死畜禽尸体及产品等相关物品进行处理，利用土壤的自净作用使其无害化。深埋法比较简单，费用低，且不易产生气味，是目前我国大部分地区处理病死羊尸体的普遍做法。因深埋法无害化处理过程缓慢，某些病原微生物能长期生存，如果做不好防渗工作，有可能污染土壤或地下水。因此，患有炭疽等芽孢杆菌类疫病以及牛海绵状脑病、痒病的染疫动物及产品、组织不能用深埋法处理。在国外，德国也规定病死畜禽不能随意掩埋，必须通过电话、互联网向专门的清除机构报告或直接送至指定收集站。

深埋法分为普通深埋和焚埋结合两种。

（1）普通深埋　普通深埋地点要远离居民区、交通要道、水源地及饲养场、屠宰场等场所，最好位于当地主风向的下方。深埋前应对病死羊尸体、产品、垫料等进行一定处理（如焚烧、消毒等），深埋坑的大小根据尸体的数量多少而定，坑壁垂直，坑深在 2 米以上，坑底要铺 2 厘米厚生石灰，病死羊体表用 10%漂白粉上清液喷洒作用 2 小时，将病死羊连同包装物等全部投入坑内，覆盖 40 厘米的泥土后再放入 20～40 克/米^2 的漂白粉，完全掩埋后将土夯实，将掩埋场地平整，使其稍高于周围地面并使用有效消毒药喷洒消毒。

在深埋处理完成后，应适当地设立无害化处理标志牌并应有专人进行定期检查，防止出现食肉动物扒食尸体等现象。深埋法在过去一段时间作为一种普遍使用的无害化处理方法，虽然是一种不彻底的处理方法，但在广大农村及小规模养殖场，缺少完善的无害化处理设施的情况下，仍不失为一种可行的无害化处理方法。

（2）焚埋结合法　该方法是简单焚烧与深埋法结合使用的一种方法，先对病死畜禽尸体进行简单焚烧，将焚烧后的残渣、垫料等剩余物质，再按照深埋法的原则进行普通深埋处理，避免病原体的传播。此种方法成本较高，焚烧效果不如彻底焚烧好，但要优于普通深埋法。深埋法虽然能在一定程度减少疫病的发生，但是会把细菌和病毒通过土壤、地下水以及昆虫等四处传播，并不能从根本上消灭病原体，极易污染水源，破坏整个动物界甚至人类社会的生态，埋下大规模瘟疫的隐患，而且首先会对附近的畜禽养殖场构成现实的生态威胁。

3. 焚烧法

焚烧法是指将病死的畜禽堆放在足够的燃料物上或放在焚烧炉中，确保获得最大的燃烧火焰，在最短的时间内实现畜禽尸体完全燃烧炭化，达到无害化的目的。

由于焚烧方式不同，效果、特点也有所不同，应根据养殖规模、病死畜禽数量选用不同的焚烧处理方法。目前，主要采用火床焚烧、简易焚烧炉（图 9-4）焚烧、节能环保焚烧炉焚烧和生物自动焚化炉焚烧四种方法。集中焚烧是目前的先进处理方法之一，通常一个养殖场集中的地区可联合兴建病死畜禽焚化处理厂，同时在不同的服务区域内设置若干冷库，集中存放病死畜禽，然后统一由密闭的运输车辆负责运送到焚化厂，集中处理。

图 9-4　简易焚烧炉

焚烧法费钱费力，但是无害化处理的效果较好，是普遍采用的病死羊无害化处理方法。焚烧处理方式主要有以下两种类型：一是简单焚烧。将病死畜禽尸体、产品、病料等浇上汽油类或其他易燃物，点燃进行焚烧。此种方式比较方便，投资相对较少，但存在燃烧不充分、一些病原微生物不能被完全杀死以及造成空气污染的缺点。二是彻底焚烧。用焚化炉彻底杀灭病原微生物，此种方式投资大，需要大量的能源及先进的设备。

4. 堆肥法

堆肥法是指在有氧的环境中利用细菌、真菌等微生物对有机物进行分解腐熟而形成肥料的自然过程。堆肥法可以定义为在人工控制下，即在一定的水分、碳氮比（C/N）和通风条件下，有机废弃物经自然界广泛存在的微生物（细菌、放线菌、真菌等）或商业菌株作用，发生降解并向稳定的腐殖质方向转化的生物化学过程。其过程可以表述为有机废物与氧气在微生物的作用下生成稳定的有机残渣、二氧化碳（CO_2）、水和能量。动物尸体堆肥是指将动物尸体置于堆肥内部，通过微生物的代谢过程降解动物尸体，并利用降解过程中产生的高温杀灭病原微生物，最终达到减量化、无害化、稳定化的处理目的。

羊粪属于干粪，不易产生足够的微生物来降解羊尸体，因此在养羊场很少使用该种方法。

5. 生物降解法

生物降解是指将病死动物尸体投入降解反应器中，利用微生物的发酵降解原理，将病死动物尸体破碎、降解、灭菌的过程，其原理是利用生物热的方法将尸体发酵分解，以达到减量化、无害化处理的目的。

生物降解技术是一项对病死动物及其制品无害化处理的新型技术。该项技术不产生废水和烟气，无异味，不需高压和锅炉，杜绝了安全隐患，同时具有节能、运行成本较低、操作简单的特点。此外采用生物降解技术可以有效地减少病死畜禽的体积，实现减量化的目的，进而有效避免乱扔病死畜禽尸体的现象。

利用生物降解发酵来处理病死畜禽也是全国畜牧总站推行的畜禽无害化处理主推技术，在我国猪、禽养殖场应用广泛，羊养殖场并不多见。

（三）羊场废水的无害化处理

羊养殖过程中产生的废水包括清洗羊体和饲养场地、器具产生的废水，废水不得排入敏感水域和有特殊功能的水域，应坚持“种养结合”的原则，经无公害化处理后尽量充分还田，实现废水资源化利用（图 9-5）。

图 9-5　无害化处理场

羊场由于其规模、资金投入的限制，基本没有建设废水处理系统，加之羊场产生的废水较少，一般采用自然吸纳法来对废水进行无害化处理，即利用大自然（天然水体、土壤等）对污水进行自我净化的原理来发挥作用，包括土地处理系统和水生植物处理系统。常见的处理法有生物塘处理法、土壤处理法、人工湿地处理法等。生物塘是利用天然或人工修筑的池塘来进行污水生物处理，污水在塘内停留时间长，而水中的微生物可代谢降解有机污染物，减少水体中的有机污染物，并在一定程度上去除水中的氮和磷，减轻水体富营养化。

自然吸纳法由于投资少、运作费用低，在足够土地可供利用的条件下颇为经济，比较适用于小型养殖场的废水处理。

第二节　羊场粪污综合利用

一、羊粪尿的收集

相比于猪、牛等畜类，羊所产生的粪尿较少，一只羊每年产生粪尿约750～1000千克，远低于猪、牛年粪污排放量，加之羊粪属于干粪，容易做到干湿分离，不需要用大量水清洗，因此产生的污水较少。在北方牧区，羊是通过放牧生产的，其粪尿在生产过程中已经被草地消纳，也就不存在粪污的处理问题。但是在规模化舍饲养羊场，由于集中饲养，粪污产生较多，必须通过收集后进行无害化处理。

由于气候条件的不同，中国南方和北方地区对羊粪尿的收集方式也不一样。在南方地区，气候潮湿，夏季高温多雨，羊舍多采用楼式设计，羊床为高床式；在北方地区，天气干燥，圈舍内羊粪含水量低，可通过垫料堆积一定厚度后集中清理。

（一）南方高床式羊粪污收集

高床式羊圈设计主要采用漏缝地板，地板距离地面的高度为80～100厘米，板材可选用木条和毛竹片等，缝隙宽度1厘米左右。这种设计在夏季具有干燥、通风、粪便易于清除的优点，可以大大减少羊病的发生，是南方地区最常采用的羊舍构造方式。在温度较低的地方或冬季，可在漏缝地板上放置木质羊床或通过挡风帘给羊舍保温。

高床式羊舍（图9-6）污水收集系统由排尿沟、降口、地下排出管和粪水池构成。排尿沟设于羊栏后端，紧靠降粪便道，至降口有1%～1.5%坡度。降口指连接排尿沟和地下排出管的小井，在降口下部设沉淀井，以沉淀粪水中的固形物，防止堵塞管道。降口上盖铁网，防粪草落入。地下排出管与粪水池有3%～5%坡度。粪水池容积能贮20～30天的粪污，距离饮水井不少于100米。粪便收集主要采取人工清粪方式，规模化程度高的养殖场采取机械方式清粪，通常每周清粪1次，对收集的羊粪进行集中处理。

图 9-6　南方高床式羊舍

（二）北方粪污自然堆积集中收集

北方地区气候较南方干燥，羊粪中水分能够得到挥发，含水量较低，因此可以通过垫辅料来保持羊舍干燥、卫生，在羊粪堆积20～30厘米后集中清理，羊粪通常采用机械或人工方法清理固体粪便。在牧区，育肥羊场及规模化养羊户的羊舍及运动场中的羊粪大多采用羊出栏后一次性清理的方式，由于育肥羊大多在冬春季节饲养，自然铺垫在羊舍地面的羊粪还能起到较好的保温作用。

二、羊粪的饲料化利用

羊场粪便不仅是优质的有机肥料，也是良好的饲料资源。在羊场粪便中含有丰富的未经消化的矿物质元素、维生素、蛋白质以及粗脂肪等，并且含有一定量的碳水化合物，拥有较为齐全的氨基酸组成，含量极为丰富。通过采用生物发酵处理方法，能够将羊场粪便转化为饲料原料，进一步加工处理之后，便可以生产出充分满足畜禽营养需求的饲料。该技术的应用，改变了传统资源单向流动的生产模式，使其转变成了资源循环利用的现代化循环经济模式，从而实现了养羊业循环经济的技术路线、方法和途径。

三、羊粪的肥料化利用

虽然羊粪容易对空气、水源和土壤环境造成污染，但羊粪是家畜粪肥中养分最浓，氮、磷、钾含量最高的有机肥。在羊场粪便中含有非常丰富的有机物及营养物质，如钾、磷、氮等，是不断推动我国农业可持续发展的重要资源之一。因此，利用羊粪作为植物肥料，通过种养结合，可以大大降低种植业对化肥的过度依赖，有助于我国绿色高效现代化农业的可持续发展。

（一）作为肥料直接还田

这是我国大部分地区采用的一种羊粪利用方式，也是种养结合的有效模式。羊粪直接还田（图 9-7）有两种方式，一是以放牧为主的羊粪尿在放牧过程中直接排放到草地，被草地吸纳，达到还草的目的；二是在规模化养殖小区或农区舍饲地区，羊粪经堆肥腐熟或发酵无害化处理后，将羊粪或沼渣施于农田或草地，就近利用，生产的饲料或饲草又可饲喂羊，形成种养结合的可持续生态养殖系统。

图 9-7　羊粪直接还田

（二）生产有机肥

羊粪尿是一种速效、微碱性的有机肥料，适合各种土壤施用，具有增高地温、疏松土壤、改善土壤、防止板结的作用。据研究，一只羊全年可排粪 750～1000 千克，含氮量约 8～9 千克，相当于 35～40 千克硫酸铵的肥效。

利用羊粪生产有机肥是目前我国养羊场羊粪处理的主要方式，具有广阔的应用前景。通过生产工艺将羊粪中的有机质和营养元素转化成稳定、无害的有机肥料，实现了羊粪的肥料化处理，突破了农田施用有机肥的季节性，克服了羊粪运输、使用、贮存不便的缺点。同时，还可根据不同农作物的吸肥特性，添加不同的无机营养成分，制成不同种类的复合肥或混合肥。

羊场产生的粪污要先经过简单的固液分离处理，分离出的固体粪便可通过高温堆肥设施或粪便发酵处理技术进行发酵处理

（图 9-8），从而生产出固体有机肥料；分离出的液态污水可使用 UASB（上流式厌氧污泥床）反应器进行处理，从而使残渣与残液分离开来，残液可用来生产液体有机肥料，剩余的残渣可与粪便混合发酵后用来生产有机肥（图 9-9）。

图 9-8 羊粪发酵还田

图 9-9 沼液干湿分离机

四、羊粪的能源化利用

沼气厌氧发酵是规模化处理羊场粪便污染的主要方法，该方法不仅能够提供优质清洁的能源，还能大大减少污染气体的排放，从而实现环境保护的目的。除此之外，沼液和沼渣可以重复利用，将它们作为食用菌的基质，或作为有机肥料加以利用。

羊场粪便中含有大量的氢和碳，这些物质具有良好的可燃性，含水量在 30% 以下的羊粪可直接燃烧，只需专门的烧粪炉即可。另外，通过堆肥也可生产发酵热。方法是将羊粪的水分调整到 65% 左右，进行通气堆积发酵，可得到高达 70% 以上的热量，可用于畜舍取暖保温。

第三节　羊场粪污综合防治措施

一、羊舍做到规范化

根据羊喜干燥、厌潮湿的生活习性，在设计建造羊舍时，必须要做到背风向阳、高燥，并适宜南北地区的不同气候特征，关键要做到有利于羊粪尿的收集，从源头上减少羊粪尿的污染。羊圈舍应该远离村庄和水源，修建在村庄和水源下风处，以确保人居住环境的空气质量和保护水的质量。羊场应做到布局合理，粪尿分离，粪便由漏粪地板漏入羊床下，冲洗粪水进入沼气池，雨水要设计另外的水沟排出场外，避免羊场羊舍潮湿。

二、处理设施配套化

在设计修建羊场时，必须配套建设沼气池，通过沼气发酵综合利用技术，沼气用于生活用能，沼渣用于肥料生产。因地制宜地建立“草-羊-沼”循环生产模式，使农业沼气和农业生态紧密结合起来，既能够达到羊粪尿的无害化处理，又能解决养羊大户的燃料问题，减少植被砍伐，达到生态平衡的双重效果。

三、发展种养结合模式

规模养羊户要大力发展“种草养羊，养羊积肥，以粪促草，种养结合”的循环生态模式。种养结合的发展方式既可以做到经济效益、社会效益和生态效益三赢，又可以减少养殖的环境污染。粪便经过发酵再返回草地，形成良性循环的生态系统，推动养羊业的健康发展，从而达到羊粪便的无害化处理利用，减少羊场羊粪污染环境。

四、推行适度规模养殖

养羊应做到适度规模的分散养殖和草地分片利用，以减少环境污染和疫病传播。在生产中要“以羊定草”和“以草定羊”相结合，做到养羊规模适度，草地利用均衡，粪污处理无害化的可持续生态循环生产。

第十章　羊场经营管理

第一节　技术管理

一、饲养管理方式

羊生产的饲养管理方式取决于当地的自然、经济条件和饲养管理水平。羊生产的主要方式有三种，即放牧饲养、舍饲和放牧舍饲相结合。一般地讲，放牧饲养是在水草条件较好的草场进行的，是比较经济的饲养方式，成本最为低廉，但在一定程度上受草场条件和季节影响明显。

舍饲是我国农村普遍采用的方式，在牧区秋冬季节牧草质量变差时也是以舍饲为主，舍饲要注意舍饲饲料配制上要保证全价性，并在保证羊的清洁卫生的前提下使其有足够的运动量。

放牧舍饲相结合是指在放牧的同时给予适当的补饲，保证羊的营养摄入量。这种方式对肉羊育肥来说补饲时间最好选在屠宰前1个月。实践证明，肉羊的育肥速度与效果受到年龄和饲草料质量的影响，无论采用哪一种饲养管理方式，要想降低单位增重的成本，就必须注意饲料的充足供给与营养的全面，适时出栏。

二、羊群分组与结构

（一）羊群分组

羊群一般分为种公羊、成年母羊、后备羊或育成羊、羔羊和去势羊等组别，其中成年母羊又可分为空怀母羊、妊娠母羊、哺乳母羊。羔羊是指出生后未断奶的小羊。后备羊是从断奶后羔羊中选留出来用于繁殖的公羊和母羊。除后备羊以外，其余羊只均可用于育肥或出售，按传统养羊方式，非种用公羔一般去势，称为去势羊或羯羊；但在现在肉羊生产中，因肥羔生产中羔羊利用年限提前，为保持公羊早期的生长优势，不作去势处理。

成年母羊是12～18月龄配种受孕后的后备母羊，一般使用6年左右，当牙齿脱落、繁殖效率较差或患有不易医治的疾病时，应提前淘汰，安排育肥屠宰。

种公羊是从后备公羊中选留的，一般在12～18月龄时成熟并开始使用，使用期一般为5年。但正在杂交改良过程中的羊或经济杂交中的杂种羊，因遗传性不稳定，不能留作种公羊，其所有种公羊应从种羊场购买。

（二）羊群结构

羊群结构是指各个组别的羊只在羊群中所占的比例。在羊场或以产羊肉为主的羊场，因羔羊或去势羊育肥到周岁就出栏，故成年母羊在羊群中的比例应较大，一般可达到70%～80%。

种公羊在羊群中的比例与羊场采用的配种方式有密切关系。例如，在用本交配种时，每只种公羊能承担50只左右的母羊，人工授精时，则每只公羊的精液可配20～1000只母羊。在质量上要选择肉用性能好、配种能力强的种公羊。种公羊因其直接关系到羔羊的质量和产品率，故在数量配置上要充足，必要时把本交时的公母羊比例提高到1∶30，人工授精时公母羊比例提高到1∶（100～200），另配置一定数量的试情公羊。

适繁母羊的比例越高，羊群的繁殖率越高，对提高肉羊生产效益越有利。

三、羊群规模

羊群规模可根据品种、牧场条件、技术状况等方面酌情确定。一般地讲，山羊群和粗毛羊群可稍大些，改良羊群则应小些；种公羊和育成公羊因育种要求高，其群宜小，母羊群宜大。在平缓起伏的平坦草原区，羊群可大些，丘陵区应小些；在山区与农区，因地形崎岖，场狭小，羊群更应划小，以便管理。集约化程度高、放牧技术水平高时，羊群可大些，反之则小些。

羊群一经组成后，则应相对稳定，不要频繁变动。较为稳定的羊群结构对加强生产责任制和经营管理都有利。

第二节　制订年度生产计划与实施

发展养羊生产，应根据自己羊场生产的实际情况和羊场在当地或者外地销售羊生产产品的能力来制订生产计划，做到有的放矢，避免生产的盲目性。

一、年度生产计划制订的步骤

制订年度生产计划，首先要弄清楚羊场的生产能力、生产资源状况以及通过经营分析找出自己羊场的优势和不足，然后按以下步骤开始着手制订计划：

（一）羊场资源数量

查清计划范围内可能利用的资源数量和质量，如土地、羊圈舍面积、生产羊群年末存栏数、基础母羊数、后备母羊数、饲料数量、资金、劳动力及其业务能力等，作为制订来年生产计划的主要依据。

（二）生产现状分析

对原有的饲养规模、饲养结构、生产效率、生产效果及人员、设备的利用情况等进行分析，作为下年生产计划的参数。新建羊场，可对照本场条件调查1～2个近似羊场进行分析，也可作为制订年度生产计划的参考。

（三）找出羊场存在的问题，提出解决办法

依据羊场资源和近年生产情况，找出经营管理中存在的问题，提出切实可行的解决方法。

（四）制订两个以上的生产计划

根据羊场实际情况，可编制两个以上的生产计划方案，通过反复讨论，选出最佳的计划方案。

二、年度生产计划的内容

（一）饲养规模

提出羊场年度内各种羊群的饲养数量。

（二）计算饲草饲料需要量

根据羊群数量，计算出年度饲草饲料需要量，自种、外购的数量。

（三）所需资金数额

羊场内所需资金，包括固定资金和流动资金。根据需要除去本场现有资金，确定缺额资金的解决办法。

（四）预计全年生产费用

根据近几年的生产费用记录或调查场外数据，按照年度生产计划计算出各项生产费用和全年生产费用。

（五）算出年终利润

根据年度生产计划计算年收入，除去年度费用，求出年终效益，从效益中扣除各种利率及固定资金折损费用，得出年终利润。

三、年度生产计划的实施

（一）实施生产计划应解决人的问题

实施计划离不开人、财、物三要素，其中人是关键的要素。因为财、物要通过人去集聚和应用。在执行计划时，羊场经营管理者应把人的组织工作放在首要地位。

（二）生产计划的控制与调整

在生产的过程中，常常遇到可控制因素和不可控制因素的影响，因此，生产计划不能按预定的计划指标完成，必须不断地进行控制和调整。

1. 可控制因素

工作态度、工作职责和操作规程是否合理等，应根据生产中的客观情况，变动控制措施，保证生产计划顺利完成。

2. 不可控制因素

一般指不以人的意志转移的环境条件和未来市场变化条件，如自然灾害带来的饲料饲草供应问题，未来羊产品市场的波动等。在生产中应随时注意市场的需求，及时调整饲养结构和规模，以提高经济效益。

四、羊场其他计划的制订

（一）配种分娩计划和羊群周转计划

中国羊生产的方式主要是适度规模的牧区型，集约化的羊生产较少。分娩时间的安排既要考虑气候条件，又要考虑牧草生长状况，最常见的是产冬羔（即在11～12月分娩）和产春羔（即在3～4月分娩）。无论哪一种生产计划，羊的生产都应该向同期化的方向努力，这样便于统一的饲养管理，在羔羊育肥结束后，往往能形成比较大的数量，从而产生较好的经济效益。母羊的分娩集中，有利于安排育肥计划。

在编制羊群配种分娩计划和周转计划时，必须掌握以下材料：

①计划年初羊群各组的实有只数；②去年交配、今年分娩的母羊数；③计划年生产任务的各项主要措施；④本场确定的母羊受胎率、产羔率和繁殖成活率等。

（二）羊肉和羊皮生产计划

羊肉和羊皮生产计划是指一个年度羊场羊肉、羊皮生产所做的预先安排，它反映了羊场的全年生产任务、生产技术与经营管理水平及产品率状况，并为编制销售计划、财务计划等提供依据。羊场以生产羊肉为主，羊皮也是重要的收入来源，羊肉、羊皮生产计划的制订是根据羊群周转计划和育肥羊只的单产水平进行的。编制好这个计划，关键在于定好育肥羊的单产指标，常以近三年的实际产量为重要依据，也就是在分析羊群质量、群体结构、技术提高状况、管理办法、改进配种分娩计划、饲料保证程度、人力与设备情况等内容的基础上，结合本年度确定的计划任务和新技术的应用等，这对此计划起着决定性的作用。

（三）饲料生产和供应计划

饲料生产和供应计划是一个日历年度内对饲料生产和供应所做的预先安排。为了保证肉羊饲养场羊肉、羊皮生产计划的完成，应充分利用羊场的有限土地，种植适合肉羊生产需要、土地适宜的、优质高产的青粗饲料，以使所种植的饲料获得最高产量和最多的营养物质。饲料生产计划是饲料计划中最主要的计划，它反映了饲料供应的保证程度，也直接影响到畜禽的正常生长发育和畜产品产量的提高。因此，羊场对饲料的生产、采集、加工、贮存和供应必须有一套有效的计划作保证。

饲料的供应计划主要包括制定饲料定额、各种羊只的日粮标准、饲料的留用和管理、青饲料生产和供应的组织、饲料的采购与贮存以及饲料加工配合等。为保证此计划的完成，各项工作和各个环节都应制度化，做到有章可循、按章办事。

（四）羊群发展计划

当制订羊群发展计划时，需要根据本年度和本场历年的繁殖淘汰情况及实际生产水平，结合对市场的估测，对羊场今后的发展进行科学的估算。

（五）羊场疫病防治计划

羊场疫病防治计划是指一个日历年度内对羊群疫病防治所做的预先安排。肉羊的疫病防治是保证肉羊生产效益的重要条件，也是实现生产计划的基本保证。此计划也可纳入技术管理内容中。疫病防治工作的方法是“预防为主，防治结合”，为此要建立一套综合性的防疫措施和制度，其内容包括羊群的定期检查、羊舍消毒、各种疫苗的定期注射、病羊的治疗与隔离等。对各项疫病防治制度要严格执行，定期检查以求实效。

第三节　羊场的成本核算和劳动管理

一、投入与产出的核算

按照一般的习惯，养羊场每年年终时候就要做年度总结，其中最重要的内容就是进行收入总结算，计算净收入、纯收入、利润和净收入率，以确定全年的经营效果。

年度总结算主要是根据会计年度报表中的数据资料，进行经营核算，用养羊场全年经营总收入减去该场全年经营总支出即等于该场的盈余数。如果总收入大于总支出，就表现为赢利，如果总支出大于总收入，则为亏损。要注意的是，在进行经营核算时养羊场用于购置固定资产的资金不能列入当年的支出，只能根据固定资产使用的年限计算出当年的折旧费，然后将其列入当年的生产支出。成本核算的主要指标和计算方法如下：

1. 净收入（也称毛利）

净收入＝经营总收入－生产、销售中的物资耗费

生产、销售中的物资耗费包括生产固定资产耗费，饲料、兽药消耗，生产性服务支出，销售费用支出，以及其他直接生产性物质耗费。

2. 纯收入（也称纯利）

纯收入＝净收入－职工工资和差旅费等杂项开支

3. 利润

利润是当年积累的资金，也是用于第二年生产投入或扩大再生产的资金。

利润＝纯收入－(税金＋上缴的各种费用)

4. 净收入率

净收入率是衡量该场经营是否合算的指标，如果净收入率高于银行存款利息率，则证明对该场有利。

净收入率＝净收入÷总支出×100％

二、成本核算

搞好成本核算，对场内加强经营管理、提高养羊的经济效益具有指导意义。

（一）成本核算的内容

1. 确定成本核算对象

在成本计算期内对主要饲养对象进行成本核算，1 年或 1 个生产周期核算 1 次。

2. 遵守成本开支范围的规定

成本开支的范围，是指生产经营活动中所发生的各项生产费用计入成本内，非生产性基本建设的支出，上缴的各种公积金、公益金等都不计入成本。

3. 确定成本项目

成本项目是指生产费用按经济用途分类的项目，分项目登记和汇总生产费用，便于计算产品成本，有利于分析成本构成及其升降的原因。成本项目应列育羔羊费、饲料费、疫病防治费、固定资产折旧费、共同生产费、人工费、经营费及其他直接费用、其他支出费等。

4. 确定计价原则

计算产品成本，要按成本计算期内实际生产和实际消耗的数量及当时的实际价格进行计算。

5. 做好成本核算的基础工作

（1）建立原始记录　一开始就做好固定资产（土地、圈舍、设备、种公羊、基础母羊等）、用工数量、产品数量（毛、肉、皮张、活羔羊等）、低值易耗品数量、饲料饲草消耗数量等的统计工作，为做好成本核算打好基础。

（2）采用会计方法　对生产经营过程中的资金活动进行连续、系统、完整的记录、计算，以便反映问题和进行日常监督。要登记实物收、付业务，实现钱物分记，各记各的账。建立产品材料计量、收发和盘点制度。

（二）羊场成本核算的特点与方法

1. 羊场成本核算的特点

① 羊群在饲养管理过程中，由于购入、繁殖、出售、屠宰、死亡等原因，其头数、重量在不断变化，为减少计算上的麻烦和提高精确度，通常应按批核算成本。又因为羊群的饲养效果和饲养时间、产品数量有关，应计算单位产品成本和饲养日成本。

② 养羊的主要产品是活羊、肉、皮、毛，为方便起见，可把活羊、肉、毛作为主产品，其他为副产品。则产品收入抵消一部分成本后，列入主产品生产的总成本。

③ 单位羊产品消耗饲料的多少和饲料加工运输费用等在总成本中所占的比例，既反映羊场技术水平，也反映其经营管理水平。

2. 羊场成本核算的方法

（1）单位主产品成本核算　主产品要计算增重单位成本、毛产量成本。

$$\text{育肥羊活重单位(千克)成本}=\frac{\text{初期存栏总成本}+\text{本期购入(拨入)成本}-\text{副产品价值}}{\text{期末存栏活重}+\text{本期离圈活重(不含死羊)}}$$

$$\text{育肥增重单位(千克)成本}=\frac{\text{本期饲养费用}-\text{副产品价值}}{\text{本期增重量}}$$

$$\text{本期增重量}=\text{本期期末存栏活重}+\text{本期离圈活重(含死羊)}-\text{期初存栏活重}-\text{本期购入(拨入)活重}$$

在计算活重、增重单位成本时，所减去的副产品价值包括羊粪、羊毛、死亡羊的残值收入等；死亡羊的重量在计算增重成本时，应列入本期离圈（包括出售、屠宰等）的活重，才能如实反映每增重1千克的实际成本。但计算活重成本时，不包括死亡羊的重量，死亡羊的成本要由活羊负担。

（2）饲养日成本

饲养日成本＝饲养费用/（饲养只数×天数）

活重实际生产成本加销售费用等于销售成本。销售收入减去销售成本、税金、其他应缴费用，有余数为盈，不足为亏，从而得出当年养羊的经济效益，为下年度养羊生产、控制费用开支提供重要依据。计算增重单位成本，可知每增重1千克所需费用。计算饲养日成本，可知每只羊平均每天的饲养成本。通过成本核算可充分反映场内经营管理工作的水平和经济效益的高低。

三、成本核算方法举例

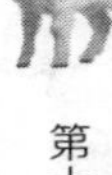

下面以3种在我国比较典型的养羊方式为例进行成本核算，核算的过程中，比如种羊价格、饲料饲草价格、羊出售价格，以及基建成本，不同的地方、不同的来源方式其成本可能也不相同，请读者在自己进行成本核算时根据当时当地的行情，核准各种价格之后再进行核算。

例1 以农户在自己家中散养5只种母羊为例进行成本核算，其中精料按80％计算，饲草、基建设备不计算成本，人工费和粪费相抵，不计算成本和收入，种羊使用年限按5年计算，母羊配种费用不计，羔羊按7月龄出栏，其中有5个月饲喂期（后面的例子均按此计算）。

1. 成本

① 购种母羊费用

购种母羊费用（元）＝种母羊价格（元/只）×种母羊数（只）

每年购种母羊总摊销（元）＝购种母羊费用（元）÷5

② 饲养成本

5 只种母羊每天精料耗费(元/天)＝种母羊数(只)×种母羊平均每天精料耗费量[千克/(只·天)]×精料价格(元/千克)

5 只种母羊年消耗精料费用(元)＝5 只种母羊每天精料耗费(元/天)×365(天)

育成羊消耗精料费用(元)＝羔羊总数(只)×羔羊平均每天精料耗费量[千克/(只·天)]×150(天)×精料价格(元/千克)

总饲养成本(元)＝5 只种母羊年消耗精料费用(元)＋育成羊消耗精料费用(元)

③ 医药费摊销总成本(元)＝10(元/只)×羔羊总数(只)

总成本(元)＝每年购种母羊总摊销(元)＋总饲养成本(元)＋医药费摊销总成本(元)

2. 销售收入

年售育成羊：

总育成数(只)＝种母羊数(只)×种母羊平均育成羊数

总收入(元)＝总育成数(只)×平均出栏重(千克/只)×销售价格(元/千克)

3. 经济效益分析

总盈利(元)＝总收入(元)－总成本(元)，即饲养 5 只种母羊的一个饲养户的年盈利

每卖 1 只育成羊的盈利(元/只)＝总盈利(元)÷总育成数(只)

例 2 以某专业户饲养母羊 42 只为例（其中母羊 40 只，配种公羊 2 只），其中精料按 100％计算，饲草及青贮饲料只计算一半，基建设备器械不计入成本，其他要求和例 1 一样。

1. 成本

① 购种羊费用

购种母羊总费用(元)＝种母羊价格(元/只)×种母羊数(只)

购种公羊总费用(元)＝种公羊价格(元/只)×种公羊数(只)

每年购种羊总摊销(元)＝购种羊总费用(元)÷5

② 饲养成本

a. 种羊饲料成本

种羊年消耗干草费用(元/年)＝种羊总数(只)×种羊平均每天干草耗费量[千克/(只·天)]×365(天)×干草价格(元/千克)

种羊年消耗精料费用(元/年)＝种羊总数(只)×种羊平均每天精料耗费量[千克/(只·天)]×365(天)×精料价格(元/千克)

种羊年消耗青贮料费用(元/天)＝种羊总数(只)×种羊平均每天青贮料耗费量[千克/(只·天)]×365(天)×青贮料价格(元/千克)

b. 育成羊饲料成本

育成羊消耗干草总费用(元)＝羔羊总数(只)×羔羊平均每天干草耗费量[千克/(只·天)]×150(天)×干草价格(元/千克)

育成羊消耗精料总费用(元)＝羔羊总数(只)×羔羊平均每天精料耗费量[千克/(只·天)]×150(天)×精料价格(元/千克)

育成羊消耗青贮料总费用(元)＝羔羊总数(只)×羔羊平均每天青贮料耗费量[千克/(只·天)]×150(天)×青贮料价格(元/千克)

总饲养成本(元)＝种羊消耗各种饲料费用(元)＋育成羊消耗各种饲料费用(元)

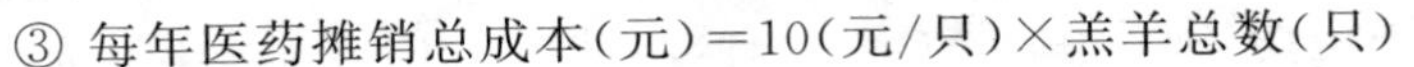

③ 每年医药摊销总成本(元)＝10(元/只)×羔羊总数(只)

2. 销售收入

总收入(元)＝总育成数(只)×平均出栏重(千克/只)×销售价格(元/千克)

3. 经济效益分析

总盈利(元)＝总收入(元)－每年购种羊总摊销(元)－总饲养成本(元)－每年医药摊销总成本(元)

每卖1只育成羊的盈利(元/只)＝总盈利(元)÷总育成数(只)

例3 以饲养800只基础母羊（其中配种公羊为40只）的规模养羊场为例，其中基建按折旧计入成本，设备机械及运输车辆投资计入成本，如为绵羊可以产部分绵羊毛，如为绒山羊可以生产山羊毛及山羊绒，其他各项要求同例2。

1. 成本

① 基建总造价

羊舍造价：800 只基础母羊，净羊舍 800 米^2；周转羊舍（羔羊、育成羊）2000 米^2；40 只公羊，80 米^2 公羊舍。

羊舍总造价(元)=平均造价(元/米^2)×2880(米^2)

青贮窖总造价(元)=平均造价(元/米^2)×800(米^2)

贮草及饲料加工车间总造价(元)=平均造价(元/米^2)×800(米^2)

办公室及宿舍总造价(元)=平均造价(元/米^2)×640(米^2)

基建总造价(元)=羊舍总造价(元)+青贮窖总造价(元)+贮草及饲料加工车间总造价(元)+办公室及宿舍总造价(元)

② 设备机械及运输车辆总费用(元)=青贮机总费用(元)+兽医药械费用(元)+变压器等机电设备费用(元)+运输车辆费用(元)

每年固定资产总摊销(元)=[基建总造价(元)-设备机械及运输车辆总费用(元)]÷10

③ 种羊投资

种母羊投资(元)=种母羊价格(元/只)×种母羊总数(只)

种公羊投资(元)=种公羊价格(元/只)×种公羊总数(只)

合计为:种羊总投资(元)=种母羊投资(元)+种公羊投资(元)

每年种羊总摊销(元)=种羊总投资(元)÷5

④ 建成后需各种饲料（包括干草、青贮料、配合精料等的费用）

a. 种羊所需饲料费用

种羊年消耗干草费用(元)=种羊总数(只)×种羊平均每天干草耗费量[千克/(只·天)]×365(天)×干草价格(元/千克)

种羊年消耗精料费用(元)=种羊总数(只)×种羊平均每天精料耗费量[千克/(只·天)]×365(天)×精料价格(元/千克)

种羊年消耗青贮料费用(元)=种羊总数(只)×种羊平均每天青贮料耗费量[千克/(只·天)]×365(天)×青贮料价格(元/千克)

种羊饲料总成本(元)=种羊年消耗干草费用(元)+种羊年消耗精料费用(元)+种羊年消耗青贮料费用(元)

b. 育成羊所需饲料费用

育成羊年消耗干草费用(元)=羔羊总数(只)×羔羊平均每天干草耗费量[千克/(只·天)]×150(天)×干草价(元/千克)

育成羊年消耗青贮料费用(元)=羔羊总数(只)×羔羊平均每天青贮料耗费量[千克/(只·天)]×150(天)×青贮料价格(元/千克)

育成羊年消耗精料费用(元)=羔羊总数(只)×羔羊平均每天精料耗费量[千克/(只·天)]×150(天)×精料价格(元/千克)

育成羊饲料总成本(元)=育成羊年消耗干草费用(元)+育成羊年消耗精料费用(元)+育成羊年消耗青贮料费用(元)

总饲料成本(元)=种羊饲料总成本(元)+育成羊饲料总成本(元)

⑤ 年医药、水电、运输、业务管理总摊销(元)=10(元/只)×羔羊总数(只)

⑥ 年总工资成本(元)=25(元/只)×羔羊总数(只)

⑦ 低值易耗品消耗成本

每年需要购买的低值易耗品如扫把、铁锹、盆、桶等总费用。

2. 销售收入

① 年售商品羊收入

年售商品羊收入(元)=总育成数(只)×平均出栏重(千克/只)×销售价格(元/千克)

② 羊粪收入

羔羊产粪量(米^3)=羔羊平均产粪量(米^3/只)×羔羊总数(只)

种羊产粪量(米^3)=种羊平均产粪量(米^3/只)×种羊总数(只)

总粪量(米^3)=羔羊产粪量(米^3)+种羊产粪量(米^3)

羊粪收入(元)=羊粪单价(元/米^3)×总粪量(米^3)

③ 羊毛收入(元)=种羊总数(只)×种羊平均产毛量(千克)×羊毛单价(元/千克)

总收入(元)=年售商品羊收入(元)+羊粪收入(元)+羊毛收入(元)

④ 经济效益分析　建一个800只基础母羊的商品羊场，年生产总盈利为：

年总盈利(元)=总收入(元)-年种羊饲料总成本(元)-年青成羊饲养总成本(元)-年医药、水电、运输、业务管理总费用(元)-年总工资(元)-年固定资产总摊销(元)-低值易耗品费用(元)-年种羊总摊销(元)

每售1只育成羊盈利(元)=年总盈利(元)÷总育成数

按照饲养户的测算，饲养1只母羊年产1.5～2胎，能生产羔羊3～5只，第一年的羔羊经6～8个月育肥，每只羔羊可增重到50千克左右，2只羔羊可达到100千克，按目前市场价格可得800元左右，如果其中有1只母羔羊按种羊出售，总收入在1000元左右，第二次产羔在年内饲养2个月，每只羔羊长到20千克左右，价值可达400元以上，1只母羊生产的羔羊，年产值可达1200～1400元。

1只母羊年需供应秸秆和干草（青草折成干草计算）750千克，折合80～100元，混合精料80～100千克，价值为80～120元，每只母羊的饲料消耗费为160～220元。育肥羔羊饲养的成本约相当于1只母羊的饲料消耗量。也就是说，在1年的饲养周期中，母羊和羔羊的饲养总成本为320～440元。

投入和产出比为1∶(3～4)。这里边没有计算人工、房舍和工具等消耗的费用，事实上在农家饲养的羊只，是不计算上述费用的，如果规模化饲养，加上雇工、房、水、电等消耗，其投入产出比也可达到1∶(2～3)。

在计算上述收入中，肥料作为副产品未计算在内。在1年的饲养期内，母羊和羔羊生产的肥料，可肥田0.13～0.20公顷，在规模化饲养中，羊粪可作为商品售出，对农作物和蔬菜来说都是优质有机肥料，肥效高，持续时间长，还有防虫害作用。

四、羊场的劳动管理

肉羊饲养场的劳动组织和管理一般是根据分群饲养的原则，建立相应的羊群饲养作业，如种公羊作业组、成年母羊作业组、羔羊作业组等。

每个组安排1～2名负责人，每个饲养员或放牧员都要分群固定，负责一定只数的饲养管理工作。其好处是：分工细，人畜固定，责任明确，便于熟悉羊群情况，能有效地提高饲养管理水平。

每个饲养管理人员的劳动定额，可根据羊群规模、机械化程度、饲养条件及季节的不同而有所差别。例如，在农区条件下，劳动定额一般为：成年母羊50～100只，育肥羔羊或去势羊100～150只，育成母羊200～250只。

在羊场的劳动管理上还要建立岗位责任制和奖励机制，这对于充分调动每个单位、每个成员工作的积极性，做到责、权、利分明，提高生产水平和劳动生产率，都是非常有利的。

第四节　提高羊场经济效益的主要途径

羊场经济效益的提高主要取决于两个方面：一是努力提高产量，来降低单位产品的成本，其主要途径是选用优质、高产、性能稳定的肉羊品种或利用杂交繁育体系来生产最佳的杂交羔羊，采用合理的饲养管理方式，科学地配制日粮等；二是尽可能节约各项开支，在确保增产的前提下，力争以最小的消耗，产出更多更好的产品。其主要途径有：

（一）适度规模饲养

养羊场的饲养规模应依市场、资金、饲养技术、设备、管理经验等综合因素全面考虑，既不可以过小，也不能过大。过小，不利于现代设施设备和技术的利用，效益微薄；过大，规模效益可以提高，但超出自己的管理能力，也难以养好羊，得不偿失。根据自身具体情况，选择适度规模进行饲养，才能取得理想的规模效益。

（二）选择先进科学的工艺流程

先进科学的工艺流程可以充分地利用羊场饲养设施设备，改善劳动条件，提高劳动力利用率、工作效率和劳动生产率，节约劳动消耗，降低单位产品的生产成本，并可以保证羊群健康和产品质量，最终可显著增加羊场的经济效益。

（三）饲养优良品种

品种是影响生产的第一因素。因地制宜，选择适合自己饲养条件和饲料条件的品种，是养好肉羊的首要任务。

（四）科学饲养管理

有了良种，还要有良法，这样才能充分发挥良种羊的生产潜力。因此，实行科学饲养，推广应用新技术、新成果，合理、节约使用各种投入物（药物、饲料、燃料等），降低消耗，抓好生产羊的不同阶段的饲养管理，不可光凭经验，抱传统的饲养技术不放，而是要对新技术高度敏感，跟上养羊技术的发展脚步，只有这样养羊业才能不断提高经济效益。

（五）高度重视防疫工作

一个羊场要想不断提高产品的产量和质量，降低生产成本，增加经济效益，前提是必须保证羊群健康，羊群健康是生产的保证。因此，羊场必须制定科学的免疫程序，严格防疫制度，不断降低羊只死亡率，提高羊群健康水平。

（六）努力降低饲料费用

饲料费占总成本的70%左右。因此必须在饲料上下功夫，一方面要科学配方，在满足生产需要的前提下，广辟饲料来源，尽量降低饲料成本，提高饲料报酬；另一方面要合理喂养，给料时间、给料量、给料方式要讲究科学；最后是减少饲料浪费。

（七）经济实行责任制

实现经济责任制就是要饲养人员的经济利益与饲养数量、产量、物质消耗等具体指标挂起钩来，并及时兑现，以调动全场生产人员的积极性。

（八）饲草饲料贮备

根据羊场的羊只数量，在每年秋季，要积极准备饲料、饲草，以便在冬、春两季更好地饲养，减少不必要的损失，而且保证羊过冬膘情不会下降。另外，冬季是配种繁育季节，这样可以避免母羊流产的发生。

（九）降低羊场非生产性开支

充分合理地节约使用各种工具和其他各种生产设备，提高其利用率和完好率；严格控制间接费用，大力节约非生产性开支，如减少非生产人员和用具、降低行政办公费用、制订合理的物资储备计划、减少资金的长期占用等。

附 录

肉羊标准化示范场验收评分标准

申请验收单位： 验收时间： 年 月 日

验收项目	考核内容	考核具体内容及评分标准	满分	得分	扣分原因
必备条件（任一项不符合不得验收）	1. 场址不得位于《中华人民共和国畜牧法》明令禁止区域，并符合相关法律法规及区域内土地使用规划		可以验收□ 不予验收□		
	2. 具备县级以上畜牧兽医部门颁发的《动物防疫条件合格证》，两年内无重大疫病和产品质量安全事件发生				
	3. 具有县级以上畜牧兽医行政主管部门备案登记证明；按照农业部《畜禽标识和养殖档案管理办法》要求，建立养殖档案				
	4. 农区存栏能繁母羊 250 只以上，或年出栏肉羊 500 只以上的养殖场；牧区存栏能繁母羊 400 只以上，或年出栏肉羊 1000 只以上的养殖场				
	5. 符合《畜禽规模养殖污染防治条例》要求				
验收项目	考核内容	考核具体内容及评分标准	满分	得分	扣分原因
一、选址与布局（14 分）	（一）选址（3 分）	距离生活饮用水源地、居民区和主要交通干线、其他畜禽养殖场及畜禽屠宰加工、交易场所 500 米以上得 2 分，否则不得分	2		
		地势较高、排水良好、通风干燥、向阳透光得 1 分，否则不得分	1		
	（二）基础设施（4 分）	水源稳定、水质良好，有贮存、净化设施得 1 分，否则不得分	1		
		电力供应充足得 2 分，否则不得分	2		
		交通便利、机动车可通达得 1 分，否则不得分	1		

续表

验收项目	考核内容	考核具体内容及评分标准	满分	得分	扣分原因
一、选址与布局（14分）	（三）场区布局（5分）	农区场区与外界隔离得1分，否则不得分。牧区牧场边界清晰、有隔离设施得1分，否则不得分	1		
		农区场区内生活区、生产区及粪污处理区分开得2分，部分分开得1分，否则不得分。牧区生活建筑、草料贮存场所、圈舍和粪污堆积区按照顺风向布置并有固定设施分离得2分，否则不得分	2		
		农区生产区母羊舍、羔羊舍、育成舍、育肥舍分开得1分；有与各个羊舍相应的运动场得1分。牧区母羊舍、接羔舍、羔羊舍分开，且布局合理，得2分，用围栏设施作羊舍的减1分	2		
	（四）净道和污道（2分）	农区净道、污道严格分开得2分，有净道、污道但没有完全分开得1分，完全没有净道、污道不得分。牧区有放牧专用牧道，得1分	2		
二、设施与设备（28分）	（一）羊舍（3分）	密闭式、半开放式、开放式羊舍得3分，简易羊舍或棚圈得2分，否则不得分	3		
	（二）饲养密度（2分）	农区羊舍内饲养密度≥1米²/只，得2分；＜1米²/只、≥0.5米²/只得1分；＜0.5米²/只不得分。牧区符合核定载畜量的得2分，超载酌情扣分	2		
	（三）消毒设施（3分）	场区门口有消毒池得1分；羊舍（棚圈）内有消毒器材或设施得1分	2		
		有专用药浴设备得1分，没有不得分	1		
	（四）养殖设备（16分）	农区羊舍内有专用饲槽得2分；运动场有补饲槽得1分。牧区有补饲草料的专用场所，防风、干净，得3分	3		
		农区保温及通风降温设施良好得3分，否则适当减分。牧区羊舍有保温设施、放牧场有遮阳避暑设施（包括天然和人工设施）得3分，否则适当减分	3		

续表

验收项目	考核内容	考核具体内容及评分标准	满分	得分	扣分原因
二、设施与设备(28分)	(四)养殖设备(16分)	有配套饲草料加工机具的得3分,有简单饲草料加工机具的得2分,有饲料库得1分,没有不得分	4		
		农区羊舍或运动场有自动饮水器得2分,仅设饮水槽得1分,没有不得分。牧区羊舍和放牧场有独立的饮水井和饮水槽得2分	2		
		农区有与养殖规模相适应的青贮设施及设备得3分;有干草棚得1分;没有不得分。牧区有与养殖规模相适应的贮草棚或封闭的贮草场地得4分,没有不得分	4		
	(五)辅助设施(4分)	农区有更衣及消毒室得2分,没有不得分。牧区有抓羊过道和称重小型磅秤得2分,没有不得分	2		
		有兽医及药品、疫苗存放室得2分,无兽医室但有药品、疫苗储藏设备的得1分,没有不得分	2		
三、管理及防疫(28分)	(一)管理制度(4分)	有生产管理、投入品使用等管理制度,并上墙,执行良好得2分,没有不得分	2		
		有防疫消毒制度得2分,没有不得分	2		
	(二)操作规程(5分)	有科学的配种方案得1分;有明确的畜群周转计划得1分;有合理的分阶段饲养、集中育肥饲养工艺方案得1分;没有不得分	3		
		制定了科学合理的免疫程序得2分,没有不得分	2		
	(三)饲草与饲料(3分)	农区有自有粗饲料地或与当地农户有购销秸秆合同协议得3分,否则不得分。牧区实行划区轮牧制度或季节性休牧制度,或有专门的饲草料基地得3分,否则不得分	3		

续表

验收项目	考核内容	考核具体内容及评分标准	满分	得分	扣分原因
三、管理及防疫(28分)	(四)生产记录与档案管理(14分)	有引羊时的动物检疫合格证明,并记录品种、来源、数量、月龄等情况,记录完整得3分,不完整适当扣分,没有则不得分	3		
		有完整的生产记录,包括配种记录、接羔记录、生长发育记录和羊群周转记录等,记录完整得4分,不完整适当扣分,没有则不得分	4		
		有饲料、兽药使用记录,包括使用对象、使用时间和用量记录,记录完整得3分,不完整适当扣分,没有则不得分	3		
		有完整的免疫、消毒记录,记录完整得3分,不完整适当扣分,没有则不得分	3		
		保存有2年以上或建场以来的各项生产记录,专柜保存或采用计算机保存得1分,没有则不得分	1		
	(五)专业技术人员(2分)	有1名以上经过畜牧兽医专业知识培训的技术人员,持证上岗得2分,没有则不得分	2		
四、环保要求(20分)	(一)环保设施(7分)	有固定且足够容量与处理方式配套的肉羊粪和污水贮存设施,并有防溢流、防渗漏措施得2分;有雨污分离措施得2分	4		
		有肉羊粪堆肥发酵、污水处理、沼气发酵或其他处理设施的得3分	3		
	(二)废弃物管理(4分)	粪便、污水等处理正常运行,能够达到国家、行业或地方标准规定的无害化或排放要求的得2分;对污水、粪便处理设施运行及效果进行定期监测,且记录真实、完整的得2分	4		
	(三)综合利用(7分)	对肉羊粪便污水进行综合利用的得5分;其中采用种养结合模式且配套足够面积农田、菜地和果园的得7分	7		

续表

验收项目	考核内容	考核具体内容及评分标准	满分	得分	扣分原因
四、环保要求(20分)	(四)病死畜无害化处理(2分)	配备有焚烧、化制、掩埋和发酵等病死肉羊无害化处理设施的得1分;或者委托当地畜牧兽医部门认可的集中处理中心统一处理,且有正式协议的得1分	1		
		有病死肉羊无害化处理记录,记录真实、完整得1分	1		
五、生产技术水平(10分)	(一)生产水平(8分)	农区繁殖成活率90%或羔羊成活率95%以上,牧区繁殖成活率85%或羔羊成活率90%以上得4分,不足则适当扣分	4		
		农区商品育肥羊年出栏率180%以上,牧区商品育肥羊年出栏率150%以上得4分,不足则适当扣分	4		
	(二)技术水平(2分)	采用人工授精技术得2分	2		
合计			100		

验收专家签字:

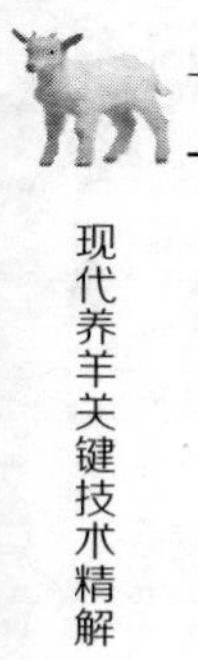

参 考 文 献

[1] 赵有璋. 现代中国养羊 [M]. 北京：金盾出版社，2005.

[2] 毛杨毅. 农户舍饲养羊配套技术 [M]. 北京：金盾出版社，2003.

[3] 施泽荣，布和. 优良肉羊快速饲养法 [M]. 北京：中国林业出版社，2003.

[4] 钟声，林继煌. 肉羊生产大全 [M]. 南京：江苏科学技术出版社，2002.

[5] 卢中华，张卫宪，袁逢新. 实用养羊与羊病防治技术 [M]. 北京：中国农业科学技术出版社，2004.

[6] 周元军. 秸秆饲料加工与应用技术图说 [M]. 郑州：河南科学技术出版杜，2003.

[7] 薛慧文，等. 肉羊无公害高效养殖 [M]. 北京：金盾出版社，2004.

[8] 尹长安，孔学民，陈卫民. 肉羊无公害饲养综合技术 [M]. 北京：中国农业出版社，2003.

[9] 王学君. 羊人工授精技术 [M]. 郑州：河南科学技术出版社，2003.

[10] 刘大林. 优质牧草高效生产技术手册 [M]. 上海：上海科学技术出版社，2004.

[11] 刘洪云，等. 肉羊科学饲养诀窍 [M]. 上海：上海科学技术文献出版社，2004.

[12] 张瑛，等. 我国肉羊业生产现状与发展战略 [J]. 吉林畜牧兽医，2005 (3)：3-5，22.

[13] 孙凤莉. 羔羊早期断奶研究进展 [J]. 饲料工业，2003 (6)：50-51.

[14] 王锐，等. 国内外肉羊的生产现状及研究进展 [J]. 当代畜禽养殖业，2005 (4)：1-3.

[15] 丁伯良，等. 羊病诊断与防治图谱 [M]. 北京：中国农业出版社，2004.

[16] 邢福珊，等. 圈养肉羊 [M]. 赤峰：内蒙古科学技术出版社，2004.

[17] 田树军. 羊的营养与饲料配制 [M]. 北京：中国农业大学出版社，2003.

[18] 李建国，田树军. 肉羊标准化生产技术 [M]. 北京：中国农业大学出版社，2003.

[19] 张居农. 高效养羊综合配套新技术 [M]. 北京：中国农业出版社，2001.

[20] 岳文斌. 现代养羊 180 问 [M]. 北京：中国农业出版社，2006.

[21] 全国畜牧总站. 肉羊标准化养殖技术图册 [M]. 北京：中国农业科学技术出版社，2012.

[22] 杨在宾. 山羊标准化规模养殖图册 [M]. 北京：中国农业出版社，2013.

[23] 张红平. 绵羊标准化规模养殖图册 [M]. 北京：中国农业出版社，2013.

[24] 李玉轩. 畜禽养殖场固体粪便好氧堆肥处理技术 [J]. 山东畜牧兽医，2014 (9)：95-96.

[25] 李文杨，刘远，张晓佩，等. 羊粪污染防治措施及无害化处理技术 [J]. 中国畜牧业，2014 (14)：55-56.

[26] 沈玉君，赵立欣，孟海波，等. 我国病死畜禽无害化处理现状与对策建议 [J]. 中国农业科技导报，2013，15 (6)：167-173.

[27] 李振清. 现代肉羊场的环境控制与净化 [J]. 河南畜牧兽区，2008 (6)：20-21.

[28] 梁国荣，王世泰. 肉用羊场环境控制技术 [J]. 畜牧兽医杂志，2012 (2)：100-101.

[29] A. G. 凯泽，J. W. 佩尔兹. 顶级刍秣：成功的青贮 [M]. 陈玉香，周道玮，译. 北京：中国农业出版社，2008.

[30] 戴网成，沈晓昆. 畜禽粪便污染现状与治理新法 [J]. 养殖与饲料，2011 (2)：58-59.

[31] 高深，马国胜，陈娟，等. 农牧配套种养结合型生态循环农业技术模式 [J]. 江苏农业科学，2014，42 (1)：307-309.